滑坡堰塞湖灾害机理与风险防控

周家文等　著

科学出版社

北　京

内 容 简 介

本书主要介绍了滑坡堰塞湖链式灾害所涉及的堵江成坝、冲刷溃决、洪水演进等动力过程的力学机理与模拟分析方法，进而建立了堰塞湖溃决危险性和综合风险评估方法，并在此基础上探讨了适用于不同坝体物质结构特征和治理目标的堰塞湖应急处置技术。相关内容可为山区滑坡堰塞湖灾害的风险防控与应急处置提供理论依据和经验参考。全书共 8 章，内容包括滑坡堰塞坝分类与特征、滑坡堰塞湖形成过程与机理、堰塞坝冲刷溃决机理与流道演变、堰塞坝冲刷溃决模型与预测、堰塞湖溃决洪水演进过程模拟、滑坡堰塞湖溃决风险评估以及滑坡堰塞湖应急处置。

本书可供山区流域灾害防治及其相关领域的工程技术与科学研究人员参考，也可作为高等院校水利水电工程、岩土工程、工程地质、水文与水资源等有关专业师生的教学参考资料。

图书在版编目（CIP）数据

滑坡堰塞湖灾害机理与风险防控 / 周家文等著 . —北京：科学出版社，2023.1

ISBN 978-7-03-073601-7

Ⅰ.①滑⋯　Ⅱ.①周⋯　Ⅲ.①滑坡–堰塞湖–灾害–风险管理　Ⅳ.①P941.78

中国版本图书馆 CIP 数据核字（2022）第 200258 号

责任编辑：韩　鹏　崔　妍　张梦雪／责任校对：何艳萍
责任印制：吴兆东／封面设计：图阅盛世

科 学 出 版 社 出版

北京东黄城根北街 16 号
邮政编码：100717
http://www.sciencep.com

北京中科印刷有限公司印刷
科学出版社发行　各地新华书店经销

*

2023 年 1 月第 一 版　开本：787×1092　1/16
2023 年 1 月第一次印刷　印张：15 1/2
字数：360 000

定价：218.00 元
（如有印装质量问题，我社负责调换）

作者名单

周家文　廖海梅　杨兴国　张洁源　周宏伟　蒋　楠

李海波　甘滨蕊　徐富刚　胡宇翔　范　刚　邢会歌

前　言

滑坡堰塞湖是因地震、降雨等因素诱发山体滑坡堵塞河道而形成的易溃性天然湖泊，其造成的人员经济损失往往会超过滑坡灾害本身。我国是世界上堰塞湖灾害最严重、受灾人口最多的国家，滑坡堰塞湖不仅会对人民的生命财产安全构成巨大的威胁，而且会造成上下游生态环境与基础设施的严重破坏。而我国西南山区地形地貌独特、地质环境脆弱，更是滑坡堰塞湖灾害的高发区，且遭受强震过程中极易在同一流域上形成连串的滑坡堰塞湖，给滑坡堰塞湖的风险防控与应急处置带来极大挑战。

滑坡堰塞湖灾害的相关研究是国内自然灾害领域的研究热点，存在诸多科学技术难题亟须解决，这引起了国内外诸多学者的广泛关注。大型滑坡堰塞湖灾害的风险防控与应急处置给水利、自然资源、应急管理等部门提出了新的挑战。例如，2018 年 10 月和 11 月在金沙江上游白格同一部位发生的两次滑坡堵江事件，泄流洪水给下游带来了巨大的经济财产损失，同时给金沙江上游梯级水电开发带来了深远的影响，我们意识到在大型水利水电工程开发运行过程中需要考虑重大自然灾害带来的影响。滑坡类型、滑坡运动和堵江堆积过程对堰塞坝的体型和物质结构起控制作用，是分析坝体稳定状态和溃决发展过程的基础，这些因素又与堰塞湖风险息息相关，而风险大小则是制定应急处置和综合治理方案、降低社会及自然环境损害的重要依据。然而，滑坡堰塞湖形成过程受滑体特性、滑动路径、河道形态和水流条件等众多不确定因素的影响，这导致滑坡堵江规模预测和坝体物质结构性态探测等工作难度极高；此外，堰塞湖溃决影响因素众多，库容、坝体形态和内部物质结构等重要因素还会随时间（如库水位的上升）发生变化，致使冲刷溃决过程模拟、溃决洪水演进与风险评估等面临巨大挑战。

因此，研究团队自 2008 年汶川地震以来，在参与大量滑坡堰塞湖灾害应急处置、治理设计以及科技攻关等工作的基础上，针对滑坡堰塞湖灾害机理与风险防控开展了系统性研究，进而形成本专著。主要架构如下：第 1 章从滑坡堰塞湖形成机理、堰塞坝冲刷溃决过程、堰塞湖溃决洪水演进、堰塞湖风险评估以及堰塞湖应急处置等方面介绍了其研究现状和发展方向；第 2 章根据滑坡类型对堰塞湖进行分类；第 3 章基于物理模型和数值模拟手段分析了滑坡堰塞湖的形成过程和机理；第 4 章采用室内外模型试验和现场观测研究了堰塞坝冲刷溃决机理与流道演变；第 5 章阐述简化物理模型、全物理模型这两种溃决模拟方法的原理、技术与应用；第 6 章介绍了溃坝洪水演进的模拟方法；第 7 章建立了考虑坝体物质组成特性的堰塞湖溃决风险评估方法，并提出了堰塞湖综合风险评估方法和堰塞湖群抢险处置决策分析技术；第 8 章提出了针对不同阶段、不同目的的堰塞湖应急治理措施并总结了金沙江白格滑坡堰塞湖 2019 年应急治理工作。书中的观点及成果有待于进一步完善并接受实践的检验，以提高滑坡堰塞湖风险评估的准确性和应急治理措施的有效性。

全书共 8 章，除作者名单中列出的 12 位主要专著编写人员以外，还要感谢相关科研人员、工程师以及研究生在应急抢险、室内外试验和数值模拟等工作中的贡献。此外，特别感谢四川省水利厅、四川省水利科学研究院、四川省水利水电勘测设计研究院有限公司、中国安能集团第三工程局有限公司、中国电建集团成都勘测设计研究院有限公司、中国水利水电第七工程局有限公司、汶川县水务局、茂县水务局、北川县水务局、什邡市水务局、都江堰市水务局、绵竹市水利局等部门和单位在堰塞湖现场调研、资料收集、处置治理和科学研究等工作方面给予的大力支持。

本专著部分研究工作获得了国家自然科学基金区域创新发展联合基金项目（U20A20111）、国家重点研发计划课题（2018YFC1508601、2017YFC1501102）、四川省青年科技创新研究团队项目（2020JDTD0006）以及政府、企事业单位委托科研项目的资助。

由于作者水平有限，书中难免有不足和欠妥之处，恳切希望读者予以批评指正。

目　　录

第1章 绪 论

1.1 研究背景

　　滑坡堰塞湖是由滑坡物质堵塞河道形成的天然蓄水体，主要形成于构造活动频繁、地质条件脆弱等滑坡灾害易发的高山峡谷地区。在高山峡谷这类特定的地形条件下，即使发生很小规模的滑坡，也非常容易堵塞河道并形成堰塞湖。降雨、地震、冰雪融雪是诱发滑坡堰塞湖灾害的主要因素，占所有滑坡堰塞湖事件的80%以上（Fan et al.，2020）。大型滑坡形成的堰塞湖灾害对人民生命财产安全的威胁通常比滑坡灾害自身要高很多，堰塞湖蓄积河水不仅会造成上游区域的淹没损失，而且潜在的溃决洪水可能会对下游带来巨大的人员伤亡和经济损失。因此，提升滑坡堰塞湖灾害的防灾减灾救灾能力是我国的重大需求。

　　滑坡堰塞湖灾害在全球范围内都有广泛分布（表1.1），日本、意大利、美国等均是滑坡堰塞湖灾害频发的国家。例如，1683年发生在日本藤原（Fujiwara）镇因地震诱发的Ikari滑坡堰塞湖事件，堰塞坝坝高70m，库容为$6.4 \times 10^7 \mathrm{m}^3$，形成后持续运行几十年因暴雨而发生溃坝灾害，溃决洪水造成下游1005人死亡失踪（Costa and Schuster，1991）；1812年意大利因降雨在萨维奥（Savio）河上诱发了滑坡堰塞湖灾害，堰塞坝坝高70m，库容为$2.15 \times 10^8 \mathrm{m}^3$，虽然堰塞坝没有发生失稳溃决，但因上游淹没致灾造成18人死亡失踪（Casagli and Ermini，2003）；1925年美国因冰雪消融在格罗文特（Gros Ventre）河上诱发了滑坡堰塞湖事件，堰塞坝坝高$70 \sim 75 \mathrm{m}$，库容为$8 \times 10^7 \mathrm{m}^3$，两年后发生溃坝灾害，溃决洪水造成凯利（Kelly）镇被淹没、6人死亡或失踪（Zhang and Peng，2016）。

表1.1　全球部分滑坡堰塞湖灾害事件统计

编号	国家或地区	滑坡堰塞湖数量/个	参考文献
1	中国大陆	828	Fan et al.(2012b)
2	哈喇昆仑山脉	322	Hewitt（2011）
3	意大利	300	Stefanelli et al.(2015)
4	新西兰	240	Korup（2011）
5	中亚	190	Strom and Abdrakhmatov（2018）
6	秘鲁	51	Stefanelli et al.(2018)

续表

编号	国家或地区	滑坡堰塞湖数量/个	参考文献
7	日本	43	Dong et al.(2009)
8	阿根廷	41	Hermanns et al.(2011a)
9	加拿大	38	Clague and Evans（1994）
10	瑞士	35	Evans et al.(2011)
11	委内瑞拉	35	Ferrer（1999）
12	中国台湾	17	Chen et al.(2011)
13	尼泊尔	13	Dhital et al.(2016)
14	土耳其	3	Duman（2009）

我国是滑坡堰塞湖灾害最严重的国家之一（图1.1），尤其西南地区山高坡陡、河流密集、地震频发，滑坡堰塞湖已成为威胁该区域人民生命财产安全的一种重要自然灾害类型（Xu et al.，2009；Li et al.，2016）。例如，1786年摩岗岭堰塞湖灾害，堰塞坝坝高70m，据史料记载溃决洪水导致下游约10万人死亡或失踪（Dai et al.，2005；Evans et al.，2011）；1933年叠溪小海子堰塞湖灾害，堰塞坝坝高100m，堰塞湖在形成45天后漫顶溃决并引发下游2个堰塞湖发生连锁性溃决，溃决洪水吞噬下游村寨和农田，造成数千人死亡或失踪，洪水影响距离远达下游1000km以外的宜宾市（柴贺军等，1995；王兰生等，

图1.1 我国近年来典型堰塞湖灾害

（a）2008年汶川地震唐家山堰塞湖；（b）2014年鲁甸地震红石岩堰塞湖；
（c）2018年金沙江白格堰塞湖；（d）2018雅鲁藏布江加拉堰塞湖

2000；侯江，2010）；1976 年唐古栋滑坡堰塞湖事件，堰塞坝坝高 175m，在形成 9 天后发生溃坝灾害，溃决洪水洪峰流量峰值高达 5.7 万 m³/s，河道水位陡涨 40m，洪水影响距离远达下游 1700km 以外的重庆市，造成沿岸工农业生产建设和人民生命财产的重大损失（伍超等，1996；Evans et al.，2011；易志坚等，2016）；2008 年唐家山堰塞湖灾害，堰塞坝坝高 82m，潜在的溃决洪水对下游绵阳市的人民生命财产安全构成巨大威胁（胡卸文等，2009；Fan et al.，2012a），经堰塞坝应急处置以及下游人员紧急避险撤离等措施才解除了该堰塞湖的安全隐患；2018 年 11 月金沙江白格堰塞湖灾害，堰塞坝坝高 96m，潜在安全风险迫使 8.6 万人紧急转移安置，经应急开挖泄流道的下泄洪水对下游基础设施、经济作物等造成严重破坏，经济损失巨大。

滑坡堰塞坝是滑坡在河道自然堆积的复杂地质体，其几何尺寸、堆积形态、物质组成与结构特征复杂多变、难以探明，堰塞坝寿命和溃坝洪水的预测也十分困难，这与形态结构明确的人工土石坝具有显著差异。现有的堰塞湖灾害防控处置存在对滑坡堰塞湖形成机理认识不清、堰塞坝溃决失稳评价方法缺乏物理力学机制、洪水演进模拟预测精度和效率难以满足应急抢险紧迫的时间需求等问题。在滑坡堰塞湖灾害不能得到科学合理的应急处置与综合治理情况下，堰塞湖一旦溃决极易对下游沿岸居民、基础设施、河道形态以及生态环境等造成巨大破坏（图 1.2），同时也增加了下游沿岸防洪与其他涉河工程建设的难度（柴贺军等，2000；Schuster，2006；四川大学工程设计研究院，2009a）。因此，提升滑坡堰塞湖灾害风险评估和防御能力已成为保障人民生命财产安全与社会和谐稳定的国家重大需求。滑坡-堰塞湖-溃决洪水是一种复杂水沙动力过程的链式灾害形式（陈宁生等，2008；王运生等，2011），通过开展不同类型滑坡运动过程和堵江成坝机理研究，弄清堰塞坝物质组成及结构特征，是预测潜在滑坡堵江堆积规模、提高堰塞湖溃决洪水计算精度的必要前提。在此基础上，提高堰塞湖风险评估方法的准确性和堰塞湖应急处置方案的有效性，从而切实降低滑坡堰塞湖灾害破坏程度，甚至开发利用堰塞湖储备的水资源。

图 1.2 滑坡堰塞湖溃决洪水对下游的影响

1.2　国内外研究发展现状

1.2.1　滑坡堰塞湖形成机理

弄清滑坡堵江运动过程和堰塞湖形成机理是分析堰塞坝溃决过程、计算溃决洪水以确定溃决风险的重要基础。20 世纪 70 年代中期开始，滑坡堰塞湖灾害受到各国地质工作者特别是水电工程地质及环境地质学者的广泛关注（Costa and Schuster，1988；柴贺军等，1997），通过不同手段研究了滑坡堰塞湖形成的外部诱因和地貌地质条件，对堰塞坝几何形态和物质组成等基本特征有了较好的认识。图 1.3 是典型滑坡堰塞湖灾害链形成过程的概念示意图。

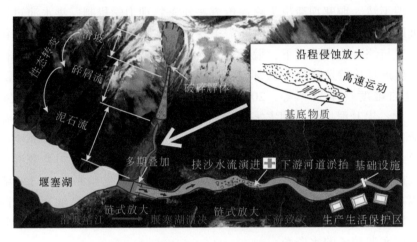

图 1.3　滑坡堰塞湖灾害链形成过程概念示意图

在调查统计方面，Schuster 和 Costa（1986）在美国 2200 万 m³ 的滑坡体堵塞 Spanish Fork 河这一事件的启发下，收集了全球范围 184 个滑坡堵江事件并编制了《世界滑坡堵江目录》，分析了滑坡堰塞湖的成因、类型、存活时间以及溃决模式。柴贺军等（1995）基于我国 147 个典型的滑坡堰塞湖案例，分析了不同类型堰塞湖的基本特点。Swanson 等（1986）分析了日本 Totsu 河流域 53 个滑坡堰塞湖的形成条件，认为河床宽度和滑坡运动速度是决定滑坡是否完全堵江的重要因素，并提出了年收缩率（Annual Constriction Ratio，ACR）作为堰塞坝形成的判别指标。Canuti 等（1998）认为滑坡堰塞湖的形成与坝体体积和坝址上游集雨面积有关，提出采用堵塞指标（Blockage Index，BI）作为判别依据。严容（2006）通过对我国大量的堵江事件进行统计分析，发现滑坡堵江比例占 65%，崩塌堵江占 23.5%、泥石流堵江仅占 1.65%；同时，堵江事件 90% 以上发生在 20°E ~ 35°E 及 95°E ~110°E 之间，且成带成群出现。Fan 等（2012b，2014）通过分析汶川地震诱发的滑坡堰塞湖灾害，揭示了滑坡体积和运动特征、河谷底部地形以及水文因素是决定滑坡是否能够形成堰塞湖的主要因素，进而提出了地震滑坡堰塞湖形成的滑坡体积阈值。Chen 和

Chang（2016）通过对台湾地区的堵江滑坡和非堵江滑坡进行了统计回归研究，形成了基于滑坡地貌特征的滑坡堰塞湖发生位置预测方法。Stefanelli 等（2016）发现滑坡堰塞坝体积一般为 $10^3 \sim 10^8 \mathrm{m}^3$，坝址上游集雨面积通常为 $1 \sim 10^3 \mathrm{km}^2$，堰塞湖是滑坡和水域相关因素相互作用的结果，并提出了基于滑坡体积、集雨面积和河道坡降的堵江地形指数（Morphological Obstruction Index，MOI）作为堰塞湖形成判别指标。Tang 等（2019）的研究成果也表明水文因素对滑坡是否能够形成堰塞湖具有显著影响。在不同区域的典型泥石流沟现场调查基础上，不同学者提出了相应的泥石流堵江形成堰塞湖的判别式（唐川等，2006；程尊兰等，2007；张金山和谢洪，2008）。基于统计分析的经验判别方法往往难以反映滑坡堰塞湖的形成机理与灾变机制，在判断局部区域，特别是某个滑坡是否会形成堰塞湖时可能会出现较大偏差；另外，统计分析成果没有考虑不同区域、相同区域不同时期的地质地貌、水文条件、气候环境等的差异和变化，这可能会降低滑坡堰塞湖形成判别方法的适用性（Stefanelli，2018）。

在个案的调查反演和模拟方面，Johannes（1998）以喜马拉雅山的两个典型滑坡为研究对象，分析了其形成条件、物源条件及堵江物质的稳定性等。Moreiras（2006）系统分析了阿根廷西北部某一滑坡堵江事件的形成条件及存续时间，在此基础上提出了区内暴雨周期分布与滑坡堵江事件之间的关系。Trauth and Strecker（1999）基于发生在安第斯山脉中心 Cordon del Plata 河上的滑坡堵江事件，研究了堰塞湖灾害与地震、气候、地层、岩性等之间的关系。胡卸文等（2009）通过对唐家山堰塞湖的调查，揭示了该堰塞湖的形成机制，并反演分析了堰塞坝具备良好似层状结构、较强抗冲刷溃决能力的结构特征。Dong 等（2011）运用多种数值模拟相结合的手段，反演再现了 2009 年强降雨触发的中国台湾小林村堰塞湖从形成到溃决整个灾变过程，并对坝高、坝宽和坝长等基本几何参数进行了分析。Zhou 等（2013）运用离散单元法和流体动力学法相结合的手段对汶川地震诱发的杨家沟滑坡堰塞湖形成过程以及溢流溃坝过程进行了反演分析，揭示了该堰塞湖的形成机制并对潜在威胁进行了评价。针对 2014 年云南鲁甸地震诱发的红石岩堰塞湖，王叶等（2017）通过三维有限元方法模拟反演了从滑坡破坏到堵江成坝的堰塞坝形成全过程，揭示了滑坡岩体在高速运动过程中的破碎解体和停滞堆积机制。Liu 和 He（2018）则以 2000 年易贡滑坡堰塞湖为例，运用数值模拟的手段反演分析了滑坡运动、堵江成库以及坝体溃决的灾害链演变过程。现场调查反演比较依赖个人的专业知识和经验，数值模拟则在滑体结构物理特性、运动碎屑化、堵江堆积过程的固液耦合等方面需要更合理科学的考虑。Fan 等（2018）通过现场调查勘测、卫星图像收集的数据资料，分析了 2008 年和 2016 年先后两次唐家湾滑坡的形成演变过程，计算了滑坡变形体和堰塞湖主要的特征参数。2018 年金沙江两次白格滑坡堰塞湖引起了社会和学者的广泛关注，对滑坡灾变过程、滑动运动堵江过程及后续可能的再次滑坡堵江都进行了分析和预测（Li et al.，2019；许强等，2018；Fan et al.，2019a）。但目前关于多次滑坡堵江形成堰塞湖的研究成果以案例叙述、宏观分析为主，形成机制的理论研究成果较少。

在理论分析方面，学者试图应用解析方法研究滑坡堰塞湖的形成机理和坝体几何形状预测方法。匡尚富（1994）探讨了滑坡堰塞湖形成的必要条件和形成机理，提出了堰塞坝几何尺寸的计算公式。周必凡（1991）以及匡尚富（1995）通过理论分析提出了泥石流堵江类型的判别公式。Kuo 等（2011）针对天然滑坡堰塞坝提出了一种基于河流坡降、滑坡体积以及堆积特性的堰塞坝体几何尺寸快速估算模型。庞林祥等（2016）将地形、地面运动以及河流冲刷作为形成崩塌型堰塞坝的必要前提，其中坡面倾角应大于30°，坡面运动的岸坡倾角应大于临界倾角，河道水流冲刷能力不能将入河岩土体瞬间冲走（庞林祥和崔明，2018）。天然堰塞湖形成的影响因素多、过程复杂，目前的理论分析成果主要结合了野外调查或试验数据，并进行了简化和假设，如何更进一步地应用数学、物理等理论方法深入分析堰塞湖形成机制是一项极具挑战性的研究工作。

在数值试验方面，罗伟韬（2014）采用离散元方法研究了坡高与倾角对滑坡运动过程、坝体几何形态及内部物质结构等方面的影响。Liu 和 He（2016）提出了一种考虑河床侵蚀的滑坡堰塞湖动态演变过程数值模型，研究结果揭示了超孔隙水压力对侵蚀过程影响很大，而侵蚀作用增强了滑坡的破坏性和形成堰塞湖的可能性。王洋海等（2017）采用离散元法研究了不同滑坡条件下的坝体几何形态和颗粒分布特征，分析结果表明坝体初始缺口的位置会影响坝体溃决发展方向和溃决规模。Zhao 等（2017）将离散单元法和计算流体力学相结合，模拟了滑体入河堆积的固液耦合作用现象，水流运动和水压力会影响堵江堆积过程和坝体几何形态。Zhao 等（2019c）通过构建离散单元模型研究了河谷剖面形状、河谷倾角和滑坡速度三个因素对坝体形态的影响，结果表明河谷形状和滑坡速度对坝体的横向和纵向形态都有影响，而谷底倾角主要影响坝体的纵向形态。Zhou 等（2019）建立了颗粒离散元滑坡堵江数值试验模型，模拟结果显示滑动面长度、倾角和粗糙度对颗粒分布和堆积体形态都具有比较显著的影响。

物理模型试验具有影响变量可控、试验过程与试验结果直观易测的优点，是研究滑坡堰塞湖形成运动过程和机制的重要手段。在模型试验方面，刘翠容和杜翠（2014）针对岷江流域泥石流局部堵塞河道的现象，开展大型室内水槽试验来模拟黏性泥石流入河过程，并在此基础上提出了泥石流局部阻塞大河的经验判据。Do 等（2017）通过系列物理模型试验研究了降雨条件下不同破坏机制的滑坡形成堰塞坝的过程，试验结果表明滑坡失稳体积与河床坡降是影响堰塞坝几何形状的两个最基本因素。Zhou 等（2017）通过系列碎屑物质的滑槽试验发现物料向河流输送的总时间随着滑坡体积的增大或粒径和坡度的减小而增加，并结合数值模拟建立了河谷松散物料输送过程的经验模型。Zhou 等（2019b）基于滑坡堵江物理模型试验结果，发现滑坡起始角度、滑动面倾角、滑动面粗糙度对滑坡运动过程、堆积堵江几何参数和颗粒分布具有显著影响。然而，目前关于滑坡堰塞湖形成机制的模型试验研究较少关注滑体的碰撞、飞跃、破碎等运动行为以及河道高速水流条件对堆积堵江成坝过程的影响。

日益增多的滑坡堰塞湖统计数据推进了滑坡堰塞湖形成经验判别模型的发展，通过数值模拟、物理试验、理论分析等手段所获取的研究成果也加深了对滑坡堰塞湖形成机理的理解，但是基于物理学观点对滑坡堰塞湖的形成过程和条件、坝体物质结构特征等方面的研究仍需深入（Fan et al.，2019b）。

1.2.2 堰塞坝冲刷溃决过程

人类的发展史是人与自然灾害不断抗争的历史（Wu et al.，2016），在各种各样的自然灾害中，洪水灾害是损失最大、殃及范围最广的灾害之一；其中，坝体溃决尤其是滑坡堰塞坝溃决引发的洪水灾害最为严重（王珊等，2013），而堰塞坝溃决机理研究是计算溃决洪水大小和预测下游洪水淹没范围的重要工作基础。堰塞坝失稳模式主要包括漫顶破坏、渗流破坏、滑坡破坏，其中以漫顶破坏最为常见。美国的 Middelboorks 教授对堰塞坝的溃决方式进行统计，发现漫顶破坏占 45%、渗流破坏占 25%、滑坡破坏占 30%。戴荣尧和王群（1983）对我国堰塞坝的溃坝方式也做了统计分析，研究结果与 Middelboorks 的研究结论基本接近。堰塞坝的三种典型破坏模式如图 1.4 所示。

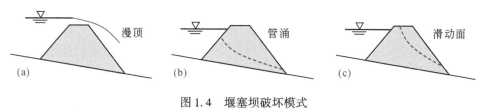

图 1.4　堰塞坝破坏模式
（a）漫顶破坏；（b）渗流破坏；（c）滑坡破坏

前人已对溃坝过程及溃坝机理开展了深入的探讨和研究，包括一系列的溃坝模型试验和原型观察工作。Cristofano（1965）假设溃口宽度不变且为梯形，建立了第一个模拟土石坝渐进冲刷侵蚀破坏的理论模型。Harris 和 Wagnert（1967）在 Cristofano 模型基础上提出了溃口抛物线形概念，假设底宽为深度的 3.75 倍、溃口侧坡为 45°，进而建立了相应的计算公式。Lou（1981）通过剪应力分析及冲蚀理论提出了溃口形状演进的解析解，建立了漫顶土石坝渐进溃决模型。在 Saint-Venant 方程和不连续波动方程的基础上，谢任之（1982）深入研究了溃坝过程的连续波、临界波和不连续波，提出了溃口最大洪峰流量的计算公式。Nogueira（1984）提出了由有效剪切应力确定溃口横断面形状演进的理论，并改进了溃口最大洪峰流量的预测公式。Fread（1984a）综合考虑了水力学、泥沙输移、土力学、大坝几何尺寸、水库库容特性以及入库流量随时间变化等相关过程，建立了土石坝溃决分析的 BREACH 数学模型；同年，Fread（1984b）又基于"坝体溃决参数模拟溃坝洪水"这一理念，在知道溃口形成时间和最终形状的基础上，把溃口的发展过程概化为随时间发展变化，提出了 DAMBRK 溃坝模型。Singh（1996）将溃口断面假定为梯形，并且把溃口沿河槽轴向分为两部分：坝顶水平溃口段以及坝后溃口槽，进而开发了 BEED 模型。Fread 和 Lewis（1998）基于 BREACH 和 DAMBRK 模型，提出了便于用户应用的 FLDWAV 溃坝水力学模型。Handson 等（2001）通过漫顶溃决试验研究，认为漫顶水流在陡坎中形成旋流的剪切力垂直侵蚀坝体，最终导致坝体坍塌溃决，而该侵蚀程度随流量的加大而迅速增强。陈华勇等（2013）通过模型试验分析了不同坝体溃决模式下的溃口发展规律，并提出相应的经验估算公式。Shen 等（2020）针对堰塞坝颗粒级配和孔隙率的分层特性，提出了堰塞坝漫顶溃决过程数学模型，结果表明溃决下泄流量和峰值时间对坝料可侵蚀性比较敏感。堰塞坝失稳溃决通常是漫顶水流侵蚀与重力侵蚀共同作用的复杂过程，现有理论模型主要还是通过经验参数化来描述侵蚀溃决过程（Wang and Bowles，2006；Balmforth et al.，2008；陈生水等，2019）。

泄流槽形态演化是影响溃决过程和下泄流量的一个关键因素。Cao 等（2011c）基于堰塞坝漫顶溃决模型试验研究了入流量对泄流槽横向拓展规律的影响，指出漫顶溢流侵蚀和槽坡失稳是拓宽泄流槽的主要因素。刘磊等（2013）通过溃坝模型试验分析了泄流槽纵剖面演化过程，进而建立了漫顶溃决洪水计算模型，并用数值模拟方法验证了模型的可靠性。Schmocker 等（2014）通过拟合溃坝模型试验数据，发现残余坝体的最大相对高度与坝料中值粒径、原始坝宽及临界水深指数相关。Chen 等（2015）基于堰塞坝失稳模型试验研究结果，指出了坝料渗透性对坝体寿命、失稳模型及溃决峰值流量有显著影响。王道正等（2016）通过开展颗粒均匀混合的堰塞坝溃决试验，发现坝体平均粒径越大，泄流槽深切拓展速度越慢、峰值流量越小且越滞后。赵天龙等（2016）采用离心模型试验研究了堰塞坝泄流槽演变特征，发现堰塞坝一溃到底的情况较少，最终泄流槽尺寸也通常小于均质坝。Zhou 等（2019a）基于坝顶单侧开槽的堰塞坝漫顶溃决模型试验，揭示了下泄水流挟沙浓度沿程变化以及挟沙浓度影响坝料侵蚀速率和泄流槽底坡演变的规律。蒋先刚和吴雷（2019）以及刘邦晓等（2020）通过溃坝模型试验发现河床坡降对溃决过程特征影响较小。刘杰等（2019）采用水槽试验研究了坝料不同初始含水率对堰塞坝泄流槽宽度及下泄峰值流量的重要影响。相关研究加深了对堰塞坝泄流槽的冲刷拓展演进认识，也为堰塞湖应急泄流槽的设计和实施提供了科学依据。

堰塞坝溃决问题涉及水文学、泥沙动力学、岩体力学、土力学、水力学等多个学科，目前溃坝研究主要集中于溃决过程的描述和预测，对于堰塞坝冲刷溃决机理研究还不够完善。同时，很多堰塞坝冲刷溃决方面的研究也沿用土石坝溃决分析的方法，但与人工土石坝相比，堰塞坝结构松散杂乱、没有专门的泄洪通道，因此沿用土石坝溃决分析方法和模型极易造成堰塞坝溃决过程尤其是溃口洪峰流量预测结果的误差偏大。

1.2.3　堰塞湖溃决洪水演进

堰塞湖溃决洪水研究主要包括坝址洪峰流量和下游洪水演进两大部分（图 1.5），不仅是溃决洪水规模的常用评价指标，也是制定应急避险预案的重要依据。国内外学者对溃坝洪水开展了大量研究工作，由于原型观测受到实际条件影响较多，目前主要从物理模型试验、数学模型和数值模拟等方面开展研究。

物理模型试验具有直观、形象、参数可控等优点，同时可为理论分析和数值模拟提供基础数据。20 世纪 50 年代，美国学者开展了 1∶2 的土石坝溃决试验，分析了土石坝的溃决演化规律（Dupont et al.，2007）。20 世纪 60 年代，奥地利学者也开展了类似的土石坝溃决模型试验，最大坝高 5.5m，通过试验发现坡度越缓坝体的溃决临界水头越高（Cao et al.，2004）。郝书敏（1984）依托南山水库开展了现场坝体冲刷试验，研究了水头和防渗形式对坝体溃决过程的影响，并通过小比尺试验建立了冲刷率与模型比尺之间的关系。杨武承（1984）针对鸭河口水库开展了 1∶2～1∶32 等三十余组不同比尺的溃坝试验，研究揭示了溃口演化规律及比尺关系。Bellos 等（1992）在二维溃坝试验中，观测了弯曲渠槽中各断面的水位变化及涌浪的传播规律。20 世纪 90 年代的欧洲 IMPACT 项目通过 5 组大比尺试验和 22 组小比尺试验，研究了不同坝型、不同材料、不同溃坝模式对

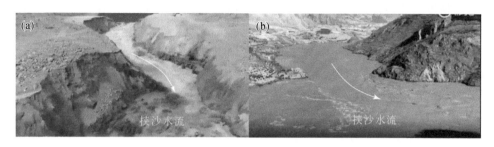

图 1.5　2018 年 11 月金沙江白格堰塞湖溃决洪水
(a) 坝址溃决洪水；(b) 下游演进洪水

溃决过程的影响，提出了土石坝的溃决机理（Hanson et al., 2002）。Frazao 和 Zech
（2002）利用摄影测量的方法，在 90°急弯的河道模型中开展溃坝模型试验，研究揭示
了河道各部位的水位变化过程与演化规律。虽然至今溃坝物理模型试验已开展了大量工
作，也取得丰硕的研究成果，但物理模型的研究受模型比尺和试验条件的限制（时间成
本、人力成本较高）较大。

　　数学模型是溃坝洪水研究的常用方法之一。法国科学家圣维南（Saint-Vennat）基于
连续方程和运动方程，提出了 Saint-Vennat 双曲型拟线性偏微分方程组（Mahmood,
1975）。自 19 世纪末以来，国内外科研工作者在 Saint-Vennat 方程基础上，做了大量假设，
提出了多种溃坝洪水及其演进的数学计算模型。Ritter（1892）基于浅水方程（Shallow-
Water Equation），将河道简化为平坦、无摩擦、无限长的棱柱形，提出了瞬间溃坝问题
的理论解。Dressler（1952）把河道简化为平底、有摩擦的棱柱形河道，提出了瞬间溃
坝水流一阶摄动解，并将其推广到斜坡河道。Stoker（1957）结合溃坝不连续波理论和
溃坝连续波理论，提出了溃坝波 Stoker 解。Su 和 Barnes（1970）把 Dressler 的溃坝水流
一阶摄动解推广到不同断面形状的棱柱形河道，提出了三角形、矩形和抛物线形等断面
形式的一阶摄动解。林秉南（1980）基于应用特征线理论和黎曼（Riemann）方法，提
出了长棱柱形水库的溃坝波对称解。谢任之（1982）基于 Saint-Venant 方程，提出可用
于计算瞬时溃、逐渐溃、部分溃、全溃等的溃坝水流"统一公式"，后续分析了平底有
摩擦河道瞬间全溃的一阶和二阶近似解，并提出了相应的渐进解。伍超和吴持恭
（1988）采用溃口组合方式，提出了任意形状溃口的溃坝特征数，可反映溃口的复杂溃
决过程和水力特点。Ancey 等（2008）提出了任意坡度斜底河道的溃坝洪水解析解。数
学模型解析解具有方程简单、计算方便的特点，是目前研究溃坝问题的主要手段，但大
多建立在不同假设的基础上，计算结果并不稳定。

　　20 世纪 80 年代以来，随着计算机技术的快速发展，溃坝洪水数值模拟技术也逐渐成
为了研究溃坝洪水的一种主要方法（Fukuda et al., 2003；Regmi et al., 2011）。目前，数
值模拟方法大多基于动力学方程，可分为特征线法、有限差分法、有限元法、有限体积法
等。Garcia 和 Kahawita（1986）采用一维无摩擦溃坝解析解验证了数学模型的数值解。
Katopodes 和 Wu（1986）采用二维溃坝平底模型验证了数学模型的数值解。Toro（1992）
在求解二维溃坝问题时采用了有限差分法（weighted average flux, WAF），表明 WAF 可以

用来求解高梯度与非线性强问题。Alcrudo 和 Garcia-Navarro（1993）在任意的大断面形状中推广一维 Roe 格式。Zhao 等（1994）采用 Osher 格式建立了有限体积模型，并应用于佛罗里达州的基西米河的水流模拟计算。胡四一和谭维炎（1995）采用 Osher 格式，引入逆风的概念至非结构网格，进行了长江口二维浅水流动水位模拟。Wang 等（2000）采用 TVD 格式分析了溃坝水流运动问题，针对多种限制函数进行求解，反映了其具有较高精度和稳定性，并可应用于二维求解。Tseng 和 Chu（2000）利用有限差分法，结合 MacCormack 和 TVD 格式，计算了一维溃坝问题及其上下游不同水深的差异影响，有效抑制了激波发生处的物理振荡。Valian 等（2002）利用有限体积法分析了二维浅水波方程，并应用于法国马尔巴塞拱坝（Malpasset Arch Dam）的溃坝模拟中，计算结果和实际值基本吻合。虽然溃坝洪水数值模拟技术取得了较大的发展，但溃坝洪水为非恒定流，洪水中挟带大量的泥沙，同时溃坝涉及溃口发展、水沙运动、水流冲击等多个系统，溃坝洪水的复杂性和不确定性也在一定程度上阻碍了溃坝洪水数值模拟的发展，难以满足堰塞湖溃决洪水预测和防灾减灾工程的实际需要。

1.2.4　堰塞湖风险评估

灾害风险评估是同时考虑灾害发生概率和后果的风险分析（Zhang et al., 2016）。堰塞湖一旦溃决，极易对下游影响区造成严重的冲击破坏。随着社会经济的发展，城镇化建设、山区旅游服务业及水资源开发不断加速，流域河道沿线的各种基础设施显著增多，堰塞湖上游库水淹没以及溃决洪水下游演进对影响区的基础设施农田、城镇居民等构成了严重威胁（图 1.6）。国内外学者在如何提高堰塞湖风险评估方法的适用性和可靠性方面做了诸多尝试，并取得了相关研究进展。

图 1.6　堰塞湖溃决洪水冲击、淹没下游建筑物

滑坡堰塞坝的溃决失稳状态是判别堰塞湖灾害严重程度的关键因素。影响堰塞坝溃决的因素较多，如坝体几何形态、物质组成结构、渗流特性以及上游水文特征等，这些因素与坝体溃决密切相关（晏鄂川等，2003；Korup，2004；石振明等，2010）。库水位直接影响坝体渗透压力和水力坡度，当水力坡度大于允许值时，坝体内部材料颗粒会发生悬浮、移动，或潜蚀坝体并影响堰塞坝的稳定性（崔银祥等，2005；严祖文等，2009）。Wang 等（2013）通过滑坡堰塞坝现场勘测，探究了不同地质地形环境、不同运动机制滑坡形成的堰塞坝内部结构。Shi 等（2015a）通过大型振动台试验研究了堰塞坝在余震作用下的动态变形演化过程，阐明了余震会间接加速溃坝发生的现象。彭铭和蒋明子（2017）通过波流水槽物理模型试验研究了滑坡涌浪下的堰塞坝破坏机制，表明水深和浪高对坝体稳定具有重要影响。Wang 等（2018）通过一系列大型室外试验揭示了滑坡堰塞坝溃决的前兆因素，包括坝顶沉降、坝体渗流浊度和坝顶自然电位变化。

在研究溃决失稳影响因子及统计分析的基础上，国内外相关学者建立了不同的堰塞坝稳定状态评价方法。Canuti 等（1998）以及 Casagli 和 Ermini（1999）提出的 BI 指标，除了判别滑坡是否堵江外，也可预测堰塞坝的稳定状态。Ermini 和 Casagli（2003）基于不同国家的 84 个堰塞坝的稳定状态，通过统计分析建立了包含坝高、上游集雨面积和坝体体积的稳定性评价指标 DBI。Korup（2004）通过统计分析新西兰的堰塞湖数据，提出了三个与堰塞坝高相关的堰塞坝稳定性评价指标。Dong 等（2009）通过逻辑回归分析，认为峰值流量/集雨面积、坝高、坝宽和坝长是影响堰塞坝稳定的最主要参数，基于此建立了 PHWL 和 AHWL 两个堰塞坝稳定状态判别模型。Stefanelli 等（2016）通过统计分析意大利 300 个堰塞湖灾害数据，提出了新的堰塞坝稳定状态评价指标 HDSI。年廷凯等（2018）对 434 个堰塞湖灾害数据进行了卡方检验分析，发现降雨触发型堰塞湖比地震触发型堰塞湖具有更高的溃决比例，并提出了考虑库容、坝宽和坝长的地震堰塞坝稳定判别公式。此外，叶华林（2018）基于大量堰塞湖灾害统计数据，建立了包括坝高、坝体体积、库容和湖水面积的堰塞坝稳定状态判别方法。以上的堰塞坝稳定状态量化评价方法均没有考虑坝体物质结构的影响，Shan 等（2020）基于颗粒级配或物质类型已知的堰塞坝数据库，提出了考虑部分颗粒粒径或物质组成类型影响的堰塞坝溃决失稳量化评价方法。

需要指出的是，不同指标、甚至同一指标对不同区域的堰塞坝稳定状态判别结果很可能并不一致，这也是统计研究方法的一个主要缺陷。滑坡堰塞坝溃决失稳评估还需要依赖现场勘查和工程师的个人经验。崔鹏等（2009）在结合现场考察资料的基础上，选择坝高、物质组成和最大库容作为评价滑坡堰塞坝稳定状态的影响因子。Gregoretti 等（2010）通过开展大量的室内试验，针对坝体下游面侵蚀通道逐渐向坝顶迁移的堰塞坝溃决模式，提出了判别溃坝的上游临界库水位计算式。Chen 等（2017）根据形成于下游的滑坡堰塞坝状态，采用类比法评价 Attabad 堰塞坝的稳定状态。我国《堰塞湖风险等级划分标准》（SL 450—2009）根据溃坝洪水对下游人口、城镇、设施等的影响程度将堰塞湖风险划分为四个等级。乔路等（2009）认为堰塞湖风险评价应该同时考虑水文地质、坝体稳定、库区地质灾害及溃决灾害损失，应用模糊层次理论建立了堰塞湖危险度判定方法。Yang 等（2013）提出一种包括溃坝概率、上游库水淹没以及溃决洪水风险等级的堰塞湖风险评价方法，其中灾害损失主要考虑了人和土地使用类型两个方面。为了评估溃坝给下游居民生命带来的风险，Peng 和 Zhang（2012b）根据生命损失机制的逻辑结构构造了贝叶斯网络，提出了一种基于贝叶斯网络的人类风险分析模型。石振明等（2016a）以红石岩堰塞湖为例提出一套风险快速评估方法，该方法在获取堰塞坝几何参数、区域三维地形信息和人口分布基础上，可计算溃坝洪水及下游生命损失。

目前堰塞湖风险等级划分主要依靠研究者经验和模数数学理论的半经验半理论方法，尚未建立被广泛接受的等级划分方法。堰塞湖风险评估指标不仅应包括坝高、库容、坝体结构、集雨面积等自然属性指标，还应考虑人口密度、经济密度、心理恐慌度等社会属性指标。同时，上游淹没和下游溃决洪水对自然环境产生的短期和长期效应也不容忽视，但这些指标的选取和评定尚未有统一的标准。然而，不同阶段的风险评估很可能拥有不同可利用的时长及不同详细程度的信息，如何在有限时间和信息的条件下实现堰塞湖风险的有效评估是目前亟须解决的问题。

1.2.5　堰塞湖应急处置

制定科学的工程治理措施是堰塞湖应急处置的关键，泄流槽是最常用的堰塞湖应急处置工程措施，合理的路线选择及剖面设计往往能达到事半功倍的效果。而对于稳定性好的堰塞坝，则可通过有效的综合整治措施将其变为宝贵的水资源，造福社会。堰塞湖具有灾害链演化机理复杂、致灾范围广、历时长、后果严重等特点，为了控制灾害的链式演化、降低灾害规模，针对各链间的承接关系，可将堰塞湖灾害链的控制归纳为三个阶段：前期预报评估、中期应急处置、后期综合治理。堰塞湖一旦形成，中期应急处置的效果对于灾害风险的控制尤为关键。

堰塞湖灾害链一旦启动，在较短时间就将发生演化，以另外一种灾害模式表现出来，风险较大，因此为了隔断灾害链，必须采取相应的应急措施进行控制。在应急处置阶段，需快速制定简单易行的减灾措施，以减轻灾害损失。泄流槽、泄水隧洞、排水涵洞（管）、爆破岩体、水泵和倒虹吸管抽排等是常用的工程除险措施（Sattar and Konagai，2012；Peng et al.，2014）。然而，泄水隧洞造价高、施工耗时长，需要较好的成洞地质条件和施工道路；排水涵洞（管）成本低、安装便捷，但排水能力偏小（Peng et al.，2014）；水泵和倒虹吸管抽排与泄水涵洞（管）的工作特点相似，可作为辅助措施限制库水位上涨（Sattar and Konagai，2012）。一般来说，为实现库水位和蓄水量的快速降低，开挖泄流槽是滑坡堰塞湖最主要的应急治理措施（王光谦等，2008），开挖可采取人工、机械、爆破等模式，对交通不便的山区堰塞湖，开挖泄流槽仍具有可操作性。由于开挖泄流槽可行性强，并且能显著降低堰塞湖最大蓄水量和溃决峰值流量，因而可称之为一种低成本、高效益的应急处理措施（周家文等，2009）。正是出于上述考虑，国内外堰塞湖的应急处理大多采用开挖或拓宽泄流槽的方式（Sattar and Konagai，2012；Peng et al.，2014）。我国在采用泄流槽进行堰塞湖应急处置方面积累了较为丰富的经验，如易贡堰塞湖、四川唐家山堰塞湖、云南鲁甸堰塞湖、金沙江白格堰塞湖等灾害的应急处置与排险（刘宁等，2000；刘宁，2008a，2008b）。

应急泄流槽位置和形状的确定是整个应急抢险工作的关键，不同尺寸和形状的坝顶泄水槽漫顶溃决试验常用以分析溃口冲刷和溃决流量的变化过程，但这些仅针对泄水槽横断面，且尚停留在试验理论阶段（牛志攀等，2009；岳志远，2010；张婧等，2010；蒋先刚等，2016；石振明等，2016b）。曹永涛等（2010）提出通过水泵抽水在堰塞坝体表面冲刷快速形成溢洪道的方法，但该方法对于庞大的大坝堆积体，特别是含石量高的坝体，其适用性还有待验证。

1.3 主要内容及技术架构

滑坡堰塞湖形成与灾变过程十分复杂，风险评估和应急治理仍面临很大的挑战和困难。基于已有工程经验和前人相关研究成果，综合运用现场调查、理论分析、数值计算、模型试验等方法对堰塞坝形成与溃决、洪水演进、风险评估以及应急处置等方面开展系统研究，主要内容如下。

（1）滑坡堰塞坝形成过程与机理研究。在对滑坡堰塞坝分类和典型特征分析的基础上，采用模型试验和数值模拟方法对不同滑坡和河谷条件下的堰塞坝形成过程开展研究，进而揭示滑坡堵江成坝机制以及多期堵江叠加放大机制。

（2）堰塞坝冲刷溃决与流道演变研究。通过室内和野外大尺度模型试验研究不同条件下堰塞坝冲刷溃决过程及溃口演变规律，并采用三维激光扫描技术对天然堰塞坝泄流槽的时空动态演化过程进行监测与分析。

（3）堰塞坝冲刷溃决模型与预测研究。针对堰塞坝冲刷溃决的复杂动力过程，基于半经验半理论分析，建立溃口拓展演化和溃决洪水预测的统计经验模型；同时提出堰塞坝冲刷溃决过程分析的简易物理模型，并利用数值模拟手段对冲刷溃决复杂过程进行模拟。

（4）堰塞湖溃决洪水演进过程模拟研究。针对堰塞湖溃决洪水下游演进模拟难题，提出并采用一维数值模拟、二维数值模拟以及经验公式等方法对白格堰塞湖、红石岩堰塞湖以及流域堰塞湖群的溃决洪水演进过程进行模拟分析。

（5）滑坡堰塞湖溃决风险评估研究。建立了考虑坝体物质结构的堰塞湖溃决危险性评价方法，提出了考虑上下游人地物分布情况的堰塞湖综合风险评估模型，同时构建了流域堰塞湖群应急处置的优选决策理论。

（6）滑坡堰塞湖应急处置技术研究。在大量滑坡堰塞湖灾害应急处置工程实践的基础上，首先对滑坡堰塞湖应急处置工程与非工程措施进行总结，针对开挖应急泄流槽措施，提出了泄流槽优化设计方法和流道调控技术。

总体研究技术路线如图1.7所示。

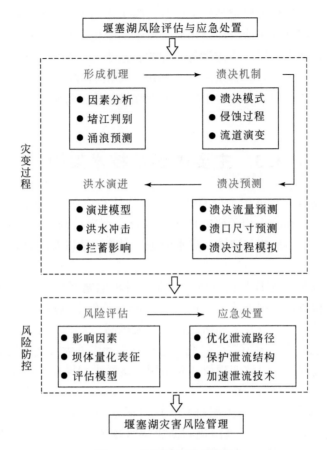

图 1.7　总体研究技术路线

第 2 章 滑坡堰塞坝分类与特征

滑坡堰塞坝的几何形态和物质结构组成与滑坡地形地貌和地质条件、运动过程以及河道形态尺寸与水流条件等因素密切相关。不同滑坡类型的运动行为和特征参数不同（Varnes，1958，1978；Huang，2012），所形成的堰塞坝体几何形态、物质组成与结构特征等也存在比较明显的差异（Abdrakhmatov and Strom，2006；Dunning and Armitage，2011），直接影响堰塞坝的稳定状态与冲刷溃决风险。一方面，不同物质类型滑坡的运动速度及破碎程度迥异，形成的堰塞坝体物质结构也存在着差异（Davies and McSaveney，2011）；另一方面，滑源区的岩土体物质结构特征也是控制堰塞坝体几何形态与物质结构的关键因素（Davies and McSaveney，2004），而坝体物质结构特性对堰塞坝的冲刷溃决过程尤为关键。因此，基于滑源体物质组成与运动过程对堰塞坝进行分类，有助于判断堰塞坝的物质结构特性以及堰塞湖的潜在溃决风险。

2.1 概　　述

滑坡堰塞坝的分类目前尚未形成统一的标准，现有的分类方法或标准主要根据野外调查、统计资料以及研究人员的相关经验进行。根据滑坡类型，Schuster 和 Costa（1988）将183 个滑坡堰塞坝划分为源自岩体崩塌、岩质与土质滑坡、土质碎屑流、黏土滑坡、落石等堰塞坝，其中前 3 种类型最多，黏土滑坡多发生于低地形起伏区域但数量较少，而落石的体积通常较小不易于形成堰塞坝。Ermini 和 Casagli（2003）将 353 个滑坡堰塞坝划分为源自平面滑坡、岩体崩滑、碎屑流、旋转滑坡、土体流动等类型堰塞坝，其中前 3 种类型最多。Korup（2004）根据新西兰 232 个滑坡堰塞坝灾害统计数据，将堰塞坝划分为源自岩体崩滑、碎屑流、岩体坠落、岩体坠滑、旋转滑坡、块体滑坡、复杂滑坡等类型，其中岩体崩滑堰塞坝占的比例最大。

根据滑坡破坏机制，黄润秋等（2001）将堰塞坝划分为滑坡型、崩塌型和泥石流型堰塞坝，根据 140 个滑坡堵江统计案例发现，70% 属于滑坡型，其次是崩塌和泥石流型。孔纪名等（2010）将地震作用下形成的堰塞坝分为整体滑动型、坠落-滑动型与坠落-弹跳-滑动型堰塞坝，整体滑动型滑坡具有相对较好的整体性、密实性，渗透系数较小（刘宁等，2013）；坠落-滑动型滑坡以碎裂岩块为主；坠落-弹跳-滑动型滑坡通常会挟带坡面物质一起滑动，堰塞坝物质通常为土石混合型。

根据滑坡物质组成，黄润秋等（2001）以及 Cui 等（2009）将堰塞坝分为土质和岩质两种类型。土质滑坡堰塞坝主要由已风化的、软弱松散的浅层斜坡形成，而岩质滑坡堰塞坝主要由相对完整或碎裂的岩体滑动形成。柴贺军等（1998）基于滑坡堆积体堵塞河道的程度，将滑坡堵江分为完全堵江和不完全堵江，尽管不完全堵江没有完全阻断河道水流，但仍会束窄河道、抬高河床而使水流壅高。也有学者根据坝体、河谷和滑坡的地貌关系对滑坡堰塞坝进行分类（Swanson et al.，1986；Costa and Schuster，1988；Dunning et al.，2005），这种方式一般不常用。

根据滑坡堰塞坝物质组成可将其分为土质为主型堰塞坝、块石为主型堰塞坝、土石混合型堰塞坝及其他堰塞坝类型。以下结合实际滑坡堰塞坝案例，简要分析不同物质组成类型堰塞坝的基本特征，为下一步开展堰塞湖冲刷溃决、洪水演进以及风险评估等研究工作提供基础。

2.2　滑坡堰塞坝分类

从滑源区岩土体物质组成的角度出发，滑坡堰塞坝可分为松散堆积物滑坡堰塞坝和岩质滑坡堰塞坝；另外，从滑坡堵江次数的角度出发，滑坡堰塞坝可分为单次滑坡堰塞坝和多次滑坡堰塞坝。松散堆积物滑坡包括土质和冰碛物滑坡等，其形成的堰塞坝通常具有组成颗粒小、堆积范围大的特点。松散堆积物滑坡在运动过程中受破碎程度、含水量等影响可能会演变为泥石流，进而形成泥石流堰塞坝。松散堆积物滑坡堰塞坝的组成颗粒小而松散，因此更容易发生溃决，但溃决速度和洪水规模还受坝体几何形态、库容等地貌因子的影响，一般对于表面平坦、顺河向长度较大的松散物质堰塞坝，其溃决时间可能较长，但溃决洪峰不一定很大。以下从物质组成的角度总结滑坡堰塞坝的基本类型，并结合实际案例分析不同类型堰塞坝的一般特征。

2.2.1　土质为主型堰塞坝

土质滑坡或高速远程滑坡通常是土质为主型堰塞坝的主要滑源体。这样的高速远程滑坡以岩质和土质为主，滑体在运动过程中充分破碎、铲刮坡面松散堆积物，因此最后形成以土质为主的堰塞坝。如滑源区方量为 $1 \times 10^8 \mathrm{m}^3$ 的易贡滑坡碎屑流在运动数千米后堵塞易贡藏布江而形成了土质为主的堰塞坝，平均坝高约为 60m，最大库容约为 $3.0 \times 10^9 \mathrm{m}^3$（刘宁，2000；Xu et al.，2012；Yin and Xing，2012；Zhou et al.，2016）。高速远程滑坡形成的土质为主型堰塞坝的数量相对较少，下面主要对土质滑坡形成的堰塞坝进行简要介绍。

Larsen 等（2010）对来自不同国家的 2136 个土质滑坡进行统计分析，结果表明土质滑坡往往具有相对较小的滑动面积、深度和方量。在入河堵江过程中，方量较小的土质滑坡容易被水流冲蚀挟带，进而不能完全停歇堆积；同时较小的方量也可能只局部束窄过水断面，难以完全堵塞河道或形成规模较大的堰塞坝体，这也是土质滑坡堰塞坝数量少、规模小的原因所在。2008 年汶川地震形成了 33 个风险较大的堰塞坝，其中土质滑坡堰塞坝 7 个，占比为 21%，相比其余的岩质滑坡堰塞坝具有较小的规模和较低的危险性（Cui et al.，2009）。Zhang 等（2016）统计了来自不同国家的 1044 个滑坡堰塞坝，在已知滑坡类型的 621 个案例中，土质滑坡与土质流堰塞坝 34 个，占比为 5.5%，其中 30 个堰塞坝的坝高已知，高度相对较小。坝高小于 20m 的堰塞坝有 20 个（66.67%），20～35m 的有 5 个（16.67%），35～60m 的有 4 个（13.33%），大于 60m 的仅有 1 个（3.33%），如图 2.1 所示。

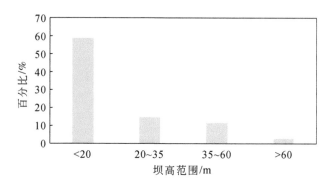

图 2.1　土质滑坡堰塞坝的坝高分布（据相关统计数据）

汶川地震诱发的灌滩堰塞坝是由右岸土质滑坡和左岸岩质崩塌共同堵塞安县干河子而形成，但以左岸土质滑坡为主，最低坝高约 15m（何秉顺等，2010）。有的土质滑坡方量虽然较大，但由于发生在开阔的河谷地带，滑坡运动距离长，滑坡堆积范围大且较平坦，部分滑坡物质没有进入河道，最后形成的堰塞坝高度也比较小。如 1983 年甘肃省东乡族自治县发生的洒勒山黄土滑坡，滑坡方量约为 $3.1×10^7m^3$，滑坡本身造成了惨重损失，而形成的堰塞坝规模较小，经人工治理后安全泄流（黄润秋等，2001，2007）。

2.2.2　块石为主型堰塞坝

块石为主型堰塞坝主要由岩质滑坡形成，不同岩质滑坡之间的规模相差较大，但总体而言，比土质滑坡具有更大的滑坡面积、滑坡深度和滑坡体积（Larsen et al.，2010），因此岩质滑坡更可能堵塞河道、形成规模较大的堰塞坝。汶川地震中形成的堰塞坝也以岩质滑坡堰塞坝为主（Cui et al.，2009；四川大学工程设计研究院，2009b），如风险等级最高的唐家山堰塞坝就是由岩质滑坡堵塞通口河而形成。不同岩质滑坡形成的堰塞坝组成颗粒尺寸也相差较大，有的以块石为主，有的却以土质或细颗粒为主，主要与滑体物质组成、滑动路径、破碎程度等有关。根据 Korup（2004）对新西兰 153 个已知滑坡类型的堰塞坝统计结果，岩质滑坡堰塞坝约为 63.6%。Zhang 等（2016）统计的 621 个滑坡堰塞坝灾害数据表明，明确由岩质滑坡形成的为 183 个，占比为 29.3%，是土质滑坡的 5.4 倍；高度已知的为 111 个，其中高度小于 20m 的有 39 个（35.1%），20~35m 的有 16 个（14.4%），35~60m 的有 26 个（23.4%），60~150m 的有 20 个（18.0%），150~200m 的有 4 个（3.6%），大于 200m 的有 6 个（5.4%），如图 2.2 所示。

比较图 2.1 和图 2.2 可以看出，岩质滑坡堰塞坝的总数以及高坝的数量明显比土质滑坡要多。例如，Sarez 湖是 1911 年发生在塔吉克斯坦东部由强震诱发岩质滑坡堵塞 Murgab 河而形成的，其是包括人工坝在内的目前世界最高坝，高达 600m（Alford et al.，2000；Ischuk，2006）。块石为主堰塞坝的岩质滑源体通常以岩体为主，土体或松散堆积物很少，滑坡体在运动过程中的破碎程度不高，且对坡面沿程松散堆积物的冲切铲刮作用也较弱，这种岩质滑坡一般包括块体滑动-低破碎岩质滑坡以及短程滑动-中破碎岩质滑坡两种。块

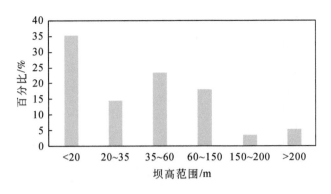

图 2.2　岩质滑坡堰塞坝的坝高分布

体滑动-低破碎岩质滑坡一般为顺层边坡在外部因素作用下发生失稳，进入河道前沿着较为平顺的滑面运动，同时受到低阻效应影响，岩体破碎程度相对较低。而有些滑坡体受地形约束影响明显，运动速度和能量转化受到限制，滑坡体在停歇堆积前与河床或对岸岸坡的碰撞破碎效应大幅减弱，一般只是滑坡前缘会产生较为剧烈的碰撞破碎现象，因此在运动停止后，部分滑坡体能够保持较好的完整性，这类堰塞坝一般具有较好的稳定性和较高的抗冲刷侵蚀能力（Davies and McSaveney，2011）。

　　新西兰的 Waikaremoana 湖以及汶川地震中形成的枂担湾堰塞湖是由块体滑动-低破碎岩质滑坡形成的两个典型案例。Waikaremoana 湖由两个滑坡堵塞河流而形成，第一个为高速远程滑坡，体积约为 $9\times10^8\mathrm{m}^3$，岩体破碎程度较高；几乎同时发生的第二个滑坡为典型的高速顺层岩质滑坡，体积约为 $1.3\times10^9\mathrm{m}^3$，运动速度较快（最大速度约为 26m/s）。由于滑动面上剧烈破碎岩体所产生的垂直力足以支撑滑体的大部分重量（Davies and McSaveney，2004），第二个滑坡在运行 2km 后仍保留相当大的完整块体，与第一个滑坡形成的堆积体碰撞后停歇，二者共同堵塞 Waikare Taheke 河形成了世界上最大的堰塞湖之一，坝体高达 400m（Beetham et al.，2002），已成为了当地一个风景优美的度假中心。枂担湾堰塞湖位于四川省白沙河上游，河谷为不对称的"V"形谷，与河谷底部垂直距离约200m 的左岸岩体在地震作用下滑动并冲向右岸，形成右岸高、左岸低的堰塞坝。坝体高约 60m，方量约为 $2.1\times10^6\mathrm{m}^3$，最大库容约为 $6.1\times10^6\mathrm{m}^3$。现场调查发现，由于滑坡前缘与河床、对岸坡体的相互作用比较强烈，原河床的部分松散堆积物沿对岸斜坡攀爬后又反转覆盖于坝体表面，厚度为 5~6m，如图 2.3 所示。另外，较大范围的堰塞坝体表面保留着滑源区的植被，据此可推测部分滑体在停歇堆积后仍保留了原有的物质结构特性，坝体具有较好的完整性。

　　短程滑动-中破碎岩质滑坡在运动过程中通常发生明显的裂化破碎，但颗粒级配跨度比较大，以块石和碎石为主，细颗粒和土质含量较少，块石体积可达上百立方米。这类堰塞坝的块体间往往存在大量的空洞/孔隙，细颗粒难以填充密实，因此坝体渗透性较好，透水通道稳定，使得库水位上升速度较缓慢甚至上下游出入库流量维持平衡；同时，块石之间具有较好的咬合力，大块石的抗侵蚀冲刷能力也较大。因此，这类堰塞坝通常具有较好的稳定性，短时间内发生大规模溃决的可能性较小。

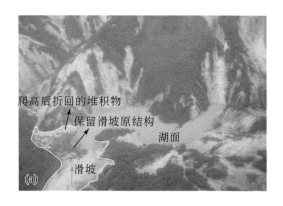

图 2.3　枷担湾堰塞湖
（a）坝体形成之初的航拍图；（b）从下游看的滑坡和坝体

徐家坝堰塞湖由短程滑动-中破碎岩质滑坡堵塞绵远河上游形成［图 2.4（a）］，坝高 110～150m，坝体体积约为 $7.5×10^6 m^3$，最大库容约为 $7.5×10^6 m^3$。堰塞坝体主要由块石和碎石组成，个别块石直径超过 10m［图 2.4（b）］，存在集中渗漏通道；除此之外，左岸山坡与坝体之间存在过流能力较小的天然泄流槽［图 2.4（c）］，因此库水位一般不高于泄流槽底部高程。对比分析 2009 年 3 月 8 日、2017 年 5 月 28 日以及 2019 年 5 月 30 日的现场勘查结果，发现 2017 年、2019 年的堰塞湖库水位几乎没有变化，但相比堰塞坝形成之初的水位降低较多（图 2.5）。徐家坝的净入库水量总体上呈下降趋势，这也是该堰塞坝体能够持续保留至今的一个重要因素。

图 2.4　徐家坝堰塞湖概况
（a）顺层滑坡；（b）坝体物质；（c）左岸溢流道

图 2.5　徐家坝堰塞湖在不同时期的库水位

2.2.3　土石混合型堰塞坝

　　土石混合型堰塞坝是数量最多的一种类型，土石混合型堰塞坝通常由岩质滑坡（也可能上有覆盖层）形成，这类滑坡大多为远程滑动-中破碎的岩质滑坡。滑坡岩土体在运动过程中通过内部和外部碰撞发生破碎解体，此外可能会对沿程坡面堆积物产生强烈的侵蚀铲刮作用而演变为碎屑流（Davies and McSaveney，2009），滑坡运动速度较快且流动性明显（张明等，2010；Wang et al.，2016），在山区河谷地带极易出现对岸爬高的现象。有的对岸坝体超高达数十米（Dunning，2004），形成对岸高、本岸低的堰塞坝。这类岩质滑坡堰塞坝粗细颗粒混杂参半，坝体比较密实，渗透系数较低，溃决过程中具有一定的抗冲刷侵蚀能力。

　　1987年7月28日意大利阿尔卑斯山脉中部发生了体积约为$4×10^7 m^3$的瓦尔普拉（Val Pola）岩质滑坡，滑体与岩石悬崖碰撞后迅速改变方向并从斜坡上滑落（Crosta et al.，2011）。滑坡在运动过程中侵蚀斜坡表面碎屑物质，滑坡方量放大至$5×10^6 ~ 8×10^6 m^3$（30%），最后演变为大规模的碎屑流进入Adda河，前端物质在对岸斜坡的最大爬高距离河床底部达300m，最后形成高30~90m的堰塞坝（Crosta et al.，2004）。坝体表面块石、砾石较多，随着深度增加，土质含量明显增加（Crosta et al.，2011）。1999年10月6日新西兰发生了体积为$1×10^7 ~ 1.5×10^7 m^3$的高位远程滑坡，在运动3km后最终演变为碎屑流堵塞Poerua河，形成最小坝高80~100m、长约450m、宽约700m的Mt Adam堰塞坝，库容为$5×10^6 ~ 7×10^6 m^3$。坝体在形成后的第二天即发生自然溢流，但可能由于泄流槽表面存在较多块石，坝体在漫顶溢流发生5天后才开始溃决（Hancox et al.，2005）。

　　2008年发生在四川省绵阳市北川羌族自治县的唐家山堰塞湖是"5·12"汶川大地震后形成的最大堰塞湖灾害，也是危险性最大的堰塞湖。唐家山堰塞湖位于涧河上游距北川县城约6km处，堰塞坝体顺河向长约803m，横河向最大宽约611m，坝高82.65~124.4m，最大库容约$3.2×10^8 m^3$，是一座典型的土石混合型堰塞坝。该堰塞坝的形成是由于汶川强震的作用致使涧河右岸发生大规模顺层滑坡［图2.6（a）］，滑坡物质堵塞河道进而形成堰塞湖［图2.6（b）］。

图 2.6　汶川地震诱发的唐家山堰塞湖

（a）右岸滑坡残留体；（b）堰塞坝体–下游右侧视角；（c）堰塞湖上游淹没情况；（d）应急泄流槽过流情况

　　唐家山堰塞坝集雨面积大、水位上涨快，造成上游大范围区域被淹没［图 2.6（c）］，且堰塞坝体物质结构性较差、抗冲刷侵蚀能力弱，发生溃决的风险极高。经水利部等多部门协商，在开展交通管制的基础上及时对下游城镇居民进行紧急撤离避险，同时及时开辟"空中通道"运输重型机械设备和抢险队伍，在坝顶右侧开挖应急泄流槽下泄上游洪水［图 2.6（d）］，避免了灾难性溃坝事件的发生，成功解除了唐家山堰塞湖所带来的险情威胁，虽经十余年汛期的过流冲刷作用，现如今该部位依然有部分残留堰塞坝体。

　　2014 年发生在云南省鲁甸县的红石岩堰塞湖是"8·3"鲁甸地震后形成的最大堰塞湖灾害，该堰塞湖位于红石岩水电站坝址下游 600m 处，堰塞坝高度约 116m，方量约 $1.2 \times 10^7 m^3$，堰塞湖最大库容为 $2.6 \times 10^8 m^3$，也是一座典型的土石混合型堰塞坝。该堰塞坝的形成是鲁甸地震的作用致使牛栏江红石岩水电站上游河段右岸发生岩质滑坡［图 2.7（a）］，由于地形较陡，滑坡运动碎屑化和沿程冲切铲刮作用剧烈，滑坡物质堵塞河道进而形成堰塞湖［图 2.7（b）］。

　　堰塞湖形成之后上游淹没影响 0.9 万人、耕地 8500 亩[①]，潜在溃决洪水风险影响下游 10 个乡镇，影响人口约 3 万人、耕地约 3.3 万亩。经云南省政府和水利部等多部门协商，综合采用开挖泄流槽和利用已有泄流隧洞的应急处置方案，成功解除了红石岩堰塞湖的险情威胁。由于红石岩滑坡破碎解体程度较高，所形成的堰塞坝体颗粒偏细且级配相对较连

① 1 亩 ≈ 666.667m²

图 2.7　云南鲁甸地震诱发的红石岩堰塞湖

（a）牛栏江右岸滑坡残留体；（b）堰塞坝体；（c）堰塞湖综合治理再利用施工；

（d）经综合治理后的堰塞湖→水力发电工程

续，坝体堆积密实程度也较高，这对堰塞坝体的稳定和渗流性能有较大的影响。在对红石岩堰塞坝体综合评估的基础上，经多部门讨论决策后决定对该堰塞坝进行综合治理［图2.7（c）］，对堰塞坝体增设混凝土防渗体系并对坝体进行加固，同时对右岸滑坡残留体进行治理，并把引、取、泄等水工隧洞布置于滑坡残留体下部。红石岩堰塞坝的后续综合治理再利用是世界首座"应急抢险–后续处置–开发利用"的灾害治理利用工程，治理过程中解决了诸多难题，提升了我国堰塞湖灾害防治利用的技术水平［图2.7（d）］。

此外，2018年在金沙江上游西藏江达和四川白玉交界的右岸发生大规模滑坡灾害，该滑坡在前期经历了数十年的缓慢变形破坏过程，最终在2018年10月10日22时发生灾难性滑动，堵塞金沙江形成堰塞坝，由于快速的运动速度，滑坡堆积物对岸爬高现象明显。堰塞坝长约5600m，坝高超70m，宽约200m，由于滑源区岩体自身强度较低且风化卸荷严重，在剧烈的运动碰撞作用下破碎解体程度较高，从堰塞坝的物质结构特性来看，属于土石混合型堰塞坝［图2.8（a）］。堰塞坝在10月12日17时30分开始自然溢流，在不断的冲刷侵蚀过程中过流量逐渐增大，过流断面也在不断加大，在13日凌晨0时45分达到洪峰水位后开始回落，在20时左右基本达到出入库流量平衡，险情基本解除。

然而，11月3日17时40分左右在白格村原滑坡部位发生二次滑坡，滑坡对沿程松散堆积物产生剧烈的冲切铲刮作用，滑坡方量放大效应明显，造成金沙江上游同一部位的二次堵江并形成堰塞湖，由于滑坡堆积物主要停积在第一次堰塞坝的天然泄流道内，形成的堰塞坝比第一次有明显加高，库容发生较大增幅，由于金沙江的流量较大，库区水位快速上涨，潜在的溃决风险给下游人民生命财产安全构成巨大威胁。经应急管理部、水利部、西藏自治区人民政府、四川省人民政府等多部门协商，首先对上下游受威胁群众进行紧急避险撤离，同时紧急调运大型挖装设备在堰塞坝右岸开挖应急泄流槽，并加强对上下游水文水情、右岸滑坡残留体等的监测预警工作。由于白格堰塞坝独特的物质结构特征和金沙江水流条件的影响，泄流过程中应急泄流道的冲刷拓展剧烈［图2.8（b）］，产生的超标洪水对下游四川和云南沿岸基础设施的重大破坏、经济损失巨大，但最终还是解除了堰塞湖自身的安全威胁。

但是，右岸滑坡残留体依然处于剧烈卸荷变形状态，局部崩塌、落石等灾害时有发

图 2.8   2018 年金沙江白格滑坡堰塞湖

（a）滑坡堵江形成堰塞湖；（b）开挖应急泄流槽过流后；（c）2019 年应急治理–挖除部分残留坝体；
（d）滑坡与堰塞坝残留现状

生，且有在此发生大规模滑坡的可能，潜在的滑坡同样存在堵塞金沙江的可能。因此，为了应对再次堵江以及河道该部位安全度汛的目的，决定挖除部分堰塞坝堆积物，腾出更大的堆积空间来应对潜在的再次滑坡堆积堵江威胁［图2.8（c）］，同时对右岸滑坡残留进行综合治理。经综合治理后的白格滑坡堰塞湖，目前已安全度汛几年，处于相对较稳定的状态［图2.8（d）］。

2.2.4   其他类型滑坡堰塞坝

泥石流是固液两相流，因此其堵江成坝条件除了与滑体体积、滑体运动距离有关外，还与滑体密度、滑体与水流的流速比以及流量比等有关。泥石流堰塞坝组成物质虽然以黏性物质为主，具有一定的抗冲蚀性，但由于物质通常较细、密实度也较低，一般寿命较短、坝高较小、容易发生漫顶溢流溃坝。2018 年西藏米林县先后形成的两次堰塞湖，均因为左岸的同一沟谷冰碛堆积物融化后形成泥石流堵塞雅鲁藏布江而形成［图2.9（a）和（b）］。10 月 17 日位于米林县加拉村下游约7km处的左岸支沟发生崩塌并堵塞雅鲁藏布江主河道，形成宽约2400m、长约850m的堰塞坝，坝前最大水深约79m，最大库容约为$6.05\times10^{8}m^{3}$；坝体于10月19日开始自然过流。10月29日该支沟再次发生滑动，并形成宽约3500m、长415~890m、高约77m的堰塞坝，最大库容约为$3.2\times10^{8}m^{3}$（金兴平，2018）；坝体在10月31日上午开始自然过流，当天18时30分出现最大流量$1.25\times10^{4}m^{3}/s$，

11月1日9时，下游墨脱县城水位回落至正常［图2.9（c）］。

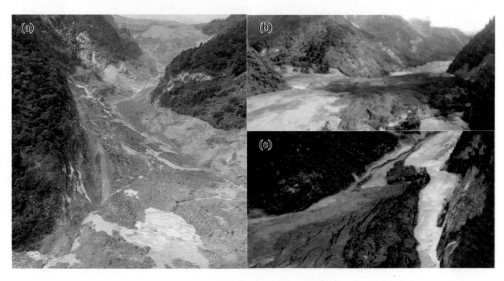

图2.9　西藏色东普沟加拉堰塞坝

（a）堰塞坝全貌；（b）堰塞坝体；（c）堰塞坝过流泄水

由大小混杂、无层理、结构较密实的碎石土冰碛物滑坡形成的特大型泥石流加拉堰塞坝，物质组成除了滑坡冰碛物，局部还混杂了原河床的卵砾石、粉细砂，这些冲洪积物多散布于堰塞体前缘靠上游侧一带（图2.10）。基于现场地质调查，发现经过两次堵江、溃决的加拉堰塞坝残留堆积体具有较为明显的分层特点。由于坝体顺河向长度较大，两次溃坝并未形成严重的巨大洪水。

图2.10　西藏加拉堰塞坝物质分布情况

2.3　滑坡堰塞坝典型特征

滑坡堰塞坝几何形态与物质组成特性的研究成果主要基于资料采集统计、个案现场调查及个人经验，通过模型试验和数值模拟方法的成果还比较少。同时，这些成果缺少系统整合与深入分析，不能量化分析和评价滑坡堰塞坝堆积特性的一般规律，尚难以满足堰塞坝稳定性量化评价及灾害风险评估的实际需求。下面对滑坡堰塞坝的几何形态、物质结构、稳定与冲刷溃决、堰塞湖溃决洪水演进等几个方面的特征进行概要介绍。

1. 堰塞坝几何形态

滑坡堰塞坝几何尺寸是评价堰塞湖溃决危险性的一个重要指标。首先，堰塞坝几何尺寸和堆积形态对坝体稳定具有重要影响，现有的坝体稳定量化评价方法考虑了坝高、坝长、坝宽等几何参数（Ermini and Casagli，2003；Korup，2004；Dong et al.，2009；Stefanelli et al.，2016）。其次，坝体几何直接影响库容大小，坝高与库容正相关。坝体几何形态又是计算溃坝洪水大小需要考虑的重要参数。堰塞坝几何形态受滑坡失稳特征、滑坡体积、滑动面倾角、河谷形态（如河道宽度、河道比降、两岸坡度）等多方面的共同影响（Costa and Schuster，1988；Kuo et al.，2011；Wu et al.，2020）。根据坝体与河道的形态关系，堰塞坝可分为 6 种类型，其中以类型Ⅱ和类型Ⅲ堰塞坝居多（Swanson et al.，1986；Dunning et al.，2005）。堰塞坝横剖面大致有对称型、非对称型和扁平型三大类。相比人工设计的土石坝，滑坡和河谷特性具有很大的随机性，堰塞坝的几何形态多样、不规则，表面也通常凹凸不平。同时，堰塞坝的坡比相对较缓，坝顶存在天然垭口，在自然泄流的情况下，水流首先漫过天然垭口，进而顺着下游坝坡天然流道下泄。

2. 堰塞坝物质结构

与堰塞坝几何形态相同，坝体物质组成与结构特征也与滑坡和河谷特性密切相关。由于坝体是滑坡自然堆积形成，松散岩土物质没有经过人工或机械选择、夯实、碾压，相比人为砌筑的土石坝，堰塞坝组成材料的粒径范围通常很宽，具有明显的双峰分布（Casagli et al.，2003）。同时，坝料在坝体三维空间的位置分布杂乱、规律性差，内部物质结构也比较松散。根据现场调研勘察结果，滑坡堰塞坝一般包括表层护甲相、主体相和底部相三个部分（Dunning and Armitage，2011），物质结构类型可以分为基质支撑型、颗粒支撑型和中间过渡型三类（Casagli et al.，2003），物质组成类型可分为块石为主、块石夹土、土夹块石、土质为主四种类型（Cui et al.，2009）。基于目前堰塞坝物质结构的理论研究成果和探测技术，堰塞坝物质组成特性和分布规律尚难以阐明，因此其对堰塞坝的稳定性、溃决冲刷速度、溃坝洪水大小的影响也无法量化评价。

3. 堰塞坝稳定与冲刷溃决

滑坡堰塞湖灾害的现场调查与统计研究表明，堰塞坝的溃决失稳状态与坝体形态、物质组成结构、渗流特性以及上游来水量等因素密切相关。堰塞坝几何形态和物质结构的复杂性和不确定性给坝体的稳定性评价及冲刷演变过程预测带来了巨大挑战。另外，坝体渗透压力和水力坡降受库水位影响，当水力坡降达到临界值时，堰塞体内部的岩土体颗粒会发生悬浮、移动并潜蚀堰塞坝，降低坝体稳定性（崔银祥等，2005；严祖文等，2009）。欠密实的滑坡堰塞坝冲刷溃决过程通常是坝体内部渗透侵蚀与漫顶冲刷共同作用的结果，同时下游河床堆积物的演变情况也会影响坝体冲刷过程。因此，堰塞坝的稳定性和溃坝冲刷过程非常复杂，需要考虑坝体三维空间、各向不均匀的物质结构及地质力学特性，包括渗透侵蚀作用以及密实度和含水量等特征参数对坝体抗侵蚀能力的重要影响。目前的溃坝失稳数学模型主要基于传统设计的均质土石坝，这些模型对通常具有宽级配、非均质特征的堰塞坝具有较低的适用性。基于水沙互馈作用原理的漫顶冲刷和渗透侵蚀协同致溃模型是揭示堰塞坝失稳冲刷溃决机制的理论前提。

4. 堰塞湖溃决洪水演进

堰塞湖溃决致使大量泥沙进入河道，从而引起河道泥沙补给的急剧增加，影响河床地貌的响应过程，有可能引起严重的水沙灾害（Huang and Fan，2013）。上游陡坡河道的强输沙水流，进入下游较缓河段时会在床面发生淤积并将快速向上游传播，从而导致河床大范围淤高、提高洪水水位（李彬等，2015）。总之，坝料在洪水演进过程中向河道补给了大量泥沙，改变河道地貌（河宽、比降、淤积凸起、冲刷凹陷等），提高洪水水位。因此，堰塞坝溃决洪水演进过程不仅和溃坝过程、坝址洪峰流量以及下游地形和泥沙量等密切相关，同时也与固体颗粒的侵蚀、挟带、沉积等运移过程以及河床的演化等现象紧密相连。在溃决洪水演进过程中，挟沙水流的固体粒度、浓度、运动特征等连续变化，固定的本构方程难以描述这种挟沙水流的时空演化运动特征。可见，目前基于含有特定粒径泥沙水流的方程难以准确计算溃坝洪水演进过程的关键特征参数，甚至计算结果与实际检测数据存在很大偏差。

2.4　滑坡堰塞湖规模与影响范围

目前世界各地的大部分滑坡堰塞湖由于水流自然漫顶或人工开挖泄流槽溢流而溃决，自然或经过人工加固后保存下来的较少，因此堰塞湖一旦形成并被发现，人们对其溃决风险和灾害严重程度尤为关注。滑坡堰塞湖灾害是一个滑坡运动–堵江成坝–蓄水成库–冲刷溃决–洪水演进的链式演化过程，主要涉及以下两个关键方面。

（1）滑坡物源运动及入河堆积停歇的重构与物质分选过程。受滑体原生特性、河谷地貌与河道水流条件影响，不同滑坡地质体经堵江运动过程形成的堰塞坝具有很大差异，导致堰塞体几何形态和物质结构具有很大的不确定性。其中，坝体高度和相应的上游河谷等高线面积决定了堰塞湖淹没面积和库容规模，而堰塞坝几何形态和物质结构特征等科学数据是坝体溃决风险评价和洪水演进计算的先决条件，对堰塞湖溃决洪水峰值大小起控制性作用。

（2）堰塞体漫顶冲刷和渗透侵蚀协同致溃与下游洪水演进过程。在漫顶水流冲刷和内部渗透侵蚀的协同作用下，堰塞坝溢流道逐渐拓宽深切，内部渗流通道逐渐扩展连通，造成泄水量及其含沙量不断增加、堰塞坝结构稳定性不断劣化，从而进一步促进流道演变、加速坝体溃决过程。堰塞体溃决产生的高含沙水流较清水具有更大的能量和冲刷侵蚀能力，对下游河道物理环境和既有构筑物也具有更大的影响和冲击。同时，堰塞湖溃决洪水的破坏程度与下游影响区域的社会和环境因子数量及分布情况密切相关，人口、设施、文物、珍稀动植物等数量越多、位置越靠近河道，堰塞湖淹没和溃决洪水的致灾程度越高。此外，尽管目前对堰塞湖溃决洪水对河道的影响关注不够，但溃坝供应的大量泥沙致使河道响应稳定过程经历几十年甚至更久。

由此可见，滑坡堰塞湖灾害链的两个关键过程显著影响坝体蓄水规模和上下游影响范围（图 2.11），结合影响范围各种因子的数量和分布决定了灾害的严重程度和损失大小。滑坡堰塞坝形成机理研究是厘清坝体几何形态和物质结构特征的基本前提，坝体形态、物质特性直接影响库容及溃决洪峰流量，坝址洪峰决定了洪水动力参数和淹没范围。因此，针对滑坡堰塞湖灾害链的每个节段进行研究，明确各个阶段的形成、发展过程机制并量化预测其中的关键特征参数，并通过人工干预措施断链或削弱该节段效应，如通过开挖应急泄水槽等，是预测滑坡堰塞湖风险、降低受灾范围及其破坏程度的重要依据。

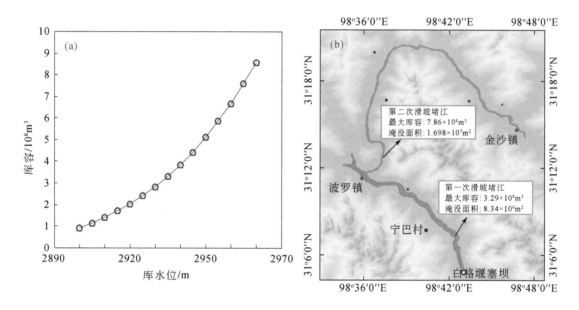

图 2.11　堰塞坝淹没范围评估
（a）库水位与库容关系曲线；（b）不同堰塞坝高度的上游淹没面积

2.5　本章小结

本章在前人研究的基础上结合大量工程实践经验，重新对滑坡堰塞坝进行了分类，并简要分析了各种类型滑坡堰塞坝滑源体、物质结构、溃决风险等方面的一般特性，同时对典型滑坡坝灾害进行了介绍。进而总结了不同类型滑坡堰塞坝的几何形态、物质结构、稳定与冲刷溃决、溃决洪水演进以及洪水灾害等方面的典型特征。最后，对滑坡堰塞湖的规模以及潜在影响范围等致灾影响进行了初步分析，本章内容主要为后续滑坡堰塞湖形成机理研究而开展的试验装置、试验材料、数据监测方案等设计提供重要基础参考。

第3章 滑坡堰塞湖形成过程与机理

滑坡堰塞湖灾害通常发生在高山河谷地区，地处偏僻，交通不便，并且突发性强、历时短，预测和监测难度高（Korup，2004；Dunning et al.，2006；Dong et al.，2011a），而目前对滑坡堰塞湖的形成运动过程仍然认识不足。据不完全统计，近代以来，我国形成大型滑坡堰塞湖近 200 处。滑坡堰塞湖的形成通常具有区域集中特点，如我国的滑坡堰塞湖灾害主要分布于西部地区，主要为 100°E~110°E（周家文等，2009）。另外，滑坡堰塞湖灾害还具有流域群发特点，通常会因一次强震过程在一条河流上形成多处滑坡堰塞湖灾害点（王兰生等，2000）。如 2008 年"5·12"汶川地震中，沱江流域滑坡堵江 16 座、嘉陵江流域 22 座、涪江流域 52 座、岷江流域 14 座。

3.1 概　　述

为研究滑坡堰塞湖的形成机制，有必要分析不同的滑体物质组成、滑坡方量、河道水流条件等因素对滑坡堵江过程的影响。岩质滑坡在运动过程中通常伴随碰撞、飞跃、破碎解体等物理现象，这些现象不仅存在于滑动过程中，也存在于堆积堵江过程中。岩质滑坡运动速度通常比较大，在冲入河道后，部分碎屑物质还会向对岸爬高后再回落，形成对岸高、本岸低的堰塞坝。滑坡运动碎屑化理论的尚不成熟，在一定程度上限制了数值模拟在滑坡堵江特别是岩质滑坡堵江机理研究方面的应用。由于滑坡运动碎屑化过程具有很多不确定性（De Blasio and Crosta，2014；Knapp et al.，2015），且物理力学机制复杂，目前尚未建立被广泛接受的滑坡运动碎屑化理论模型，如何充分考虑滑坡运动碎屑化对堵江成坝过程的影响极具挑战性。物理模型试验是研究滑坡堵江的另一种有效手段。诸多学者展开了一系列滑坡碎屑流运动物理模型试验（Hutter et al.，1995；Iverson et al.，2004；Giacomini et al.，2009；Manzella and Labiouse，2009；Bowman et al.，2012），但滑体的碎裂化过程仍没有得到充分有效的体现，尽管破碎对滑坡堆积体的体积和几何形态具有显著影响（Hungr and Evans，2004；Chen et al.，2006）。此外，滑坡堵江物理模型试验很少关注滑体破碎及其对堆积堵江特性的影响，需要针对滑坡–碎屑流–堵江的复杂物理过程开展系统的研究工作（Crosta et al.，2015）。

滑坡堰塞坝形成的经验判别指标主要是根据已有案例地貌参数的统计分析，但较少考虑滑坡类型与水流条件的影响，然而堰塞坝的形成与滑坡方量、滑坡运动特征、滑体破碎程度以及河道水流条件等密切相关。不同类型滑坡的滑体性质、运动特征等存在较大差异，从而导致在河道停歇后形成的堰塞坝具有不同的几何形态和物质结构特征。

以下通过系统物理模型试验模拟不同类型滑坡在差异河谷条件下的堆积堵江过程，进而研究不同因素对堰塞坝几何形态和物质结构等的影响规律。同时，应用数值方法模拟物理模型试验，对模型试验结果进行验证和补充。最后，模拟分析了 2018 年金沙江白格滑坡堰塞湖的形成过程，并重点分析滑坡堵江的运动过程和涌浪特点。

3.2　堆积层滑坡堵江过程模拟

3.2.1　模型试验

3.2.1.1　试验设计

堆积层滑坡堵江物理模型试验装置主要包括两部分：滑槽与河道。滑槽长 10m、宽 0.5m，坡度为 30°；河道为梯形断面，底宽 20cm，高 50cm，两岸岸坡坡度为 30°，河道比降为 5%，下游末端设置了高 20cm 的闸板，使河槽可形成一定的初始水深条件，如图 3.1 所示。

图 3.1　堆积层滑坡堵江试验水槽
（a）整体装置；（b）模型滑槽；（c）模型河道

为了模拟不同工况下堆积层的滑坡堵江过程，在滑槽顶端布设了长宽高各为 1m 的水箱，用以模拟山洪触发的滑坡堵江过程提供水源；在上半段长 5m 的滑槽上方，每 25cm 均匀布设了降雨喷头，用以模拟降雨触发山体滑坡提供条件；在滑槽中部的背侧，安装了可调频的振动台（0~50Hz），用以模拟地震触发山体滑坡堵江提供震动荷载，如图 3.2 所示。

实验主要模拟山洪、降雨、地震及相关组合工况下不同堆积层滑坡堵江的过程，试验考虑了不同的颗粒物质级配以及不同滑坡高度。细粒组中，5mm 以下的约为 84%，5 ~ 20mm 的约为 13%，20 ~ 40mm 的约为 3%；粗粒组中，5mm 以下的约为 51%，5 ~ 20mm

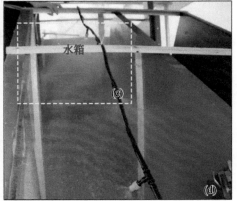

图 3.2　滑槽的功能系统

（a）试验震动台；（b）滑槽北侧的柔性支撑；（c）水箱；（d）降雨系统

的约为 34%，20~40mm 的约为 15%，堆积层材料的颗粒级配曲线如图 3.3 所示。

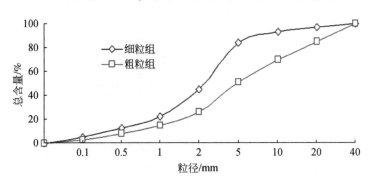

图 3.3　试验堆积层材料的颗粒级配曲线

　　堆积层滑坡堵江试验方案设计如表 3.1 所示。物料配置好后，将松散堆积物置于滑槽的挡板后，待其初步固结，缓慢移去挡板，堆积体发生流线型变形，但除部分大颗粒下滑外，大部分颗粒保持稳定，具备滑坡试验条件，如图 3.4 所示。而对于大颗粒级配的物料，在移去挡板的瞬间自然下滑，因此只考虑了一组大粒径的试验。

表 3.1　堆积层滑坡堵江试验方案设计

序号	触发因素	颗粒级配	物料方量/kg	备注
1	震动	细	60	基础参照
2	洪水	细	60	触发因素
3	降雨	细	60	触发因素
4	震动+降雨	细	60	触发因素
5	震动	细	120	方量影响

序号	触发因素	颗粒级配	物料方量/kg	备注
6	震动	细	60	增大糙率
7	震动	细	60	滑坡位置
8	震动	粗	60	级配影响

图 3.4　松散堆积物

（a）初步堆积（有挡板）；（b）自然稳定堆积（移去挡板）

试验开始时，模型河道内充满水，使其初始水深为 20cm，并通过供水系统以 1L/s 的流量向河道上游端部注水，使河道形成动水条件。试验过程中，在河道上游侧使用水位仪测量滑坡堵江前后的水位变化，河道下游侧使用流速仪测量流速变化，在河道中滑坡入水点上游 0.5m、入水点以及入水点下游 0.5m 三个位置布设孔隙水压计，测量滑坡堵江前后的孔隙水压变化，如图 3.5 所示，并采用录像机记录试验全过程。

3.2.1.2　试验结果

1. 滑坡运动过程

如图 3.6 所示，滑坡堆积层在振动荷载作用下，锁固能量迅速释放，当累积到一定程度时则开始发生滑动（6s），并对后续堆积体物质产生牵引滑动，进而增大滑坡范围（25s）。堆积层内部以及滑体与滑槽发生反复碰撞，滑坡物质不断解体并散开，该部分有明显的"振动效应"（72s）出现。部分松散颗粒由于摩擦阻力的约束而运移较慢，在后续振动的激励下，形成坍塌分裂，对滑体形成加载效应。滑坡物质在运动过程中，发生整体平摊趋势，重心下移，与滑槽接触面增多，摩擦力增大；但由于振动荷载的持续作用，滑坡物质最终进入河道，对河床以及岸坡形成一定的冲击作用，促使滑体进一步破碎解体。

山洪触发山体滑坡是一种较常见的山区滑坡现象。降雨汇流或山顶蓄水体的短时间释放为下游松散堆积物提供了丰富水源，增大了堆积层的含水率，降低了堆积物的强度，同

流速仪

图 3.5　试验过程主要监测仪器

（a）试验全景；（b）数据采集仪；（c）水位仪；（d）孔隙水压计

图 3.6　振动触发堆积层滑坡运移试验现象

时可对堆积层产生较大的冲击荷载，从而诱发滑坡的发生，图 3.7 为在水流下泄冲击下堆积层滑坡运动过程模型的试验结果。当滑坡顶部水流到达堆积层时，水流对滑体形成一定的冲击荷载，并有部分水流渗入到堆积层内部，使其质量增加、黏结强度降低，随着水流的持续下泄，漫过滑体并在其表面形成径流。在后续水流的冲蚀作用下，堆积层与滑槽间形成一层水膜，摩擦力大大降低，滑移速度不断增大，并以较高速度进入河道，对河床与岸坡产生较大的冲击荷载，滑体也进一步破碎解体。

降雨是触发滑坡的一种主要因素，堆积层在降雨过程中不断吸收水体，自重增大，并逐渐达到饱和，内部形成渗流，表面产生径流，这些因素共同作用使堆积层强度降低并逐

图 3.7　洪水触发堆积层滑坡运移试验现象

渐达到临界破坏状态，不断劣化累积最终导致滑坡的发生。降雨触发滑坡后，滑体以饱水状态向下运动，在重力和动剪切力的作用下，孔隙水压力突然增大，局部出现液化现象（图 3.8）。滑坡物质在滑槽出口处形成堆积扇，并在降雨形成的径流作用下堵江堆积河道。

图 3.8　降雨触发堆积层滑坡运移试验现象

　　降雨通常伴随着地震发生，地震导致大量气溶胶微粒进入大气，加快了水蒸气的聚集，致使降雨的发生。地震、降雨叠加，加快了滑坡的运动过程，如图 3.9 所示。地震导致堆积层的整体性受到破坏，进而发生失稳滑移。降雨作用下水体渗入堆积层，加剧了自重增加和降强的过程。但是，水流在另一方面加强了滑体细颗粒间的黏结力，使滑坡物质出现"滑而不散"的情况。

　　对比不同触发因素下滑坡启动及运动过程，结果显示：不同触发因素导致滑坡失稳运移到堆积过程存在较大区别，如表 3.2 所示。地震荷载瞬间传递给堆积层的能量导致其锁固能量迅速释放，滑体失稳并且向下部运动，对后续的堆积体产生牵引滑动效应，加速滑体的破碎解体；降雨能够增加堆积层的含水量，在增加滑体自重的过程中降低其强度，同时水流不断汇聚，形成的内部渗流表面径流进一步削弱滑体结构；上游山洪对滑体构成一

图 3.9　降雨+地震触发堆积层滑坡运移试验现象

定的冲击荷载，部分渗水增大滑体的质量并降低黏结强度，效果和降雨类似，但其提供的冲击荷载对滑体的稳定性影响更大。相对而言，在山洪冲击下，滑坡运动更加迅速、持续时间更短，滑坡规模大而剧烈，震动荷载次之，降雨触发最小，而降雨+震动荷载兼具二者的特点，其诱发的滑坡比二者单独诱发的更剧烈。

表 3.2　不同触发因素诱发滑坡过程

序号	触发因素	滑坡过程	致灾影响排序
1	地震	能量传递→锁固能释放→滑体失稳下滑→后续牵引效应→加速运移、破碎解体	2
2	洪水	山洪冲击→滑体失稳下滑→水流入渗→黏聚力增大→滑而不散	1
3	降雨	降雨入渗、汇流→劣化累积→自重下滑→松散平摊→间歇性破坏	3

2. 堆积堵江过程

1）地震滑坡堵江过程

如图 3.10 所示，滑体在振动荷载及自重作用下发生滑动并冲入河道，由于滑体把水体排开，水流迅速外溢形成涌浪。堆积体在滑坡方向的岩土体增量明显大于在其他方向的增量，其激起的涌浪也明显高于其他方向。滑体在入河堆积过程中同时向对岸抛射，最后形成完全堵江现象。

如图 3.11 所示，堵江堆积体的薄弱部位首先发生破坏，形成水流通道并挟带部分散粒体进入下游河道，同时产生剧烈的紊流现象。在滑坡物质堆积堵江完成后，堆积堵江位置尚保留了大量的滑坡物质，即大量的散粒体并未被水流挟带往下游运移，在滑槽正下方堆积，形成不完全堵江。

2）降雨滑坡堵江过程

如图 3.12 所示，滑坡体在降雨作用下，滑动颗粒与滑槽底部的黏聚力增加，滑动速度较慢，入河速度也相对较小，先入河的散粒体在水流作用下向下游运移，后续的散粒体

图 3.10　地震诱发堆积层滑坡堵江

图 3.11　滑坡松散物质入河堵江过程

图 3.12　降雨堆积层滑坡入河堵江过程

填补其原有位置，最终形成不完全堵江。

其他各组试验产生了类似的现象，形成完全、不完全堆积堵江，不同条件下的滑坡堵江现象概述如表 3.3 所示。通过分析滑坡和入河堆积过程,发现堵江模式与滑坡过程密切相关,滑体运动速度越快、质量越大,堵塞成坝概率越低;相反,滑体运动速度越慢、质量越小,堵江成坝的概率越低。

表 3.3　各组滑坡堵江现象的概述

序号	触发因素	历时/s	堵江形态	滑坡堵江过程及现象
试验 1	震动	98	全堵	堆积层解体,加速移运,逐渐进入河道
试验 2	洪水	32	局部堵	剧烈冲刷,快速滑移,类似挟沙水流
试验 3	降雨	280	局部堵	降雨入渗及汇流,增大内部黏聚力,滑移缓慢,分批入水,水流挟带平摊
试验 4	震动+降雨	52	局部堵	振动解体,降雨快速渗入,黏聚力增大,滑而不散,降雨汇流,分批入水,水流挟带平摊
试验 5	震动	62	全堵	快速解体,滑体平摊,入水堆积叠加,截断河道
试验 6	震动	420	局部堵	堆积层解体、滑槽平铺,缓慢入水;滑槽残留大量物质,入水物质较少,堵塞效果最差
试验 7	震动	82	局部堵	堆积层解体,散体平铺,滑移速度较试验 1 差别不大,运距短、时间少
试验 8	震动	12	全堵	瞬间解体,快速下滑,完全进入河道,堆积成坝,截断河槽

3. 堵江过程的关键水流参数

滑坡物质进入河道堵江后,对水体产生一定的扰动,并形成涌浪向四周传播,表现为水位的变化及孔隙水压力的变化。图 3.13 为滑坡物质入水点上游 1m 处的水位变化过程。水位出现了多次峰值,峰值经历了逐渐增大到快速减小的过程,各峰值频率也由大到小,再由小到大。这主要是因为波浪叠加及衰减的缘故,开始阶段的峰值主要为首浪传播到该处的值,后续由于次浪的不断形成及传播,与前浪发生叠加,峰值变大、频率变小,同时,涌浪在传播过程中,不断发生衰减,其峰值达到最大值后不断减小,最终趋于平稳。

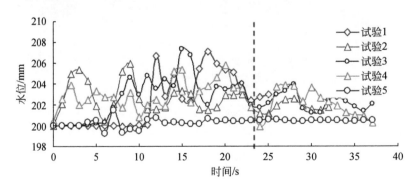

图 3.13　不同试验条件下河道水位变化过程

　　图 3.14 为滑坡物质入水点处河道底部的孔隙水压变化过程。滑坡物质堵塞河道，导致上游水位的上升，孔隙水压力增大，而下游河道内水体深度维持在 20cm 左右，其孔隙水压力变化不大。相对于试验 1，试验 8 的颗粒更大，运动速度较快，进入河道所需时间更短，其堆积体内部挤压更密实、高度更小，因此上游水位较试验 1 低。

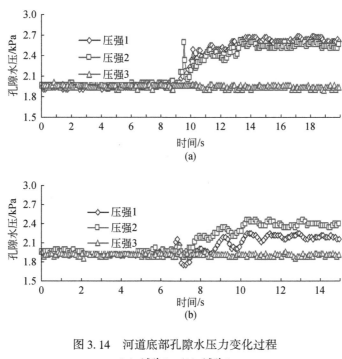

图 3.14　河道底部孔隙水压力变化过程
（a）试验 1；（b）试验 8

3.2.2　数值试验

　　由于滑坡堵江多发生在高山峡谷地区、人迹罕至，灾害预警成本较高且难度较大，几乎很难完整获取实际滑坡堵江发生发展过程的监测资料，因此数值模拟是一种较好的研究方法。为了更好地了解滑坡堵江机理，在室内试验的基础上，采用 FLOW3D 模拟软件对滑坡堵江过程进行模拟。该软件基于质量守恒方程、动量守恒方程和能量守恒方程，采用数字技术分析流体运动方程，能够解决瞬态的、三维的多尺度、多物理量的流体问题，适用于各种各样的流体流动和传热问题（Ajmani et al.，1994；Hirt and Nichols，1981）。相对于 Fluent 软件，其前处理模块与计算模块在同一界面，使用方便，同时，在建模过程中，可以采用多种 CAD 软件建模导入，连通性强，模拟范围广。这里采用 FLOW3D 模拟软件，考虑固液耦合 GMO 模块与冲刷模块，分析模型试验条件下的滑坡堵江过程，计算过程如图 3.15 所示。

3.2.2.1　数值模型

　　数值计算模型如图 3.16 所示。模型分为滑槽和水槽，滑槽顺坡长 10m、宽 0.5m、高

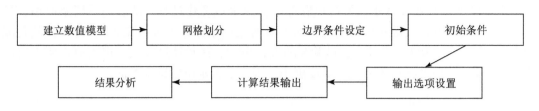

图 3.15　滑坡堵江过程模拟流程

0.6m、坡度为 30°，在槽内距顶端布设长宽 0.5m、高 0.3m 的菱柱体块体，体积为 3.75×
$10^4 cm^3$。由于软件主要用于模拟刚体运动，因散粒体运动模拟稳定性较差，故采用三角菱
柱体块体代替散粒体。水槽为梯形断面，长 10m、深 0.5m，底宽 0.2m，两边坡角为 30°，
槽内有 0.2m 的初始水深。

图 3.16　滑坡堵江数值计算模型

考虑滑坡堵江的时空特点，水流由 -Z 向 Z 方向流动，在 -Z 端设置 1L/s 的入流量。
赋予滑槽周期性运动以模拟地震荷载，振动的振幅为 0.02m，频率为 50Hz，与物理模型的
振动台频率一致。滑坡物质假设为刚体运动模块，不发生变形及破坏，流体为牛顿流体，
紊流采用 Renormalized group（RNG k-ε）模型。模拟过程中采用了 GMO 流固耦合模型和
RNG 湍流模型，GMO 模型用于模拟固体间的摩擦碰撞与流固间的耦合作用（Yin et al.，
2015），RNG 模型用于分析滑坡堵江后的流体运动过程。

3.2.2.2　模拟结果

滑坡物质失稳并加速进入河道后，流场开始发生变化，并形成涌浪向上下游扩展。由
于入水时间短，流速变化大，涌浪大而杂乱。当滑块完全入水后，涌浪开始减弱并逐渐趋
于均匀，流线整体呈椭圆向四周扩散、传递，如图 3.17 所示。在初始时刻，滑坡物质加

速下滑并伴随翻滚旋转，在 2.00s 开始进入河道。由于滑坡物质运移速度较大，与河槽对岸发生碰撞后才进入河槽水中，在剩余动能下滑块继续在河槽内弹跳直到动能消耗殆尽。

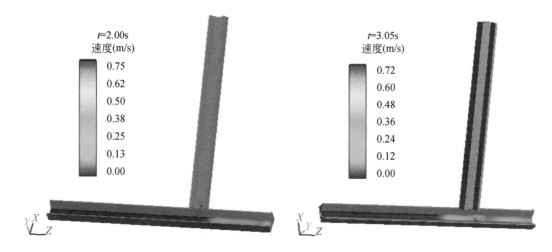

图 3.17　滑坡物质运移和堆积堵江模拟结果

由于滑坡物质对水体的挤压作用，尤其入水部位的孔隙水压发生了较大变化并且出现部分负压，如图 3.18 所示。

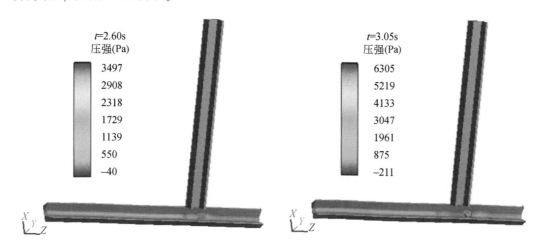

图 3.18　滑坡物质入水过程中的水压变化

图 3.19 为入水点处湍流能的变化与消散过程。受滑坡物质运动的挤压作用，入水点处的湍流现象尤为明显，但在各种摩擦作用下湍流能不断耗散。在滑坡物质入水前，虽然水流也为湍流但能量较小；滑坡物质入水后，能量急剧上升后又快速衰减，直至恢复初始水流状态，与上述的涌浪波现象一致。

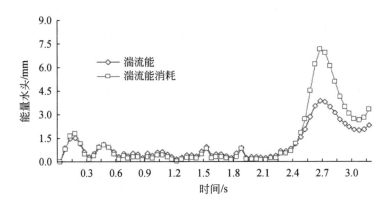

图 3.19　入水点处湍流能的变化与消散过程

3.3　岩质滑坡堵江过程模型试验

岩质滑坡是形成堰塞湖的主要物质来源，很多大型堰塞湖也都是由岩质滑坡导致的，图 3.20 为典型高速远程岩质滑坡形成的堰塞湖。因此，研究岩质滑坡堰塞湖的形成运动过程和形成条件对于厘清堰塞坝几何形态和物质组成特征以及预测滑坡堵江规模具有重要的理论和现实意义，是有效降低滑坡堰塞湖灾害或开发利用堰塞湖的重要基础。

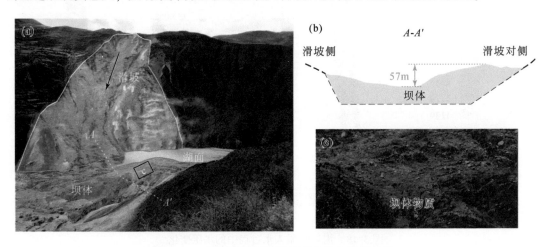

图 3.20　高速远程岩质滑坡形成的白格堰塞湖

3.3.1　试验设计

为了模拟不同性质的岩体，选择不同粒径的骨料以及不同配比的水、水泥、石灰进行拌和，获取三种具有不同抗压强度和破碎程度的方形试块。一方面，应避免试块在搬运过程中遭受破坏，同时能较好地反映真实岩体的脆性性质及其在运动过程的不同破碎程度；另一方面，让试块的强度和脆性在相对较短的时间内能够达到。基于这样的原则，经过多次尝试后确定了三种不同试块的骨料大小、材料配比和养护时间，如表 3.4 所示。三种试块的骨料粒径分别是 $d = 20 \sim 40\text{mm}$（粗砾石）、$d = 5 \sim 10\text{mm}$（中砾石）、$d = 1 \sim 2\text{mm}$（砂），如图 3.21 所示。相应的三种试块的材料配比骨料：水泥：石膏：水分别是 10：0.5：0.2：0.48、10：0.6：0.1：0.6 和 10：1.0：0.0：1.75。所有材料均采用精度为 0.02 的电子秤量取。试块的孔隙、含水量、表面体积等存在差异，因此设计的养护时间也有所不同，其中粗砾石和中砾石骨料的试块养护时间是 7 天，砂骨料的试块养护时间是 28 天。

表 3.4　三种试块（相似岩石块体）制作的相关参数

试块骨料	粒径 /mm	质量配比 （骨料：水泥：石膏：水）	养护时间 /天	抗压强度 /kPa	破碎程度
粗砾石	20 ~ 40	10：0.5：0.2：0.48	7	134	低
中砾石	5 ~ 10	10：0.6：0.1：0.6	7	98	中
砂	1 ~ 2	10：1.0：0.0：1.75	28	86	高

图 3.21　三种不同粒径的骨料及相应的试块（分别模拟滑坡堵江过程的低、中、高破碎岩体）

在试块制作过程中，首先将水泥和石膏充分拌和（砂骨料试块除外），接着加入骨料一起充分拌和，然后再加入确定量的水并充分搅拌均匀，尽量保证每个试块都具有相似的性质，减少由试块差异导致的试验误差。最后，将拌和物倒入标准模具（尺寸为 150mm×150mm×150mm），在室内温度自然养护。为了避免在拆模过程中试块表面和边缘被破坏，要求试块在拆模时已经定型并具备一定的强度。在多次尝试后，确定粗砾石和中砾石骨料试块在浇筑 2 天后拆模，砂骨料试块在 7 天后拆模。采用 MTS815 电液伺服控制岩石力学测试系统测量试块的抗压强度，粗砾石、中砾石、砂骨料试块的抗压强度分别是 134kPa、

98kPa 和 86kPa。在试验过程中，所有骨料都不能进一步破碎，即骨料是最终堵江堆积体的最小材料单元。通过预备试验发现三种试块在试验过程中破碎都比较充分，因此将粗砾石、中砾石和砂骨料试块分别视为模拟低、中和高度破碎的岩体。

图 3.22 是岩质滑坡堵江试验物理模型装置示意图。从俯视的角度，摄像机 1（30 帧/s）观测滑体在滑槽的运动过程，摄像机 2（30 帧/s）观测滑动物质的入河堆积过程；从侧面的角度，摄像机 3（30 帧/s）观测滑体在滑槽上的运动过程，摄像机 4（1000 帧/s）观测滑体在滑槽出口处的运动过程。装置主要由滑槽、水槽和供水循环系统组成。滑槽与水槽的末端连接，滑槽的坡度可以调整，但在本试验中，没有考虑滑槽坡度对堵江形成的影响。柴贺军等（1996）对我国 70 多座滑坡堰塞湖统计资料的分析结果表明，30°～45°的斜坡比较容易发生滑坡堵江，故本试验的滑槽坡度取 34°。滑槽长 5.6m，宽 0.4m，高 0.5m，滑槽底部和一个侧壁为橡胶板，另一个侧壁为透明的钢化玻璃，以便于监测试验过程。滑槽底部安装了两个刚性凸起，模拟天然滑坡路径起伏的地形。地形对滑体的运动过程具有重要的影响，滑体经过起伏的地形会导致滑体的碰撞、破碎、路径改变等。设置的滑槽底部凸起使这些现象能在试验中得以呈现，更好地模拟滑坡堵江的运动过程。对于试块滑体，经过碰撞破碎后会演变为碎屑流，最后冲入水槽，停歇堆积，形成堰塞坝。

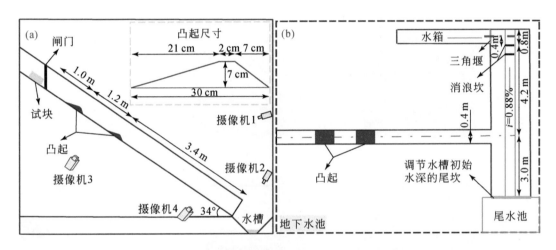

图 3.22　岩质滑坡堵江试验物理模型装置示意图
(a) 侧面图；(b) 平面图

水槽总长 8.0m，采用梯形断面以近似模拟一般的河谷形状。梯形断面底部宽 0.21m，深 0.4m，两侧倾角为 45°。中国西南山区很多河段的坡降大于 1%（Wang et al., 2009, 2014；刘宁等，2013），经多次调整校正，水槽的坡降最终为 0.88%。水槽底部和一个侧壁为铁板，另一个侧壁为透明的钢化玻璃。水循环系统由地下大水池、地面水箱、潜水泵及输水管道等组成。可以通过调节安装在输水管的三通阀门开度调节流量大小，使水槽获得不同的入流流量。通过读取水箱三角堰水深高度计算进入水槽的流量。另外，可以通过调节水槽末端出口的挡板高度，使水槽获得不同的初始水深。同时调节入流流量和初始水深，使水槽形成不同的水流条件（不同流量、水深及流速）。滑槽中线距水流入口 4.6m，水流入口往下游0.4m处设置了两个消浪坎。为了观测完整的试验过程，在不同位置安置了4台摄像机。水槽堆积体的初始几何参数通过照片、视频读取水槽壁面的网格和尺子确定。

在本试验中，根据堵江堆积体的最大高度（H_{max}）、最小高度（H_{min}）和初始水深（h_w）（滑体进入水槽前，滑槽中线位置对应的水深）三者的大小关系确定滑坡堵江类型。将堵江划分为3种类型：当堵江堆积体最大高度小于初始水深时（$H_{max}<h_w$），称为不堵江，堆积体是一个潜坝；当堆积体最小高度小于初始水深、最大高度大于初始水深时（$H_{min}<h_w<H_{max}$），称为局部堵江；当堆积体最小高度大于初始水深时（$H_{min}>h_w$），称为完全堵江。

水流深度和滑坡体积是影响堰塞湖形成的两个重要的因素（Braun et al., 2018; Kumar et al., 2019）。试验研究的目的之一是探究滑坡体积和水流条件对堵江类型的影响。因此，不堵江、局部堵江和完全堵江三种类型都应该形成于试验中。另外，在滑坡入河堆积过程中，被水流往下游挟带的碎屑物质体积会影响堵江堆积体的几何尺寸（Dong et al., 2011b）。因此，滑坡体积相同、被水流挟带往下游的碎屑物体积却不同的情况也应该出现在试验中。水流挟带碎屑物的能力与颗粒大小和水流流速密切相关（Gessler, 1970; Wu and Chou, 2003; Zhao et al., 2017）。颗粒在水流的临界起动速度可用下列方程进行估算（谢任之，1989）：

$$v_c = 1.14\sqrt{\frac{\rho_s-\rho}{\rho}gd}\left(\frac{h}{d}\right)^{\frac{1}{6}} \tag{3.1}$$

式中，v_c为颗粒的临界起动流速，m/s；ρ_s为颗粒的密度，t/m³；ρ为水流的密度，t/m³；g为重力加速度，m/s²；d为颗粒粒径，m；h为水流深度，m。

为了弄清河道水深和流速对堵江堆积的影响，试验采用表3.5的设计方案，其中试验系列L堆积体的全部颗粒在不同水流条件下都不会被水流冲走，即颗粒不会起动；试验系列M堆积体的部分颗粒在有的水流条件可能会被水流冲走，即部分颗粒达到起动条件。在本试验中，系列M2中4组试验的堆积体部分颗粒达到起动条件；试验系列S堆积体的全部颗粒在有的水流条件下可能会被水流冲走，即所有的颗粒都达到起动条件。在本试验中，系列S2中4组试验的堆积体全部颗粒都达到起动条件，如表3.5所示。

表3.5 岩质滑坡堵江的模型试验方案

试验序号	试块个数	试块总体积 /10⁻³ m³	水流条件	入流流量 Q /(10⁻³ m³/s)	堵塞处的初始水深 h_w /10⁻² m	堵塞处平均流速 v /(m/s)
L1-1	1	3.375	F_{w1}	0.74	2.47	0.127
L1-2	2	6.750				
L1-3	4	13.500				
L1-4	8	27.000				

续表

试验序号	试块个数	试块总体积 /10⁻³ m³	水流条件	入流流量 Q /(10^{-3} m³/s)	堵塞处的初始水深 h_w /10^{-2} m	堵塞处平均流速 v /(m/s)
L2-1	1	3.375				
L2-2	2	6.750	F_{w2}	2.70	3.89	0.279
L2-3	4	13.500				
L2-4	8	27.000				
L3-1	1	3.375				
L3-2	2	6.750	F_{w3}	2.70	6.36	0.155
L3-3	4	13.500				
L3-4	8	27.000				
M1-1	1	3.375				
M1-2	2	6.750	F_{w1}	0.74	2.47	0.127
M1-3	4	13.500				
M1-4	8	27.000				
M2-1	1	3.375				
M2-2	2	6.750	F_{w2}	2.70	3.89	0.279
M2-3	4	13.500				
M2-4	8	27.000				
M3-1	1	3.375				
M3-2	2	6.750	F_{w3}	2.70	6.36	0.155
M3-3	4	13.500				
M3-4	8	27.000				
S1-1	1	3.375				
S1-2	2	6.750	F_{w1}	0.74	2.47	0.127
S1-3	4	13.500				
S1-4	8	27.000				
S2-1	1	3.375				
S2-2	2	6.750	F_{w2}	2.70	3.89	0.279
S2-3	4	13.500				
S2-4	8	27.000				
S3-1	1	3.375				
S3-2	2	6.750	F_{w3}	2.70	6.36	0.155
S3-3	4	13.500				
S3-4	8	27.000				

因此，试验前尝试了不同的滑坡体积、水流条件以确定满足试验设计要求的变量参数

的范围。为了减少试块初始几何排列差异可能导致的试验结果误差，不同实验组的试块均按照图 3.23 放置。在每组试验开始前，将试块小心地依次放置于闸门后的滑槽底板；不同位置的 4 个摄像机提前开启，以记录完整的试验过程；另外，相应的设计水流也提前形成稳定的恒定流，近似模拟河道水流。

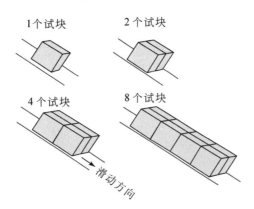

图 3.23 试块被释放前的排列方式（在所有试验中，试块放在滑槽底板中间，与两边侧壁不接触）

3.3.2 试验结果

以中砾石骨料（粒径 $d = 5 \sim 10\text{mm}$）试块的堵江试验 M2-8 为例，概述岩质滑坡堵江试验的一般过程，不同时间的运动状态见图 3.24。滑动前，试块前端与滑槽闸门在同一部位，试块开始滑动时刻为 $t = 0\text{s}$。在闸门和第一个凸起之间，试块沿着滑槽底部滑动。在 $t = 1.13\text{s}$ 时，所有的试块都通过了第一个凸起，滑体被抛向空中，呈现一个短的抛物线运动轨迹，接着滑体物质重新落入滑槽，与滑槽底板碰撞，解体破碎。这个阶段表明了试块有足够的能量使自身发生破坏。类似的现象也发生在滑体物质通过第二个凸起时，但滑体的完整性明显降低，运动的抛物线轨迹更高、更长，物质抛射、飞跃的运动行为也更明显。滑体与滑槽底部再一次发生比较剧烈的碰撞后进一步解体破碎，物质的颗粒尺寸也继续减小，逐渐演变为流动的碎屑物质。在 $t = 1.63\text{s}$ 时，几乎所有的物质都通过了第二个凸起，滑体以流动的方式继续向下运动。从 $t = 1.80\text{s}$ 开始，碎裂物质开始进入水槽。在 $t = 1.87\text{s}$ 时，碎屑物质与流动水流的相互作用尤为剧烈，水流产生明显的紊流现象。在 $t = 1.87 \sim 2.20\text{s}$ 时，部分碎屑物质在对岸爬高，在达到最大爬升高度后开始下降回落，同时在对侧形成了很高的涌浪，超过了水槽高度。在 $t = 2.50\text{s}$ 时，滑入水槽的物质明显减小。滑动物质在进入水槽、堵塞堆积这个阶段继续解体破碎。整个滑坡、堵江堆积过程在 $t = 3.20\text{s}$ 结束（不考虑落在最后面的零星颗粒）。在堆积过程中，碎屑物质同时向上下游方向延展。

粗、砂骨料试块的滑坡堵江运动过程与前述类似，且全部的滑动物质都进入水槽。对于同一种类型的试块，总的运动时间与滑体体积正相关；对于不同粒径骨料、相同体积的试块，总的运动时间从小到大依次为粗砾石、中砾石、砂骨料试块。粗砾石、砂骨料试块

图 3.24　岩质滑坡堵江的典型运动过程（以中砾石骨料试块为例）

在滑槽的运动过程如图 3.25 所示。

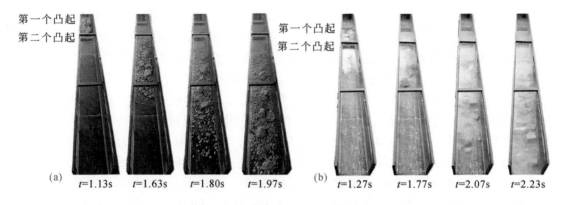

图 3.25　不同骨料试块在滑槽的运动过程
（a）粗砾石骨料试块在滑槽的运动过程；（b）砂骨料试块在滑槽的运动过程

图 3.26 是堆积体形成之初、未被水流冲刷前的形态。通过观测试验过程和最终的堆积体物质组成，发现试块滑体的裂化和破碎程度同时受滑槽运动阶段和冲入水槽的堵江堆积阶段影响。在不同水流条件下，粗砾石、中砾石、砂骨料三类试块的最终破碎程度均与试块初始体积负相关，即试块数量越多，试块的破碎程度越低。未完全解体破碎的块体几乎都出现在堆积体表面，与实际滑坡堰塞坝的颗粒"反序"现象一致（Crosta et al.，2001；Davies and McSaveney，2004；Crosta et al.，2004；Zhang and Yin，2013）。

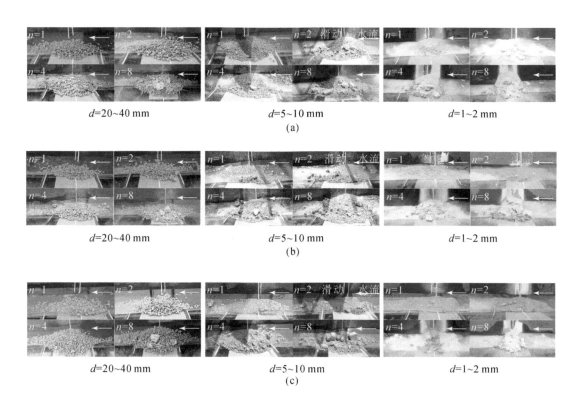

图 3.26　不同试块类型、试块体积、水流状态下形成的岩质滑坡堵江堆积体（n 表示试块个数）

（a）水流条件 1（F_{w1}）：$Q=0.74\times10^{-3}\,\mathrm{m^3/s}$，$h_w=2.47\times10^{-2}\,\mathrm{m}$，$v=0.127\,\mathrm{m/s}$；（b）水流条件 2（$F_{w2}$）：$Q=2.70\times10^{-3}$ $\mathrm{m^3/s}$，$h_w=3.89\times10^{-2}\,\mathrm{m}$，$v=0.279\,\mathrm{m/s}$；（c）水流条件 3（$F_{w3}$）：$Q=2.70\times10^{-3}\,\mathrm{m^3/s}$，$h_w=6.36\times$ $10^{-2}\,\mathrm{m}$，$v=0.155\,\mathrm{m/s}$

　　每组试验全部的滑动物质都进入水槽，堵江堆积体最大高度都出现在滑槽对岸。除了试验 4 和试验 8 的试块滑体的堆积体最小高度出现在偏滑槽一侧的中间部位以外，其他试验的堆积体最小高度都出现在滑槽的一侧。因为砂骨料试块在破碎后的碎屑物质运动速度比其他两类试块的慢，当滑体体积（试块个数）比较大时，落在后面的滑动物质也相对较多，这部分物质没有足够的动能到达对岸而落在滑槽一侧，从而出现堆积体滑槽侧高度比中间部位高的现象。最大高度在对岸、最小高度靠近滑坡侧的堰塞坝形态也常见于天然的岩质滑坡堵江，如唐家山堰塞坝（胡卸文等，2009）、Adda 堰塞坝（Crosta et al.，2004）；也有的堰塞坝最小高度出现在坝体表面的中间部位，如图 3.27 所示的杨家沟堰塞坝。

3.3.2.1　滑坡方量对堆积堵江高度的影响

　　滑坡物质进入河道是一个同时包括碎屑流和水流的典型现象（Adduce et al.，2011；Ma et al.，2015；Liu and He，2018）。岩质滑坡迅速停积堵塞河流的过程，同时取决于河流特性和滑坡性质（Dunning et al.，2006），两者是滑坡物质能否堵江筑坝成库的控制性因素。图 3.28 为堵江堆积体的最大高度、最小高度、试块体积、水流条件以及试块破碎程度之间的关系。堆积体高度随着试块体积的增大而明显增大，同时与试块破碎程度密切

图 3.27　绵远河的杨家沟滑坡堰塞湖

(a) 滑坡后形成的沟壑；(b) 从下游看的堰塞坝

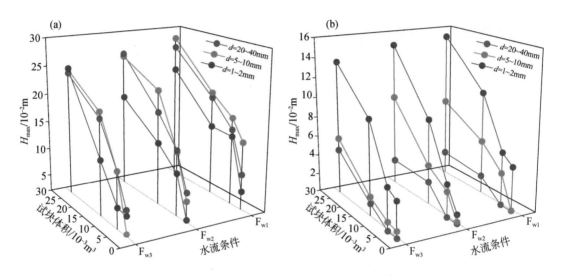

图 3.28　堵江堆积体高度、试块体积、水流条件与试块破碎程度的关系

(a) 堆积体最大高度与其他三个因素的关系；(b) 堆积体最小高度与其他三个因素的关系

相关。此外，堆积体高度还受水流条件的影响。下面将逐一阐述每个因素对堆积堵江特性的影响。

　　滑坡方量是影响滑坡堰塞湖形成的最重要因素之一 (Swanson et al., 1986；Costa and Schuster, 1988)。图 3.29 给出了粗砾石、中砾石、砂骨料三种类型试块的体积与堵江堆积体最大、最小高度的关系。总体而言，不管试块的性质和水流条件的差异，堵江堆积体最大、最小高度都随着试块体积的增加而增大。可见，在其他条件相当的情况下，滑坡体积越大，滑坡的堵江筑坝能力越强。例如，对于粗砾石骨料试块，1 个试块和 8 个试块在 F_{w1}、F_{w2}、F_{w3} 三种水流条件下的堆积体最小高度分别为 0cm 和 2.4cm，0cm 和 2.6cm，0cm 和 4.7cm；对于中砾石骨料试块，分别为 0cm 和 8.2cm，0.2cm 和 9.4cm，0.7cm 和 5.9cm；对于砂骨料试块，分别为 4.48cm 和 15.23cm，0.94cm 和 14.85cm，3.54cm 和

13.67cm。试块体积与堆积体高度的回归分析表明，堆积体最大高度与试块体积的自然对数具有较强的线性关系（$R^2 = 0.85 \sim 0.98$），堆积体最小高度则与试块体积具有较强的线性相关（$R^2 = 0.80 \sim 0.93$）。该结果也证明了滑坡体积是堵江堆积体高度的一个控制性因素。

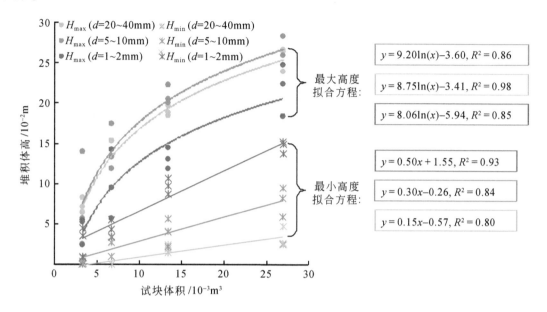

图 3.29　粗砾石、中砾石和砂骨料三种试块的体积与堵江堆积体最大、最小高度的关系

3.3.2.2　河道水流条件对堆积堵江高度的影响

堵江类型取决于堆积体最大、最小高度与河流水深的关系。试验的堆积体最大高度与初始水深的比值（H_{max}/h_w）、堆积体最小高度与初始水深的比值（H_{min}/h_w）和初始水深 h_w 的关系如图 3.30 所示。总的来说，不管流速大小，堆积体最大、最小高度与水深的比值和水深成负相关，即水深越大，水流被堵塞的程度越低。如图 3.30（a）所示，试验系列 L 的 12 个堵江堆积体的最小高度都小于初始水深（$H_{min}/h_w < 1$），最大高度都大于初始水深（$H_{max}/h_w > 1$），即都是局部堵江。对于试验系列 M 的 12 个堆积体 [图 3.30（b）]，其中 5 个堆积体的最小高度大于初始水深（$H_{min}/h_w > 1$），即完全堵江；6 个堆积体的最小高度小于初始水深，最大高度大于初始水深，即局部堵江；1 个堆积体的最大高度小于初始水深（$H_{max}/h_w < 1$），即不堵江。对于试验系列 S 的 12 个堆积体 [图 3.30（c）]，其中 8 个完全堵江，3 个局部堵江，1 个不堵江。由此可知，36 组试验有 13 组属于完全堵江，其中 7 组（53.8%）出现在最小水深的情况，4 组（30.8%）出现在中等水深的情况，2 组（15.4%）出现在最大水深的情况。因此，河流水深是决定河流堵塞程度和滑坡堵江类型的另一个关键因素。

水流流速影响堆积体的几何形态，特别是在试块体积小、破碎程度高、水流流速大的情况。例如，高破碎试块（如 S2-1、S2-2）的堵江堆积体比中、低破碎试块的堆积体具有

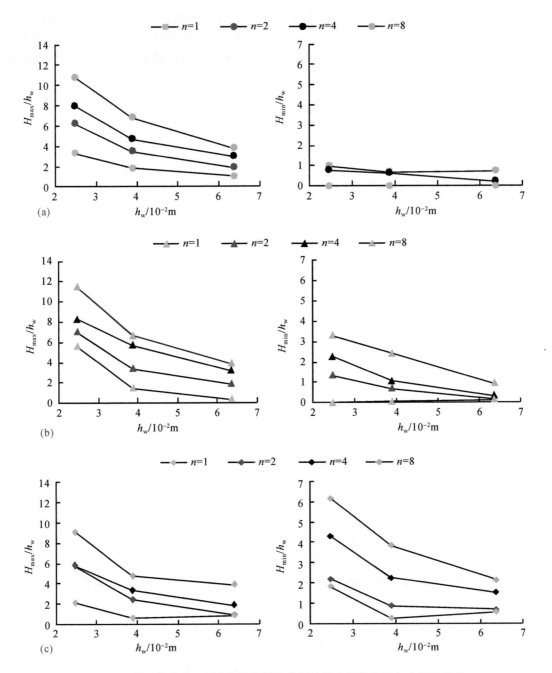

图 3.30 堆积体最大、最小高度与堵塞位置初始水深的比值与水深的关系
(a) 试验系列 L (粗砾石骨料试块、低破碎); (b) 试验系列 M (中砾石骨料试块,中破碎);
(c) 试验系列 S (砂骨料试块,高破碎)

更长的顺河向长度和更平坦的形状。如果大部分的碎屑物质一旦进入河道就被水流冲走而无法停歇堆积,则不能形成堰塞湖。例如,2009 年的台湾 Hsiaolin 村滑坡(体积约为 2×

$10^7 \mathrm{m}^3$）堵塞 Cishan 河形成了堰塞湖，尽管如此，根据 Dong 等（2011a）对堰塞坝的现场调查和反演重构的研究结果，仍然有部分滑坡碎屑物质由于水流较大而被挟带至坝址的下游河道，没能及时停积筑坝。

3.3.2.3　试块破碎程度对堆积堵江高度的影响

图 3.29 和图 3.30 为不同类型试块的堵江堆积体高度与试块体积、水槽堵塞点处初始水深的关系，其表明试块破碎程度对滑坡堵江类型有显著影响。低、中破碎程度的堵江堆积体最大高度差别不大，但高破碎程度的堆积体最大高度却明显变小；同时，堆积体最小高度随着破碎程度的增强而增大。由此可知，堆积体的最小高度比最大高度对破碎程度更敏感，最大高度与最小高度的差值也随着破碎程度的增强而减小。此外，图 3.30 中直线斜率变化最大的是图 3.30（c），然后是图 3.30（b）和图 3.30（a），可见高破碎试块的堵江堆积体形态比低破碎的对水流状态更敏感。

3.3.3　岩质滑坡堵江类型的判别

滑坡堆积堵江是滑坡与河道两个系统的耦合作用结果，无论滑坡方量与河道宽度的规模大小，河道都有可能被完全堵塞形成堰塞湖。以下通过对岩质滑坡堵江试验数据进行分析，建立岩质滑坡堵江类型的判别方法。

这里提出一个新的堵塞指数 BI 以评估滑坡的堵江能力：

$$\mathrm{BI} = V_s / A_w \tag{3.2}$$

式中：V_s 为滑坡方量，m^3；A_w 为堵江位置的河谷横断面面积，m^2，指与水深相关的过流断面面积。BI 越大，滑坡的堵江能力越大，即体积越大、过流断面越小，滑坡堵江能力越大。滑坡体积和过流断面面积可通过现场勘查、遥感图像等途径确定。由于试验块体的破碎程度是影响堆积体尺寸和堵江类型的重要因子，因此，堵塞指数 BI 也根据滑体的破碎程度进行划分。

图 3.31 是堵塞指数 BI 与不同破碎程度试块的堵江堆积体相对最大、最小高度的关系，结合该图说明岩质滑坡堵江类型的判别方法。堵江堆积体最小高度大于初始水深被视为完全堵江。根据图 3.31（a）数据，与中、高破碎程度的试块相比，低破碎程度的试块需要较小的堵塞指数 BI 则可达到相同的堆积体相对最大高度 $H_{\max}/h_w$；换而言之，对于相同的过水断面，低破碎试块需要较小的体积则可拥有相同的堆积体相对最大高度。而根据图 3.31（b）数据，与中、高破碎的试块相比，低破碎试块需要较大的堵塞指数 BI 才可达到相同的堆积体相对最小高度 $H_{\min}/h_w$。因此，滑坡体积大、岩体破碎程度高、河流过水断面小的情况更容易完全堵江。

表 3.6 列出了堵塞指数 BI 与不同破碎试块的堵江堆积体相对最大、最小高度（$H_{\max}/h_w$、$H_{\min}/h_w$）的拟合函数关系。采用拟合函数可确定不同堵江类型的堵塞指数 BI，结合两个临界条件 $H_{\max}/h_w = 1$ 和 $H_{\min}/h_w = 1$ 可获得不同堵江类型的判别条件。因此，针对某个潜在滑坡堵江，根据不同堵江类型的 BI 临界值及河道的断面、水深，可确定形成不同堵江类型的滑坡体积临界值。

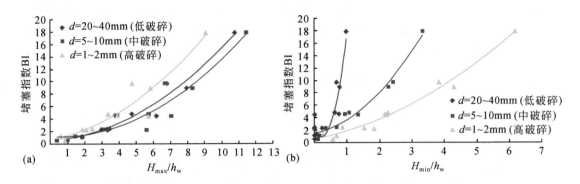

图 3.31　堵塞指数 BI 与不同破碎程度试块的堵江堆积体相对高度的关系

（a）堵塞指数 BI 与相对最大高度 H_{max}/h_w 的二维坐标图；（b）BI 与相对最小高度 H_{min}/h_w 的二维坐标图

表 3.6　不同破碎程度的岩质滑坡堵江类型判别方法

破碎程度	BI 与 H_{max}/h_w 的拟合方程	$H_{max}/h_w = 1$ 时的 BI 值	BI 与 H_{min}/h_w 的拟合方程	$H_{min}/h_w = 1$ 时的 BI 值
低	$y = 0.13x^2 + 0.19x + 0.51$	0.83	$y = 27.62x^2 - 11.79x + 2.15$	17.98
中	$y = 0.14x^2 - 0.13x + 1.11$	1.12	$y = 1.13x^2 + 1.03x + 1.48$	3.64
高	$y = 0.15x^2 + 0.52x + 0.63$	1.3	$y = 0.29x^2 + 1.02x + 0.56$	1.87

（1）对于低破碎的岩质滑坡：

当 BI>17.98，完全堵江；当 0.83<BI<17.98，局部堵江；当 BI<0.83，不堵江。

（2）对于中破碎的岩质滑坡：

当 BI>3.64，完全堵江；当 1.12<BI<3.64，局部堵江；当 BI<1.12，不堵江。

（3）对于高破碎的岩质滑坡：

当 BI>1.87，完全堵江；当 1.30<BI<1.87，局部堵江；当 BI<1.30，不堵江。

表 3.6 的岩质滑坡堵江判别方法采用无量纲的相对坝高，因此对不同大小的过流断面也可以适用。考虑到滑坡堵江时的河道，尤其枯水期的山区河流的过水断面可能很小，因此较小的滑坡体积就可能会阻断水流，但风险一般也比较小。因此，结合下游沿岸的防洪标准和堵江后的灾害风险大小，提出了判断堵江类型所依据的另外两种过水断面面积和水深确定方法。首先，根据《城市防洪工程设计规范》（GB/T 50805-2012），选择城市防洪工程最低的防洪设计标准，即 10 年一遇洪水相对应的过水断面面积作为判别滑坡堵江类型的影响参数；其次，四川省水利厅统计汶川地震中形成的 113 座堰塞湖的依据是坝高大于 10m、上游集雨面积大于 20km² 以及库容大于 $1×10^5 m^3$（梁军，2012）。现根据其中"坝高大于 10m"的条件，选择河流水深为 10m 时相对应的过水断面面积作为判别滑坡堵江类型的参数计算值。判别方法仍然依据表 3.6，只是堵塞指标 BI 中 A_w 计算的依据有所不同。

式（3.2）没有考虑水流速度对滑坡堵江能力的影响。根据前述的试验结果，除了较小的滑坡体积和较大的来水流量情况，流速对滑坡堆积体几何形状的影响并不明显，尽管可能会影响堆积体底部的结构特性，如坝体材料的饱和度等。在此主要关心滑坡堵江类型的坝体几何尺寸。表 3.6 的岩质滑坡堵江类型判别方法是根据试验中试块的破碎程度进行划分，但在实际中怎么评估（潜在）滑体的破碎程度是需要进一步解决的问题。同时，该判别方法考虑了滑坡运动特性对堵江堆积体几何形态及堵江类型的影响，但未来的研究需要进一步考虑更多可能的影响因素，如河谷形状。同时，应结合理论解析和数值研究成果，提高判别方法的适用性和准确性。另外，对比试块和散粒两种不同滑体的试验可知，滑体初始性质对滑坡堵江的运动过程和堆积体几何形态具有十分显著的影响。因此，建立全面反映滑坡和河道特征的滑坡堵江判别方法是提高滑坡堰塞湖形成判识的关键。

不堵江的堆积体，尽管抬高了河床，改变了原河道的固体物源含量，但几乎不存在溃决洪水风险，也没有造成明显的上游壅水。局部堵江的堆积体，束窄抬高了坝址河床，但由于堆积完成之初就已经形成了天然溢流通道，限制了上游水位的增长速度和蓄水量，可能在坝体未被强烈冲蚀前就可以形成稳定的溢流道。完全堵江的堆积体，通常是因为漫顶溢流冲刷侵蚀而溃决（Costa and Schuster，1988；Jiang et al.，2017），其与局部堵江相比，在相同甚至更小的上游来水量条件下的冲蚀更严重。

3.4 滑坡堵江过程模拟

3.4.1 滑坡堵江数值模拟方法

大型岩质滑坡破碎化可以发展为滑坡碎屑流，因此大型滑坡-碎屑流的运动演化呈现类似流体运动特征，具有超强的流动性和巨大的破坏力。为了更好地模拟滑坡碎屑流运动和堆积过程，将弹黏塑性模型和重整化群（RNG）湍流模型相结合来描述碎屑流运动和入江过程。弹黏塑性模型可以模拟大变形，将滑体描述为连续的等效流体。模型采用黏滞应力和弹性应力的总和预测应力的总状态及相应的弹性应力增加的过程，其中应力与应变成线性比例。此外，当进一步施加应变使弹性应力超过屈服应力时，黏滞应力变得显著，然后材料屈服，开始以黏性流体的形式流动。本构模型的应力张量可分为偏量部分和各向同性部分，表述如下：

$$\frac{\partial \tau'_E}{\partial t} + \nabla \cdot (u\tau'_E) = 2GD'(x,t) + \tau'_E \cdot W + W^T \cdot \tau'_E \tag{3.3}$$

$$\frac{\partial p}{\partial t} + \nabla \cdot (up) = -K\dot{e} + 3\alpha K\left[\frac{\partial T}{\partial t} + \nabla \cdot (uT)\right] \tag{3.4}$$

式中，τ'_E 为偏弹性应力的一部分；G 为剪切弹性模量；E 为应变张量；W 为涡量张量；D' 为应变率张量的偏量部分；u 为滑体速度；p 为压力；K 为体积模量；$\dot{e}$ 为体积应变；T 为整体温度。

为了预测屈服效应，这里采用米泽斯屈服准则：

$$II_{\tau'_E} = \frac{Y^2}{3} \tag{3.5}$$

当材料超过屈服准则时，弹性应力松弛为

$$\tau_E'^* = \sqrt{\frac{2Y^2}{3\,\mathrm{II}_{\tau_E'}}\tau_E'}$$ 　　　　　　　　(3.6)

式中，Y 为屈服应力极限；$\mathrm{II}_{\tau_E'}$ 为第二常量的偏弹性应力张量的一部分。利用 RNG 湍流模型描述滑坡堵江过程中河道水流波的形成和传播过程。该模型考虑了湍流涡量，给出了普朗特数的解析式，以及低雷诺数流动黏度的解析式。

流体运动的控制方程如下：

$$\frac{\partial \varepsilon_T}{\partial t} + \frac{1}{V_F}\left\{uA_x\frac{\partial \varepsilon_T}{\partial x} + vA_y\frac{\partial \varepsilon_T}{\partial y} + wA_z\frac{\partial \varepsilon_T}{\partial z}\right\}$$

$$= \frac{\mathrm{CDIS}_1 \cdot \varepsilon_T}{k_T}(P_T + \mathrm{CDIS}_3 \cdot G_T) + \mathrm{Diff}_s - \mathrm{CDIS}_2\frac{\varepsilon_T^2}{k_T} \qquad (3.7)$$

$$\frac{\partial k_T}{\partial t} + \frac{1}{V_F}\left\{uA_x\frac{\partial k_T}{\partial x} + vA_y\frac{\partial k_T}{\partial y} + wA_z\frac{\partial k_T}{\partial z}\right\} = P_T + G_T + \mathrm{Diff}_{k_T} - \varepsilon_T \qquad (3.8)$$

式中，u、v、w 分别为水流在 x、y、z 方向的流速；k_T 为湍流动能；P_T 为湍流动能项；G_T 为浮力项；ε_T 为湍流能量耗散率；Diff_s 和 Diff_{k_T} 为与 A_i 和 V_F 相关的消散项指数；V_F 为流动方向的体积分数；A_i 为 i 方向（$i=x$，y，z）流动方向的面积分数，据此可以估计湍流波动的影响。CDIS_1、CDIS_2 和 CDIS_3 为无量纲参数，CDIS_1 和 CDIS_3 分别为 1.42 和 0.2，CDIS_2 由 RNG 模型中的 k_T 和 P_T 确定。

3.4.2　白格滑坡堵江过程模拟

2018 年 10 月 10 日的第一次白格滑坡发生于金沙江上游区域，完全堵塞了金沙江干流。白格滑坡为典型的大型、高速远程滑坡碎屑流，滑源区最大高程为 3700m，剪出口高程大于 3000m，原河面的平均高程为 2910m，滑坡垂直落差约 800m（图 3.32）。

图 3.32　白格滑坡地形及滑坡分区

滑坡堵江区域的 DEM（数字高程模型）由滑体、基岩和河道组成（图 3.33），基于 DEM 数据建立白格滑坡的数值模拟模型。河道的初始水位拟定为 2910m，数值模型的网格总数为 500000 个，每个网格大小为 0.03m，计算时间为 100s。

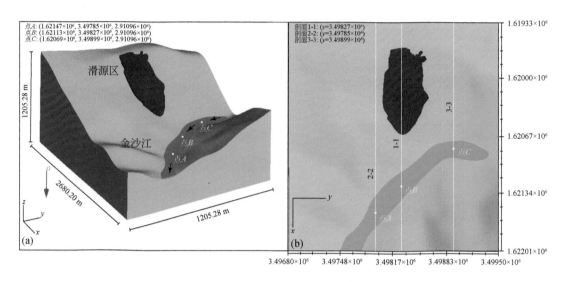

图 3.33　白格滑坡数值模拟模型

图 3.34 为模拟反演的白格滑坡堵江过程，模拟结果表明滑体失稳后形成碎屑流，迅速沿坡面向河道加速运动，在运动 18s 后到达金沙江水面，以 $v=60\text{m/s}$ 的速度冲击金沙江河道。大部分岩屑碎流侵入金沙江并产生涌浪，包括体积涌浪和冲击涌浪。白格滑坡方量巨大，因此形成的主要为体积涌浪。在堆积过程中，碎屑流开始减速，并受地形条件的影响开始转向下游运动。同时，滑坡堵江产生的波浪沿对岸（金沙江左岸）开始爬升。在 $t=41\text{s}$ 后，由于能量耗散，碎屑流逐渐沿下游河段堆积，完全堵塞金沙江、形成堰塞坝。坝体位于源区中心以下，其余部分受水流影响均分布在下游，坝体宽 1000m、长 450m、最大高度 70m，处于滑坡下游位置（图 3.35）。

滑坡堵江位置的上游、中心、下游的自由水面高度如图 3.36 所示，B 点的最大水位高度为 3000.7m，超过初始水位约 90m。A 点最高水位 2981.8m，C 点最高水位 2970.0m，这意味着滑坡的下游地区产生了更严重的堆积。B 点和 C 点的水位几乎在同一时间开始上升，这表明碎屑流的主要入口位置位于上游附近。B 点水位上升过程耗时 7s，比 A 点和 C 点分别快 11s 和 16s。滑坡碎屑流入江中心 B 点的滑坡碎屑流堆积将水体推向上游以及下游，从而导致下游和上游水位上升。

3.4.3　加拉滑坡堵江过程模拟

2018 年 10 月 16 日晚至 17 日凌晨，西藏自治区林芝市米林县派镇加拉村附近色东普沟上游冰川垮塌，铲刮侵蚀冰积堆积体和松散堆积物，冲入雅鲁藏布江，形成涌浪，堆积

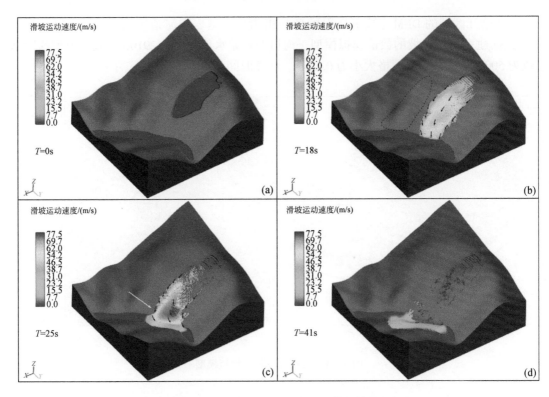

图 3.34　滑体速度及动态演化模拟结果

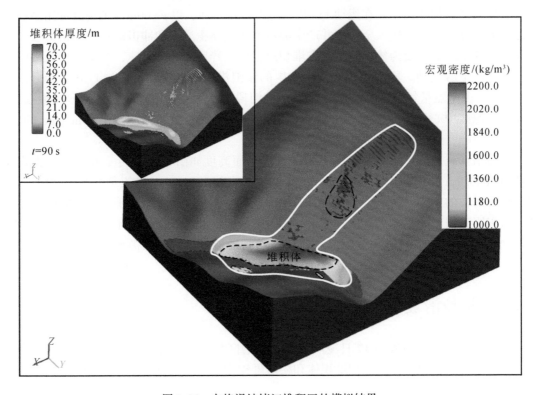

图 3.35　白格滑坡堵江堆积区的模拟结果

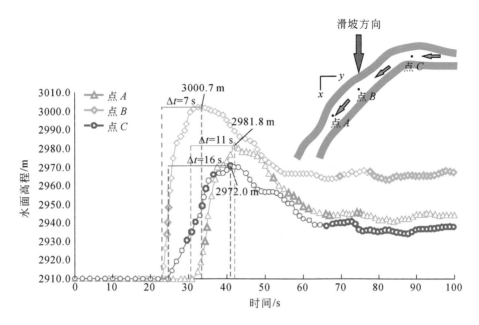

图 3.36　河道自由水面高程的演化过程

后形成堰塞体堵塞河道。根据航空物探遥感中心研究，灾害的主要原因是地震、降水增加和海洋冰川的快速运动导致冰舌前缘崩塌。顶部的冰川启动后铲刮侵蚀沟内的松散堆积物，形成冰川碎屑，导致方量不断放大，最后，碎屑流冲入雅鲁藏布江形成涌浪，沉积后造成雅鲁藏布江断流，形成堰塞体和堰塞湖（图 3.37）。

图 3.37　雅鲁藏布江加拉堰塞体

　　模型 DEM 如图 3.38 所示，模型一共分为 4 个部分，包括启动冰川、铲刮侵蚀区、基底（刚体材料）以及水域。为分析滑坡下滑过程以及涌浪情况，在沟道内设置 4 个监测断面，并在河道内设置 5 个监测点和 5 个监测断面。

　　雅鲁藏布江水位取平均高程为 2760m，密度取 1000kg/m³；铲刮侵蚀区为厚 30m 的冰碛物堆积层，固体颗粒密度为 2200kg/m³，其中值粒径为 10mm；启动冰川长度约 3km，

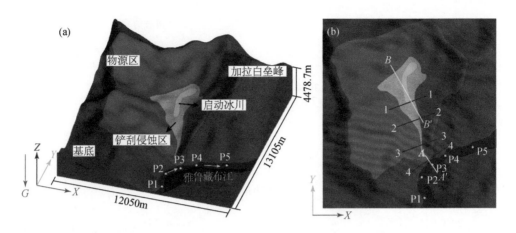

图 3.38　FLOW 3D 三维模型及监测点和监测断面位置

面积约 2.3km²，密度为 1800kg/m³。

　　滑坡涌浪模拟的最终堆积特性见图 3.39。数值模拟时间为 700s 时，滑坡运动已经稳定，堆积形态呈现喇叭状。在图 3.39 中可以看到沟道上游仍有部分残留堆积体，下游弯道堵塞了一部分滑坡体，雅鲁藏布江的主河道被滑坡物质完全阻断，形成堰塞体和堰塞湖。堰塞体下部密度大，比较厚实，其最大堆积厚度为 163m，平均堆积厚度约为 100m，

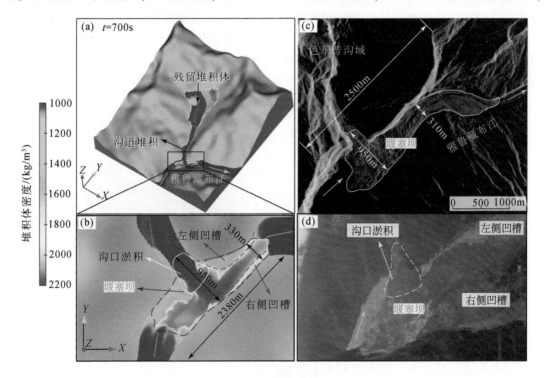

图 3.39　堆积特性
（a）和（b）数值模拟结果；（c）卫星遥感图像；（d）现场拍摄照片

此外，顺河长度约为 2380m，宽度为 330～950m，下游段左右两侧存在凹槽地形。根据灾后卫星遥感影像的数据得到，加拉滑坡形成堰塞湖顺河长度约为 2500m，上游段最大宽度约为 950m，下游段宽度约 310m，堵塞高度右侧较高，初步估计约为 150m，左侧较低，初步估计为 80～100m。将模拟结果与勘查结果进行对比，可以发现两者的堆积特性较为一致。

　　加拉滑坡涌浪事件是由高海拔地区的冰川物质崩滑引起的，冰川舌端断裂后快速解体成高速运动的冰崩滑体，沿着沟向下运动，并侵蚀挟带着堆积在坡面的和沟道中的物质。图 3.40 和图 3.41 分别为加拉滑坡下滑过程速度动态演变情况和监测面（1-1、2-2、3-3、4-4）的平均速度。

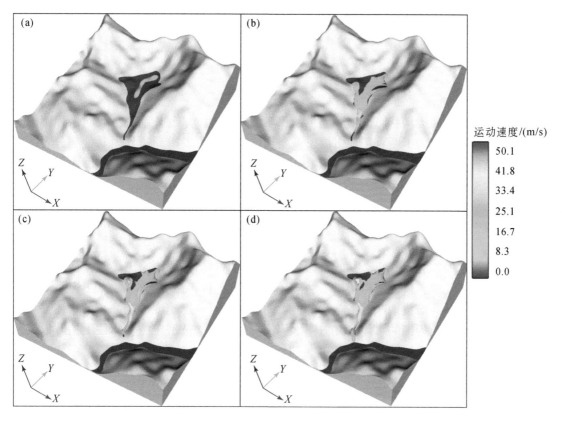

图 3.40　滑坡下滑过程速度动态演变
（a）$t=10s$；（b）$t=90s$；（c）$t=140s$；（d）$t=180s$

　　在 0～70s，冰川的前舌断裂并崩塌，巨大的势能转化为动能，分离的冰川在重力作用下沿滑坡面高速移动。冰舌的末端形成了一个临界面，上部的冰川和冰碛物不稳定，逐渐下滑。监测面 1-1 的平均速度在前 35s 内增加到 4.6m/s，但从 35s 到 70s 速度增加的趋势较平缓，这是由于冰川被坡面表层冰碛物和松散堆积物覆盖层的阻碍，此时冰川碎屑流中的固相物质尚未饱和，表层物质在碎裂冰川冲刷作用下直接参与碎屑流，随之一起运动进入中下游沟道，滑坡体越来越宽，蕴含的能量也越来越大。70～140s 时，冰川碎屑流在这

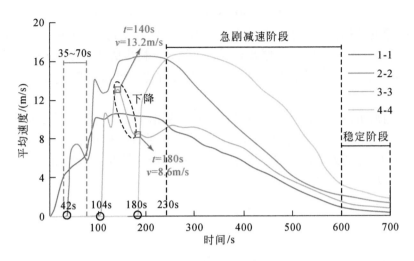

图 3.41 监测断面流速变化

一时间段内处于高速运动状态，随着能量的积累，运动速度呈上升趋势；此时沿程侵蚀作用强烈，运动过程中会不断直接冲击沟岸，强烈的扰动还引发滑动边界内其他部分岩体的失稳，并随着主流滑体一起运动。随后在 140~180s，由于下游弯道的阻挡，冰川碎屑流前缘的运动速度开始急剧下降，后缘的流体在重力作用下继续运动，但速度不再继续上升。在这个阶段，滑坡体与沟道侧壁发生撞击，在弯道处出现堵塞现象。180s 后滑坡体的前缘流出沟谷后，进入平缓宽阔的主河道，滑坡体速度迅速下降，雅鲁藏布江的水体处于波动阶段。

滑坡未入水时，江面静止，初始水面高程为 2760m，当滑坡体前缘接触水面时，水面受到扰动，形成涌浪，以入水点为圆心，迅速向对岸及上下游推进。图 3.42 为涌浪的形成过程。滑坡体从高海拔地区滑下蕴含了极大的能量，以一定速度冲击静止的水体，将挟带的部分能量传递给周围的水体，并占据水体原有的空间，被挤压的水体往上抬升形成初始涌浪，并以一定传播速度向四周传播。初始涌浪波幅大、对传播规律起着重要的作用，初始涌浪以半圆形开始向四周传播，由于受到力的作用，初始涌浪具有较高的初速度。滑坡入水点距离对岸有一定的宽度，随着滑坡体持续进入水域，第二波涌浪开始形成并同样以半圆形向四周推进。215s 时初始涌浪抵达对岸开始向上产生爬高，之后回落碰到向对岸传播的第二波涌浪，产生叠加效应向上下游传播的波，水面呈现出高度紊动状态。向上下游传播的浪受到复杂地形的影响，传播速度并不一致，遇到边界阻挡会发生反射叠加，水流扰动范围也会进一步扩大。

图 3.43 显示了河道滑动方向典型横断面 $A\text{-}A'$ [图 3.38（b）] 在典型时刻的形态变化过程以及断面上三个典型点（靠近左岸的 P_1 点、中间的 P_m 点、右岸的 P_r 点）的水面高度演变过程。在滑坡体运动轨迹前方有一定体积的水排出而形成波峰，同时在初始涌浪尾端产生一定范围的凹陷范围。初始涌浪在滑坡点附近的 P_1 点于 190s 时波幅最高，最大波幅为 13.9m；经过一定距离的传播，200s 时在 P_m 点的波幅为 12.3m，这是因为涌浪在横向传播过程中会出现分散和衰减，同时涌浪向对岸推进后在 P_1 点出现最大波谷 14.6m；当传

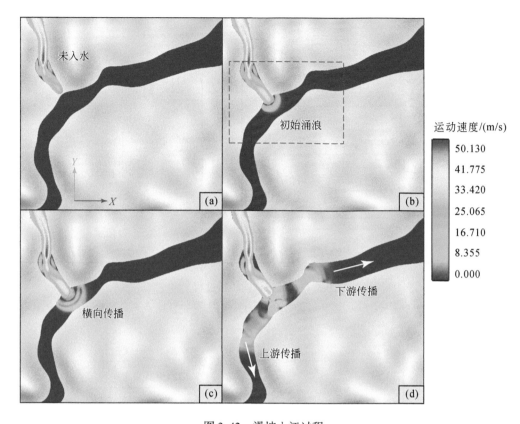

图 3.42　滑坡入江过程

(a) $t=180$s；(b) $t=200$s；(c) $t=210$s；(d) $t=280$s

播到对面的斜坡时，水体能量从动能转化为势能，最终在岸坡上形成爬升高度，初始涌浪最大爬升高度为 17.8m。随着后续的滑坡体持续进入水域，固体颗粒物质堆积，水面壅高。此外，P_1 点的高程从 470s 到 650s 出现陡增，这是由于滑坡体几乎完成了对河流的堵塞后，在沟口处出现了淤积。

为了研究涌浪上下游传播（径向传播），沿河道中心设置了五个监测点，监测点的自由水面高程随时间的变化如图 3.44 所示。在传播过程中，由于底层河床的阻力和水体本身的内摩擦力，加之波浪传播时波动的能量在越来越大的区域内传播，波浪能量和波高均会降低。初始涌浪的波幅在沿程传播的方向上不超过 10m，但波幅还是相对较高，这是复杂河道边界的反射叠加效果导致的。河道蜿蜒狭长，边界条件复杂，由于地形的变化，波浪不仅会引起波浪的变形和衰减，而且传播到对岸的波浪回落后也会相互影响。可以看到径向传播浪杂乱无章，并且随着大量的滑坡体继续进入河道，会向四周扩散，两岸间空间较狭窄，固体颗粒物质会向上下游延展，沉积在河床底部形成堰塞体彻底隔断上下游水体，水面会发生壅高。600s 后，水面高程进入一个相对稳定的阶段，上游水面高程稳定在约 2796m 处，下游水面高程约为 2772m。

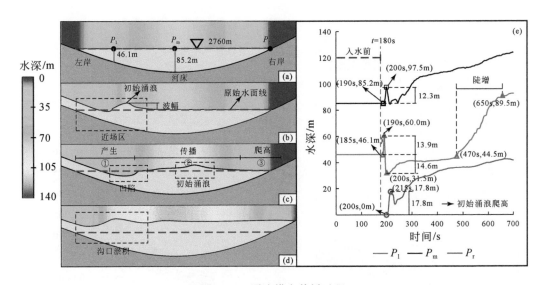

图 3.43　涌浪横向传播过程

(a) $t=210\mathrm{s}$；(b) $t=190\mathrm{s}$；(c) $t=205\mathrm{s}$；(d) $t=700\mathrm{s}$；(e) 监测点情况

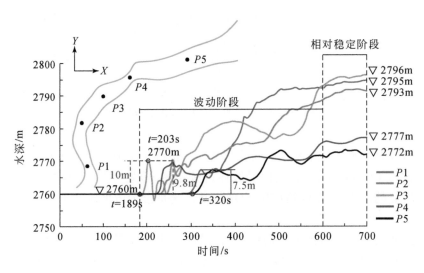

图 3.44　涌浪径向传播过程

3.5　多次滑坡堵江堆积形态的响应分析

原始斜坡地形、地层岩性、滑坡规模和速度等与最终的滑坡堆积形态密切相关。此外，同一地点不同时段发生的多次滑坡对堆积堵江形态具有重要影响。前期已经发生的滑坡堵江，即使经过溃决冲刷坝址区仍可能残留一部分堆积体，会改变原始河床地貌、束窄河谷、抬高河床，当老滑坡复活、不稳定残留边坡或滑坡体上已有松散堆积物再次下滑后, 会直接堆积在已有坝体上、堵塞泄流通道、加高坝体, 从而加大堰塞湖规模、降低坝体稳定性、增大溃决洪水风险。

　　这里以 2018 年 10 月 10 日和 11 月 3 日两次阻断金沙江的白格滑坡为例, 研究多次滑坡对堆积堵江和堰塞坝形态的重要影响。采用无人机、三维激光扫描等技术获取了两次滑坡堰塞坝及其溃决后的多个三维模型, 定量检测分析了两次滑坡堆积形态参数, 揭示了多次滑坡堵江叠加效应对堆积形态和堰塞坝体型的重要影响。

3.5.1　滑坡堵江过程分析

　　采用无人机倾斜摄影技术获取了第一次白格滑坡 ("10·10" 滑坡, 2018 年 10 月 10 日) 的高分辨率三维图像模型 (图 3.45), 根据滑坡后的地形地貌特征, 滑坡影响区可分为四个部分: 滑源区、运移区、侧向铲刮区和堆积区。如图 3.45 所示, 滑源区上边界位于坡顶山脊线附近, 平均海拔为 3720m, 由原先发育的几组大型张拉裂缝组合而成, 并在滑坡后缘形成一个宽为 200~400m、坡度为 50°~70° 的陡壁。滑坡剪出口在斜坡的中下部海拔约 3000m 处, 失稳后滑坡体以较高速度下滑, 铲刮侵蚀斜坡表面的深厚覆盖层, 并在滑源区下方形成一个宽度较大 (500~700m) 但长度较小 (200~600m) 的冲切铲刮区。根据形态特征, 可将冲切铲刮区进一步分为 "U" 形运移区和三角形侧面铲刮区, 绝大部分滑坡碎屑物都沿主滑方向的运移区下滑。侧面铲刮区比运移区要浅得多, 同时可以观察到许多原始的地表碎块, 说明铲刮不充分。

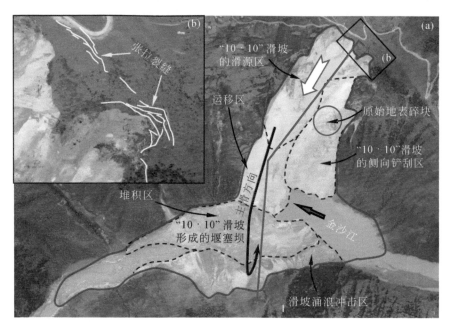

图 3.45　第一次白格滑坡堵江的三维图像模型

从图 3.46 中可以看出，坡度较陡、下滑速度较大而河道较平缓，因此大部分高速滑坡碎屑物直接冲到对岸（左岸），撞击对岸后折返，并堆积形成一个倾斜的堰塞坝，坝顶最高处位于对（左）岸侧（海拔 2985m），垭口位于本（右）岸侧（海拔 2931m）。堰塞坝左岸侧主要由块石组成，较为稳定，而右岸侧主要由碎石和松散土组成，稳定性较差。幸运的是，堰塞坝左岸高右岸低的倾斜形状为自然溢流提供了有利条件，更重要的是，垭口位置稳定性较差，容易冲蚀，而由块石组成的右岸侧稳定性较高，评估后认为堰塞坝溢流后不会在短时间内整体溃决，因此无须人工干预。滑坡堰塞湖形成后约 34h（10 月 12 日 17 时左右）开始漫顶泄流，到 10 月 15 日凌晨，形成一条宽 100～120m 的天然溢流道，水位持续下降至 2894.6m，堰塞坝快速溃决的风险得到解除。

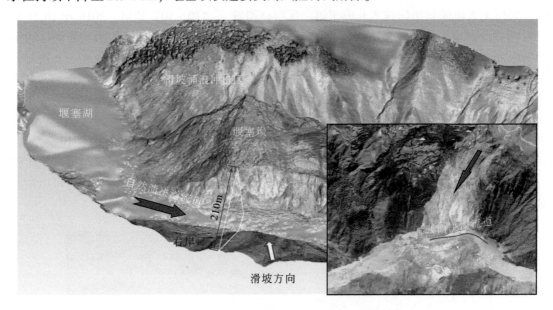

图 3.46　第一次白格堰塞湖溃决后三维图像模型

由于"10·10"滑坡后形成的后缘非常陡峭，且残留边坡上发育有大量陡倾角的张拉裂缝，围限成几个潜在不稳定区，但现场调查评估认为潜在不稳定区的规模都不大，方量远低于 $2.0×10^6 m^3$，再次形成滑坡堰塞湖的可能性不大。但不幸的是，第一次滑坡发生 23 天后（2018 年 11 月 3 日 17 时左右），滑坡后缘又发生了二次滑坡（"11·3"滑坡），且滑坡规模较大。

如图 3.47 所示，"11·3"滑坡的滑源区位于滑坡后缘海拔 3728m 处，测得初始体积略小于 $2.0×10^6 m^3$，但是在滑坡体高速下滑过程中，产生了严重的侵蚀铲刮现象，原来的冲切铲刮区被大幅度拓宽加深。最终，超过 $6.0×10^6 m^3$ 的滑坡碎屑物涌入金沙江，堵塞了原先的溢流道，并形成一个新的堰塞坝。原始堰塞坝被加高培厚，右岸原始垭口位置被加高至 96m，而左岸侧最大坝高被加高至 140m。

从图 3.48 中可以看出，堰塞湖的最大库容由原先的 $2.7×10^8 m^3$ 增加至 $7.7×10^8 m^3$，整体溃决的风险大大增加，因此必须通过人工开挖泄流槽、降低水位来排除险情。最终通过

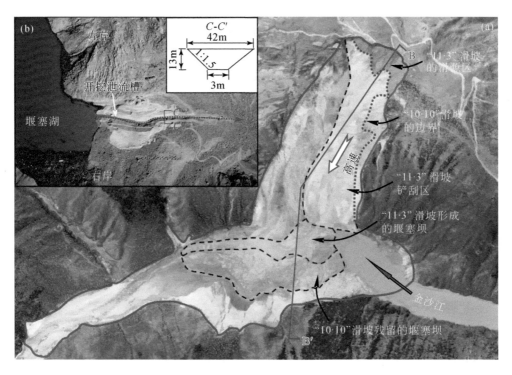

图 3.47　第二次白格滑坡堵江的三维图像模型

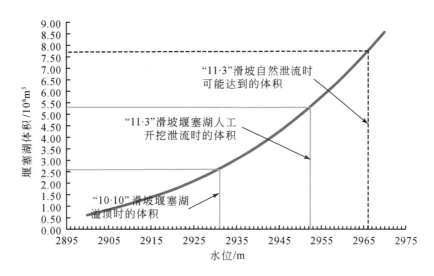

图 3.48　两次滑坡堵江形成的堰塞湖库容对比图

开挖泄流槽，将堰塞湖最大库容控制在 $5.3 \times 10^8 \mathrm{m}^3$，但是溃坝形成超万年一遇的洪水仍然给下游的岸坡、桥梁和城镇（如云南迪庆市）造成了重大损失。

3.5.2　滑坡堰塞坝形态的响应分析

　　为了定量分析多次滑坡对堰塞坝形态参数的影响,分别沿主滑方向同一位置剖取了"10·10"滑坡和"11·3"滑坡的两个剖面图 *A-A′* 和 *B-B′*,如图 3.49、图 3.50 所示。由于"10·10"滑坡的距离较短,侵蚀铲刮、体积放大效应不明显;而"11·3"滑坡的滑源区位置较高,残留边坡较陡峭,侵蚀铲刮现象非常显著。

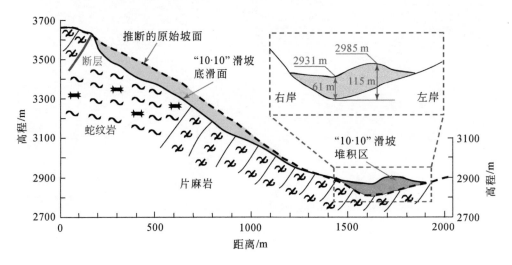

图 3.49　第一次白格滑坡典型剖面图

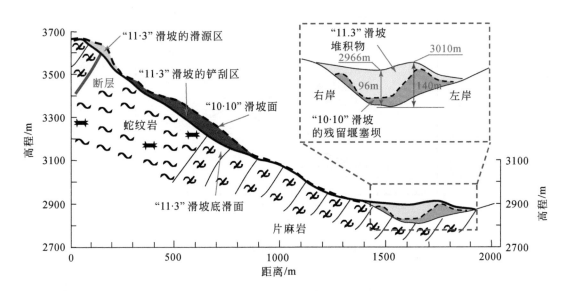

图 3.50　第二次白格滑坡典型剖面图

如图 3.50 所示，滑源区脱离体从山脊线顶部下坠，沿陡峭地形加速下滑，以很高的速度撞击原始滑床，并破碎解体成滑坡碎屑物。在高速滑坡碎屑流运动过程中，与滑床基底物质相互作用，滑床内原有的松散堆积物（"10·10"滑坡留下的）被卷吸挟带走，原始冲切铲刮区也被大大拓宽加深，侧面铲刮区上原始地表碎块被完全侵蚀掉（图 3.47）。2018 年 10 月上旬的强降雨导致斜坡表面的覆盖层达到很高的含水量或接近饱和状态，这加剧了侵蚀铲刮作用，当高速滑坡碎屑流冲切滑床时，床面基底物质孔隙水压力迅速上升，超静孔隙水压力降低了基底物质的抗剪强度，有利于铲刮的进行。在孔隙水的压力作用下，滑坡侵蚀铲刮、卷吸挟带效应非常明显，滑坡体积显著增大，最终的滑坡总方量增加至 $6 \times 10^6 \text{m}^3$，超过原始体积的 3 倍。

滑坡的速度、方量和滑床的地形对滑坡最后的堆积形态影响显著。由于发生"10·10"滑坡时，滑床较平坦，滑坡速度较快，滑坡碎屑体直接冲向对岸，并主要堆积在对岸，形成一个左岸高右岸低的倾斜状堰塞坝。然而在"11·3"滑坡过程中，斜坡地形发生显著改变，原始滑床陡峭且深凹，河道被明显束窄。滑坡碎屑流沿着原始滑床俯冲直下，受第一次堰塞坝残留体的阻滞作用而直接堆积在本岸（图 3.50）。虽然前期估算的滑源区方量小于 $2.0 \times 10^6 \text{m}^3$，对堰塞湖泄水影响不大，但是由于滑坡侵蚀铲刮和体积放大效应非常明显，滑坡体积增大至 $6.0 \times 10^6 \text{m}^3$，正好堵塞了右岸原先形成的泄流槽。由于受原始滑床的约束作用，"11·3"滑坡碎屑流堆积得较为集中，原始堰塞坝的体型发生了显著改变，由较为平坦的倾斜状变为较为陡立状，垭口高度增加至 96m，相应的最大滑坡堰塞湖库容增加至 $7.7 \times 10^8 \text{m}^3$（图 3.48），整体溃决的风险大大增加，因此，必须采取合适的人工处理措施来及时排除险情。

3.6　本章小结

本章首先基于物理模型试验研究了不同触发条件下的松散堆积物滑坡堵江机理，其中地震主要给滑体提供一个启动荷载，降雨主要是降低滑体结构强度增加其自重，而洪水冲击兼具地震和降雨诱发下的作用特点，更易触发滑坡堵江；同时，滑坡在堵江的过程中，滑坡体把水体排开，水流迅速外溢形成波浪，且主滑方向的物质增加量明显高于其他方向，其激起的浪高和破坏力也明显高于其他方向。

在此基础上，开展了岩质滑坡堰塞坝形成过程和堆积体特性的模型试验，采用具有不同强度和破碎程度的试块模拟天然岩体，并且展现了岩体在滑坡堵江过程中的碰撞、破碎、飞跃等典型运动行为，分析了不同因子对堵江堆积体几何形态的影响。试验结果表明，堵江堆积体高度与试块体积成正相关；试块破碎程度越低，最大堆积体高度越大，最小高度越小，而破碎程度越高，堆积体最大高度越小，最小高度越大，即高破碎岩质滑坡完全堵江、形成高坝的可能性较低破碎的大。除了试块体积和破碎程度，河道水深对堵江类型的影响也比较大。

最后，建立大型三维数值模型研究了 2018 年 10 月白格滑坡堵江运动过程，数值结果表明，进入金沙江时，滑体以 $v = 60 \text{m/s}$ 的速度冲向河道，三个典型位置的滑坡涌浪最大速度达到 45m/s，模拟结果与实际现场观测基本一致。由于失稳滑坡体积方量巨大、河道水流较浅，堵江过程河道水流的挤出爬高非常显著，使下游和上游水位上升。同时，基于现场监测数据，以 2018 年 10 月 10 日和 11 月 3 日两次阻断金沙江的白格滑坡为例，研究了多次滑坡对堆积堵江和堰塞坝形态的重要影响，揭示了多次滑坡堵江叠加效应对堆积形态和堰塞坝体型的重要影响。同一地点前期已形成的堰塞坝，即使其溃决，坝址区仍可能残留一部分堆积体束窄、加高河床，后期发生的滑坡直接堆积在残留坝体上，从而加大堰塞湖规模、降低坝体稳定性、增大溃决洪水风险。

第4章 堰塞坝冲刷溃决机理与流道演变

4.1 概　　述

堰塞坝冲刷溃决过程非常复杂,涉及多学科知识的交叉。目前对堰塞坝冲刷溃决内在机理的研究还不够深入,因此有必要开展较为系统性的研究,对于了解堰塞坝冲刷溃决发展过程、洪水演进规律、应急预案编制及应急处置等均具有十分重要的意义(Xu et al., 2015)。堰塞坝的物质结构通常比较松散且不均匀,其溃决概率比其他人工堆筑坝体大得多,溃决机理也更为复杂,因此有必要对堰塞坝的溃决机理与流道演变进行深入的研究。

堰塞坝通常粒径分布广,坝体较宽,上下游坡度较缓。因此,渗透破坏和滑坡破坏只占堰塞坝溃决事件的小部分,而漫顶溃决才是堰塞坝的主要溃决模式,占90%以上。堰塞坝的冲刷溃决是涉及水土流失、边坡稳定性和溢流水力学等多学科交叉的复杂物理过程。不同的初始条件,如坝体材料、水槽坡度、坝体形态、上游流量,包括初始泄流槽尺寸等都会对溃决过程造成较大影响,导致不同的侵蚀特征与溃口演化过程。由于缺乏充足的现场观测资料,物理模型试验和现场调查是研究堰塞坝冲刷溃决最重要的方法。

本章基于实际案例的调查勘测成果,开展不同条件下大、小尺度的堰塞坝物理模型试验。首先,研究不同上游流量、不同导流槽情况下的溃决动力过程,进而建立溃口演变和溃决洪水预测模型。同时,通过野外大尺度溃坝模型试验,探究堰塞坝侵蚀溃决机制和侵蚀坝料堆积特征。此外,基于实际堰塞坝的实时监测数据,分析泄流槽形态演变规律。

4.2 室内小比尺物理模型试验

4.2.1 试验设计

4.2.1.1 实验设计与现场布置

白格滑坡-堰塞湖灾害引起了全国各界人士的广泛关注。本节以"11·3"白格堰塞湖为原型设计了室内水槽试验来研究堰塞坝的溃决模式和溃决机理。同时,探索不同泄流槽设计对溃决过程的影响。试验在四川大学江安校区水工试验场内的试验水槽中进行(图4.1)。试验水槽主要由蓄水池、混凝土水槽组成(图4.2)。试验监测传感器包括摄像机、水位计、流速仪、含水率传感器和三维激光扫描仪(图4.3),以下对实验设计和现场布置进行详细描述。

(1)混凝土水槽:混凝土水槽是试验的主水槽,长23m,宽2.5m,高2m。主水槽分

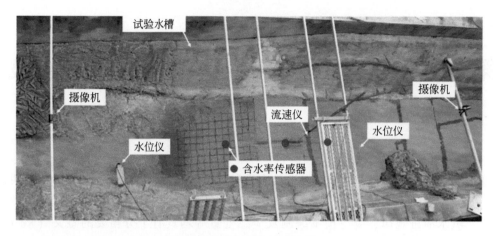

图 4.1　试验场地布置图

图 4.2　混凝土水槽和蓄水池

为上游库区段、堰塞体模型段、洪水演进段、泥沙沉淀处、尾水出口五部分，尾水最终流入地下水库便于循环利用。在泥沙沉淀段末端、尾水出口前设置挡板，拦截泥沙，防止泥沙流进地下水库淤积库容。此外，混凝土水槽内有填筑一定厚度的不规则水泥抹面，形成沟谷地形，模拟真实河道形貌。

（2）摄像机：本试验共架设两台摄像机，全方位地记录堰塞湖溃决的整个过程。V1（video camera）布置在堰塞体的上游，用来记录溃口上游断面的发展变化，V2 布置在堰塞体的下游，记录溃口下游断面的发展变化及颗粒运动输移过程。为方便观测和统计，使用红油漆在堰塞体上下游坝面上绘制 10cm×10cm 的网格。

（3）水位计：本试验在堰塞坝上游、下游处各安置一支水位计，用来记录上游库水位、下游浅水位随时间的变化过程。水压数据由电脑自动采集，采集间隔设置为 1 次/s。

（4）流速仪：本试验在泄流槽进口断面处架设一支流速仪，记录溃决水流的流速变化过程。堰塞坝在溃决过程中，过流高程随泄流槽底部下切不断降低，流速仪固定在可以上下调节的支架上，使流速仪的探头能持续稳定地接触到水流。

（5）含水率传感器：本试验在坝体埋设 6 个含水率传感器，用来测定坝体不同部位的含水率。堆积体结构松散，孔隙率高，坝体内部的含水率随来流的增加而变化，而对堰塞坝的渗流和溢流破坏过程产生影响。

（6）三维激光扫描仪：获取河道地形的点云数据，由此构建三维模型，得到水位-库容曲线。

图 4.3　试验仪器与架设

（a）、（b）摄像机 V2、V1 分别布置在下游、上游；（c）坝前的水位计；（d）三维激光扫描仪；（e）泄流槽进口断面处的流速仪；（f）专人操纵流速仪支架向下移动；（g）含水率传感器；（h）专人负责数据采集

本试验以白格滑坡堰塞坝为原型，"11·3"白格堰塞坝顺河长 800m，宽 400～500m，最小坝高为 96m。课题组在白格滑坡堰塞湖现场采集了无人机数据，通过三维建模还原堰塞体原型，这里截取坝体垭口处的典型断面作为参照纵断面，供坝体尺寸设计参考。考虑试验槽宽度的限制，本试验确定几何比尺为 250:1，坝体形态如图 4.4 所示，模型坝坝长 3.2m，坝顶宽 1.6m，坝高 0.4m。

堰塞体物质组成是影响试验结果的重要因素，归纳总结国内外发生的堰塞湖实测资

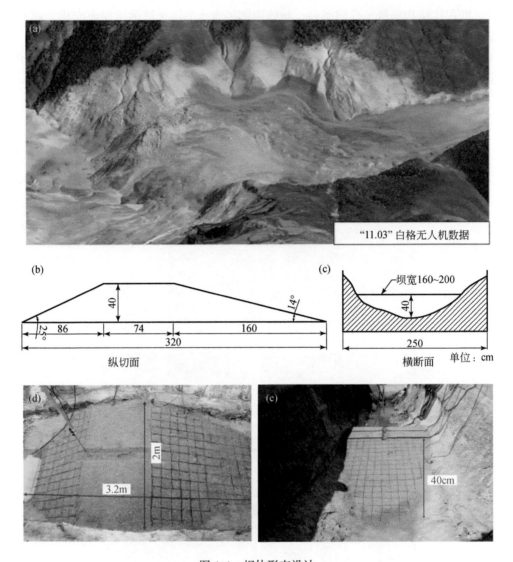

图 4.4 坝体形态设计

（a）白格堰塞坝原型；（b）坝体形态设计纵断面；（c）坝体形态设计横断面；
（d）试验坝模型上方视角；（e）试验坝模型下游视角

料，发现世界各地的堰塞湖坝体材料不尽相同，主要与该地区的滑坡（泥石流）物源和滑坡（泥石流）运动过程密切相关。白格堰塞湖的堆积物质颗粒组成偏细，若模型坝的材料按照相同的几何比尺缩小泥沙颗粒粒径，按粒径换算将近似为粉土、黏土，导致坝体材料的黏性会发生巨大改变，影响抗冲刷性能和坝体稳定性。大多数模型试验对材料的择选方法也表明，研究坝体溃决过程，必须将相似准则放宽，抛开相似的一般性，只注重宏观效果相似。因此，为使模型泥沙颗粒的内摩擦系数与原型颗粒相近，放宽颗粒的几何相似条件。综合考虑，试验坝体材料按照砂：石：土为 69：17：14 的比例混合配置（图 4.5），其中值粒径 $d_{50}=1\text{mm}$，颗粒级配曲线如图 4.6 所示。

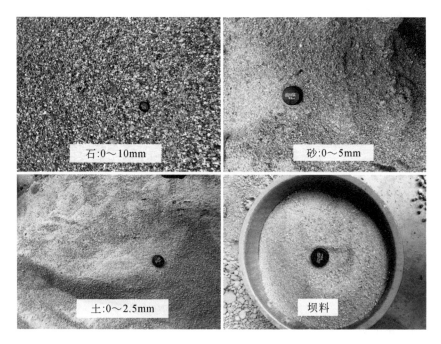

图 4.5　坝体材料配置

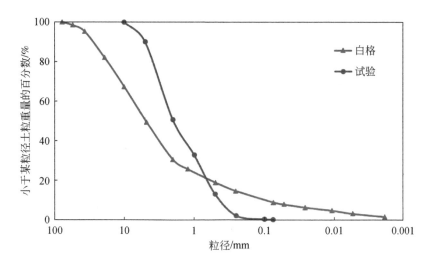

图 4.6　白格与试验坝体材料颗粒级配图

　　堰塞湖的库容和上游来水量同样是影响溃决流量过程的重要参数。在堰塞坝溃决试验中，水流的主导作用力是重力，故用重力相似准则确定模型比尺，流量比尺是几何比尺的 2.5 倍。白格 "11 · 3" 堰塞湖过流时，来流量约为 700m³/s，堰塞体上游最高水位为 2956.4m，蓄水量约为 5.78×10⁸m³。严格计算，模型试验的入库流量应为 0.71L/s，蓄水量应为 37m³。然而试验水槽的空间有限，无法严格与计算保持一致，预计坝前最高水位达 0.4m（与坝高持平），根据水位库容对应关系，预计最大库容达 2.3m³。实际库容小于设计值，来水量可以相应地增大一点作为补充，入库水流采用水泵定流量输送，入库流量恒定为 $Q_{in} = 1.3L/s$。

4.2.1.2 试验工况设置

"11·3" 白格堰塞湖形成后，针对堰塞体高度、溃决方式、上游水位上涨速度，长江防总制定了泄流槽开挖方案。设计的泄流槽布置在堆积体内部偏左侧，开挖长度为 220m，泄流槽断面呈梯形状，底宽 5m，最大顶宽为 42m，平均深度为 11.5m，最大开挖深度近 15m，两侧坡比为 1∶1.3。经计算，与白格保持相似关系的泄流槽应设计为底宽 1.2cm，深度约 5cm，顶宽约 13cm。在此基础上，我们设计泄流槽。泄流槽需具备一定的过流能力，保证在泄流初期，水位上涨不漫溢出泄流槽。泄流槽侧壁要有一定的稳定性，保证在泄流初期，侧壁不会出现滑坡，或者出现了小滑塌并不会填埋堵塞流道。根据试验材料的性质，拟定泄流槽两侧坡比为 1∶0.6，边壁在该坡度下相对稳定。由于试验模型较小，泄流槽的底坡设为 0。

采用控制变量的方法，针对泄流槽的初始宽度、初始深度、位置三种变量，设计试验。通过控制变量的方法对单一因素进行对比，共进行了 6 组试验，试验工况如表 4.1 所示，泄流槽设计说明如图 4.7 所示。

表 4.1　试验工况设置

试验组次	泄流槽设计			说明
	H/cm	B/cm	位置	
1	0	0	中间	1、2、3 组变量为 H
2	5	3	中间	
3	10	3	中间	
4	5	6	中间	2、4、5 组变量为 B
5	5	9	中间	
6	5	3	一侧	2、6 组对比位置

注：泄流槽断面呈梯形状，H 和 B 分别表示泄流槽的深度和底宽。

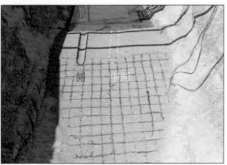

图 4.7　泄流槽设计说明图

4.2.2 溃决实验分析

4.2.2.1 溃决过程

根据实验结果，将整个溃坝过程简单的划分成以下几个阶段：溯源侵蚀阶段、快速侵蚀阶段、侵蚀衰减阶段。在溃决开始之前，上游库区因恒定的入流量输入，库容不断增加，水位不断上涨，在势能的驱动下，水流缓慢地进入泄流槽底坎，逐步向下游推进。此外，在蓄水过程中下游面坝脚附近有明显渗流，夹带细颗粒流出，表明坝体内存在渗流通道，如图 4.8 所示，在水位上升过程中，下游坡面的渗流溢出点不断上移，表明浸润线不断上升，同时能观察到，渗流量也相应增加，渗透的水流不断在堰塞坝下游坝趾处汇集。

渗流逸出

图 4.8 下游坝面渗流逸出

溯源侵蚀阶段（图 4.9）以下游坡面的侵蚀为起始，到上游坝坡开始侵蚀为结束。水流通过泄流槽后，通过下游坡面时陡降，势能转换为动能，流速增大，水流的挟沙能力增强，下游坡面首先受到冲蚀，坡面斑驳，形成多条沟壑。紧接着，随着溃决进一步发生，下游坝坡的侵蚀开始逐渐向上游延伸，呈现典型的溯源冲刷过程。我们将侵蚀过程中下游坝坡和坝顶的分界定义为侵蚀点。侵蚀点在溯源侵蚀过程中从下游坝坡逐渐向上游移动。在侵蚀点上游，由于过流量较少，流速缓慢，水流挟沙能力弱，只有少量的细小颗粒受到冲刷。跌坎上游冲刷以底部下切为主，总侵蚀量较小，流态稳定，水体清澈。而在侵蚀点下游，水流湍急，水流侵蚀能力变强，卷起细颗粒和部分粗颗粒向下游输移，泄流槽底部冲刷下切的同时泄流槽侧壁的坡脚被掏蚀，且由于坝体物质黏性不高，泄流槽侧向边坡容易失稳垮塌。随着持续的物质输移，侵蚀点不断地向上游推进，直到侵蚀点推移至上游坡顶 B 点，整个溃口贯通坝体，溃决过程步入下一个阶段。

快速侵蚀阶段以上游坝坡开始侵蚀为起始，是溃口快速扩展、溃决流量快速增大的阶段。当溯源冲刷的陡坎追溯到上游坡顶 B 点，整个坝体被贯穿，泄流槽底坡坡度 $i>0$ 的斜坡道，水流下泄通畅，流速增大。同时，泄流槽进口受到侵蚀，则对水流的束窄作用减弱，水流流量快速增长，侵蚀速度显著增加。这个阶段，水流冲刷能力强，泄流槽底高程不断下切，流深和流速都随之增加，流量进一步增大，造成侵蚀能力进一步增强，反过来

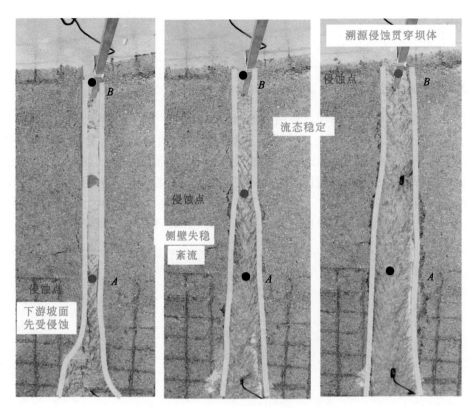

图 4.9　溯源侵蚀阶段过程图

推动溃口进一步扩展。这个阶段，由于水流的侧蚀作用，泄流槽侧壁持续出现大范围大体量的滑塌（图 4.10），坍塌下来的泥沙又迅速被水流冲向下游，泄流槽横向拓展十分迅速。在溃口急剧拓展的过程中，溃决流量达到了峰值。

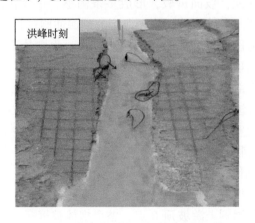

图 4.10　溃决发展阶段的侧壁坍塌现象

在到达峰值流量之后，溃决进入了侵蚀衰减阶段。之后由于水位的快速降低，下泄流量逐步消减，水流侵蚀作用减弱，溃口发展速度减缓，最终逐步趋于稳定。在溃口形态不再变化之后，河床上仍进行着少量的泥沙输移。少量的细小颗粒在水流的带动下做推移质运动，坝前水位仍在缓慢下降。细小颗粒被带走后，河床表面有一层粗颗粒被留下形成粗化层，保护河床不被冲刷。当水流的冲刷能力和粗化层的抗冲刷能力相当，泄流槽达到冲淤平衡，坝体最终稳定，溃决过程结束。

4.2.2.2　库区水位与溃决流量

如图 4.11 所示，以第 2 组试验 $H=5\text{cm}$、$B=3\text{cm}$ 的试验结果为例对水位和流量过程进行分析。在溃决开始前，渗透流量稳定在 0.5L/s 左右，并随着水位的变化缓慢增长。当出库流量超过入库流量 1.3L/s 时，出现了最大水位，此后水位迅速回落，最终趋于定值，溃决过程结束后，上游水位和残留坝体高度相符，溃决流量和入库流量相一致。如前所述，溯源侵蚀阶段结束后，泄流槽底部连成顺直的斜坡道，流量会迅速增加，溃决加速；在快速侵蚀阶段，溃决流量值有偶尔的波动，对应着试验过程中的侧壁坍塌现象。侧壁垮塌会导致泄流槽水流的过流面积、湿周等在短时间发生大幅变化，从而引发泄流槽形态的重调整。其物理过程映射在溃决流量过程上就是短期的流量波动。

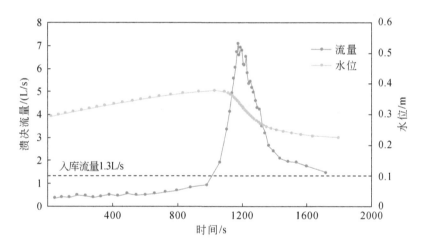

图 4.11　溃决过程中的上游水位变化和溃决流量过程

4.2.2.3　流速和坝体含水率

试验全程测量了泄流槽进口断面处的流速，选取第 5 组实验测得的流速变化过程进行说明，如图 4.12 所示。流速在一定程度上表征水流的冲刷能力，流速和流量同步变化，总体上呈先增加，在溃决发展阶段达到最大值，然后开始减小，直到流速达到相对稳定的状态。

用水分计测量整个蓄水和溃决过程中堰塞体不同部位的含水率。这里选取其中一组典型的含水率监测值进行分析，图 4.13 为第 4 组试验堰塞体不同监测部位含水率随时间的变化过程，上、中、下层（1、2、3、4、5、6 号）传感器分别对应各种颜色的曲线。

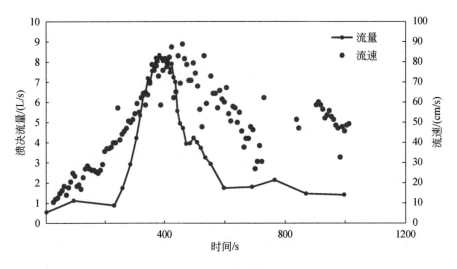

图 4.12　第 5 组试验流速变化过程

16：43堰塞湖开始蓄水，上游蓄水浸润堰塞坝，不断渗透逐渐饱和坝体。坝体内部的初始含水率在 13% 左右，监测部位通过渗流时，含水率短时间内迅速增长，土体达到饱和状态。如图 4.13 所示，监测部位 6 含水率增长早于监测部位 5 和监测部位 4，监测部位 5 含水率增长早于监测部位 3 和监测部位 1，表明上游位置土体比下游位置土先饱和，低位置土比高位置土先饱和，说明浸润线推进过程呈迎水面向背水面推移，底层至顶层推移的趋势。

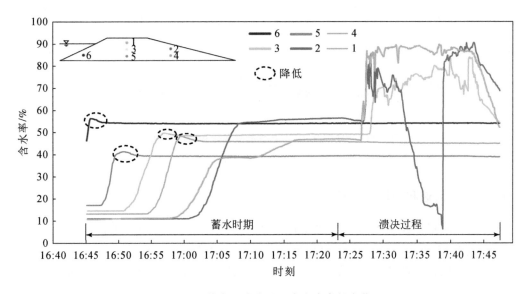

图 4.13　蓄水和溃决过程中含水率的变化

观察图 4.13 中曲线 3、4、5 和 6，含水率增长后略微降低，然后保持不变，这是因为堰塞坝的堆积物质松散，在渗流到达后，含水率显著增加，但受静水压力作用土体被压实，内部空隙减少，空隙中的水分随之流失，含水率减少。若在压实的土体则不会出现含水率降低的现象。图 4.13 中曲线 1 和 2 含水率增长后出现二次增长，这是因为堰塞坝体发生内部侵蚀，渗流带走了部分细颗粒，内部空隙增加，含水率也随之增长。再者，1 和 2 两支传感器埋置在坝顶表面和下游面附近，位于渗流逸出的位置，容易发生渗流潜蚀破坏，但不影响坝体整体稳定性。

由传感器参数可知，冲刷溃决前整个坝体处于饱和状态。17：23 堰塞湖开始溃决，当坝体冲蚀发展到水分仪所在位置时，水分仪暴露在流水中，含水率接近 100%。由图 4.13 可知，1、2、3 这三支传感器依次被冲出，总体趋势为背水坡向迎水坡，顶层向底层发生变化。说明坝体侵蚀是从坝顶开始，水流漫过坝顶后先在坝体背水坡发生侵蚀，侵蚀点从背水坡向上游移动。4、5、6 三支传感器数据不变，表明其一直埋置在堰塞坝体中。

4.2.3　不同泄流槽设置对溃决过程的影响

4.2.3.1　不同开槽位置的溃决流量特征

堰塞体由滑坡、泥石流从一定高度俯冲而下，堆积河道形成，由于未经碾压，坝体材料较为松散，易发生沉降。试验中用的砂土从一定高度被抛下，压实度较低，孔隙率大，结构稳定性较低，在水流的浸润作用下，砂土材料含水量增加，受静水压力作用土体被压实，内部空隙减少，产生显著沉降。由于水槽内沟谷地形的限制，坝体两侧的填土少，中间填土多，则两侧沉降的少，中间沉降的多，坝体中间部分和两侧部分沉降量不同，在水位上升过程中坝体中部逐渐凹陷，不均匀沉降导致坝顶出现沉降裂缝，如图 4.14 所示。

图 4.14　坝顶出现沉降裂缝

图 4.15、图 4.16 绘制了第 2 组（中间）和第 6 组（一侧）试验的库区水位变化过程和溃决流量过程，两组试验坝泄流槽尺寸均为 $H = 5cm$、$B = 3cm$，第 2 组开槽位置在试验

坝中部，第 6 组开槽位置在试验坝一侧。尽管泄流槽尺寸相同，但受不均匀沉降影响，开在中间的泄流槽底坎较开在一侧的泄流槽底坎更低，故在更低的水位开始过流。在实际过程中起始过流水位略高于泄流槽底坎，坝体沉陷后中间泄流槽的底高程明显低于 0.35m，其起始过流水位是 0.35m，而一侧泄流槽的起始过流水位是 0.39m，如图 4.15 所示。

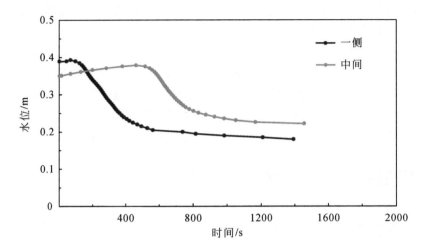

图 4.15　不同开槽位置的库区水位变化过程

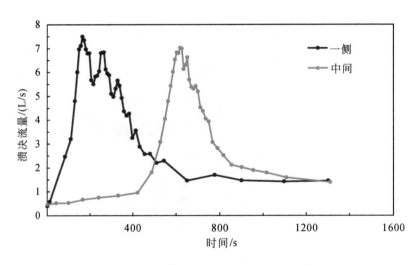

图 4.16　不同开槽位置的溃决流量过程

　　第 6 组试验出现了非预期情况（图 4.17）。泄流槽开始过流后，初期泄流效率低，上游水位持续上涨，乃至高出了坝中部的坝顶高程，坝中间位置同时开始过流。侧边泄流槽发育较为完善，坝中间的过流不再形成新流道，而是因势利导在下游坡顶附近汇入侧边泄流槽，形成"Y"字分汊型流道。"Y"字流道夹角的沙堆被水流剥削消减，经历了无数次的滑塌，沙堆范围不断缩小最终瓦解。图 4.16 溃决流量曲线出现多个次级"峰值流量", 这个原因就与之有关, "Y" 字流道夹角的沙堆不断崩塌、崩塌的颗粒又被水流冲走, 过流断面经历了先阻塞后扩充的变化, 使得下泄流量突然减小又突然增大, 因而出现了锯齿状的曲线。第 6 组试验相当于两个流道同时扩展, 溃决速度加快, 因而比第 2 组溃决流量大, 峰现时间提前。从图 4.17 里看到, 沙堆的消减速率是有变化的, 初期下游部分消减得快, 后期上游部分消减得快, 沙堆最后的位置在坝中央, 这是因为初期溯源冲刷的作用和后期水流对沙堆前缘的强冲刷作用。

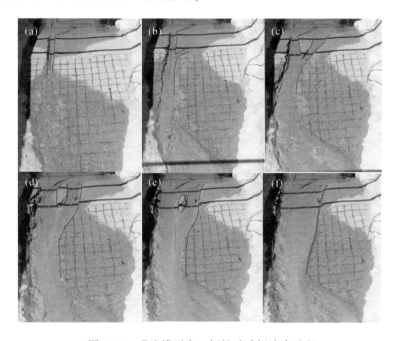

图 4.17 泄流槽开在一侧的试验坝溃决过程

4.2.3.2 不同开槽深度的溃决流量特征

泄流槽的开挖主动降低了坝体的最低高程, 泄流槽的开挖深度决定了堰塞坝的最小坝高, 这往往决定了堰塞湖的初始库容和水力势能。泄流槽的开挖深度是影响溃决过程的关键因素, 一方面直接决定着坝前水深、堰塞湖库容; 另一方面影响了坝体下游坡度、水流流速和水流冲刷能力。图 4.18 分别是第 1、2、3 组试验的库区水位变化过程, 图 4.19 分别是第 1、2、3 组试验的溃决流量过程, 第 1 组没有开挖泄流槽, 堰塞坝自然溢流, 第 2、3 组试验的泄流槽深度分别为 5cm、10cm。

观察图 4.18, 三组试验从不同的水位高开始溢流, 初始溢流水位分别是 0.4m、0.35m、0.3m; 三组水位都经历了先增涨后消减的过程, 最终趋于不变。三组试验的最高水位分别为 0.40m、0.38m、0.35m, 随着泄流槽开挖深度的增加, 最高水位相应减小。观察图 4.19, 第 1 组的溃决流量随时间增加或减小地较快, 曲线呈 "高瘦型", 第 2、3 组的溃决流量随时间增加或减小地更慢, 曲线呈 "矮胖型", 可以得到如下结论: 开挖泄流槽会降低峰值流量, 延迟峰现时间, 使溃决流量变化过程更加平缓。三组试验的洪水峰值

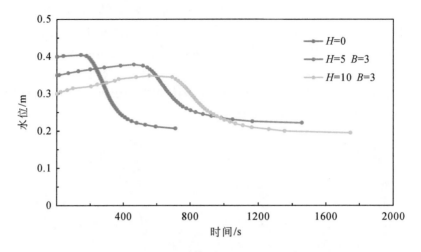

图 4.18　不同开槽深度的库区水位变化过程

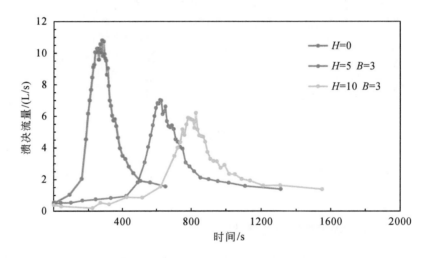

图 4.19　不同开槽深度的溃决流量过程

流量分别为 10.8L/s、7.0L/s、6.2L/s，峰现时间分别是 278s、619s、826s，随着泄流槽开挖深度的增加，溃决流量相应减小，洪峰流量出现时间变晚。

开挖泄流槽降低了初始过流水位，堰塞湖库容提前下泄，相应地，堰塞湖蓄水量会大幅减小，因此下泄流量随之减小。泄流初期，泄流槽产生溯源冲刷，逐渐拓展形成与下游河床衔接的斜坡道，当泄流槽开挖得越深，斜坡道上游断面的底高程越小，斜坡道的水力坡降越小，水流流速小，冲刷能力弱，坝体溃决过程较慢，因此，峰现时间发生延迟。

4.2.3.3　不同开槽宽度的溃决流量特征

泄流槽的宽度影响了初期排泄效率，导致溃口流量、溃口演化等方面表现出明显差异。图4.20分别是第2、4、5组试验的库区水位变化过程，图4.21分别是第2、4、5组试验的溃决流量过程，三组试验的泄流槽宽度分别为3cm、6cm、9cm，泄流槽深度均为5cm。

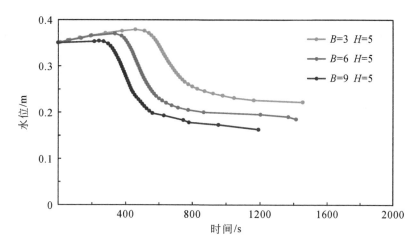

图4.20 不同开槽宽度的库区水位变化过程

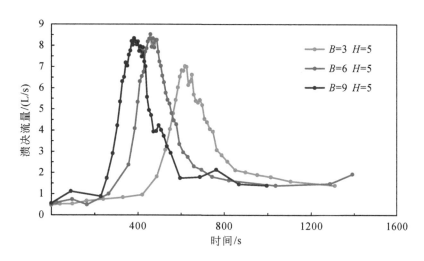

图4.21 不同开槽宽度的溃决流量过程

三组试验从相同的水位高0.35m开始过流，而最高水位分别是0.38m、0.37m、0.35m，峰现时间分别是619s、458s、382s，这是因为泄流槽开挖得越窄，水流受到泄流槽边壁的限制作用越强，泄流量增加地缓慢，峰现时间延迟，同时因为初期泄流量小，上游水位持续增高，最高水位也就越大。

泄流槽的开挖宽度影响着初期泄流效率，进而从一个初始状态影响到后续的动态演变过程，其带来的影响是复杂的、两面性的。泄流槽开挖窄，初期泄流效率低，水位持续上升，最高水位变高，有可能引发更大的洪水；泄流槽开挖宽，泄流槽对过流的引导和限制作用减弱，假设极端情况，泄流槽和堰塞坝体同宽，可以预见，泄流量会快速地增加，峰现时间会大大提前，洪峰流量可能更大。因此，泄流槽开挖宽度应选择一个适当值。

据于本次试验结果，泄流槽最佳宽度宜选6cm。由图4.20可知，三组试验的溃后水位分别是0.22m、0.18m、0.16m，溃后水位越高，表明堰塞体残余坝高越大，堰塞湖在溃决稳定后仍有较大的拦蓄水量，隐藏着较大风险。从降低堰塞湖二次溃决风险的角度考虑，$B=3cm$ 最不利不予采用。第4、5试验的洪水峰值流量分别 8.3L/s、8.5L/s，两组数据相差不大，考虑开挖量和经济效益，宜选 $B=6cm$ 的泄流槽。

4.2.3.4　泄流槽优化设计建议

试验结果显示，人工开挖泄流槽在一定程度上削减了洪峰流量，比自然溃决相比减少了21%～43%，表明开挖泄流槽的措施对于降低堰塞湖的溃决风险是可行的。

1. 泄流槽位置的选择

泄流槽设在一侧的试验工况忽略了水槽沟谷地形的特质，没有考虑不均匀沉降带来的影响，导致水流没有按照预期设置的泄流槽发展；泄流槽设在中间的试验工况利用水槽天然地形的优势，将泄流槽设置在坝体中部凹陷处，在相同的开挖量下，泄流量更小，溃决时长更短，大大降低了堰塞湖的溃决风险。这种对比得到的启示为泄流槽位置的选择要因地制宜，要选择坝顶高程最低的垭口。通常情况下，堰塞坝地形起伏大，往往存在一个相对高程较低的垭口适宜作为泄流槽的进口位置。对于高速滑坡–堰塞坝，滑坡体俯冲而下，高速撞击对岸山体后逆坡爬高，最终折返回河道，滑坡体主要在对岸一侧堆积，因而垭口一般在滑坡一侧；对于低速滑坡–堰塞坝，滑坡体主要在本岸一侧堆积，垭口一般在对岸。例如，白沙河枷担湾堰塞湖为高速滑坡形成，天然泄流槽位于本岸坡脚；老虎嘴堰塞湖为低速滑坡形成，天然泄流槽位于对岸坡脚。

水流自身寻找的天然路径通常是最优的，对于已经溢流的堰塞坝，泄流槽的进水口位置和纵向线路已基本确定。白格"11·3"堰塞体主要堆积在"10·10"堰塞体自然溢流后形成的流道中，且仍是堆积体厚度相对较薄处，第二次溢流很可能发生在此处。因此，将引流槽布置于此，开挖效率更高。

2. 泄流槽的尺寸设计

泄流槽的断面尺寸直接关系到堰塞湖的泄水过流能力。受时间和施工条件限制，选取的泄水断面形式应尽可能在较小的开挖量下，具有一定的初始过流能力，提前降低库水位；也能在水流作用下不断深切拓宽，加快水位降低速度；同时防止后期流量失控、冲刷过大而导致溃坝。

基于本次试验结果，泄流槽的宽度宜选6cm，但试验只做了3个工况，不能确定其为最优宽度，但研究表明，泄流槽的宽度对溃决洪水的特征影响较大，泄流槽的宽度应在合理范围内取值。实际发生的堰塞坝差异很大，泄流槽的最优宽度与堰塞湖所处的地质地形条件、堰塞坝物质结构特性、湖中水位等情况有关，泄流槽的最优宽度不好确定，需要做更深入的研究。如图4.22所示，加大泄流槽深度对降低洪峰流量有显著的作用，泄流槽宽度对洪峰的影响相对偏小，且现阶段最优宽度尚难估定，建议在开挖量相同的时候优先考虑加大泄流槽深度，最大限度地降低堰塞湖水位。对白格堰塞湖处置过程中，设计泄流槽时首要考虑降低坝前水位和确定泄流槽底高程，而泄流槽的底宽受开挖机械的性能限制，泄流槽开挖宽度定为 3m。

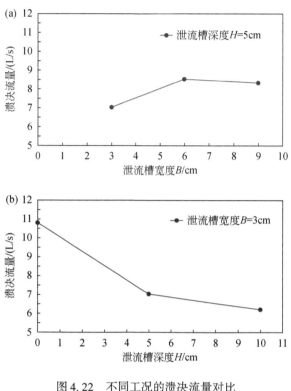

图 4.22　不同工况的溃决流量对比

（a）不同槽宽度；（b）不同槽深度

4.3　野外大比尺物理模型试验

由于缺乏充足的现场观测资料，水槽试验是研究堰塞坝冲刷溃决最常用的方法。然而，现有的研究表明，在许多涉及水土耦合的实验中，如滑坡、泥石流、堰塞坝溃决等，试验模型的比尺起着至关重要的作用，影响着土壤–水的相互作用（Iverson，2015）。Baker（1996）认为，小规模实验太小、过程太短、太理想化，或受到人工边界或初始条件的限制，无法模拟天然过程中的复杂性。由于大尺度模型试验难度大、花费高，基于大尺度物理模型实验的研究较少。查阅大量的文献后，已知的大比尺溃决实验有美国农业部（USDA）对高度在 1.5～2.3m 的黏性堤坝进行了几次大尺度的漫顶溃决试验（Hanson et al.，2005）。欧洲极端洪水过程和不确定性调查（IMPACT）项目针对土石坝进行了一系列大尺度的现场试验，发现土壤性质在溢流破坏过程中发挥了重要作用（Morris et al.，2008）。此外，Zhang 等（2009）以安徽省滁州市 9.7m 高土石坝为例，建立了试验模型，揭示了黏性均质土坝填筑物的黏聚强度对决口形成的影响。然而，以往对土石坝溃决的研究成果确不足以揭示堰塞坝的溃坝机理，因为坝体材料抗冲能力的不同对溃坝过程有显著影响。因此，为了进一步研究了堰塞坝溃决演化过程，团队在小流域的天然河道中开展了大尺度堰塞坝溃决物理模型实验。

4.3.1 实验设置

4.3.1.1 实验场地

野外试验在绵竹市天池乡的天池沟进行。一方面，2008 年汶川地震（$M_s = 8.0$）在绵远河流域诱发了多处滑坡，如文家沟滑坡、小岗剑滑坡等，导致绵远河堵塞，形成了多座堰塞坝。绵远河邻近龙门山断裂带，地质频发、地质条件较差，极易形成堰塞坝，因此选择绵远河流域开展堰塞坝模型试验具有很好的代表性，而天池沟就是绵远河的其中一条支沟；另一方面，天池沟沿岸人烟稀少，交通方便，有乡村公路沿着沟道展布；同时，沟内常年溪水长流，实验期间的平均流量约为 $0.25\mathrm{m}^3/\mathrm{s}$，具有与实际堰塞坝相似的水流条件，满足模拟上游来水条件的需求。可见，天池沟是开展野外溃坝试验的良好天然场地，在绵竹市天池沟内开展大型模型堰塞坝溃决实验具有可行性与代表性，是进行堰塞坝溃决实验的理想场所。如图 4.23（a）所示，实验场邻近文家沟与小岗剑堰塞坝。实验地点为河道宽度约为 9m 的束窄河段，上游有较大的库区以供堰塞湖蓄水［图 4.23（b）］。试验场地的平均河道坡度为 4.2%。利用临时建造的矩形平底堰测量了该河的自然流量。蓄水前和决堤后的自然流量一致为 $0.25\mathrm{m}^3/\mathrm{s}$。

图 4.23 实验地点

(a) 实验地点位置与邻近区域的历史滑坡事件；(b) 实验现场地形地貌情况

4.3.1.2 实验尺寸设计

与可重复的实验室测试不同，现场实验旨在模拟复杂的自然过程，很难对所有影响因素进行较好地控制以研究单一变量的影响（Iverson，2015）。因此，本实验未设置规律性的实验，而重点关注于堰塞坝的溃决机理。实验模型堰塞坝初步示意图如图 4.24 所示，坝高（H_d）2.5m，坝长（L_d）9m，坝顶宽 3m，坝底宽度（W_d）为 10.5m。上下游边坡的坡度比为 1∶1.5。在实验模型的坝顶中部预制了一个倒梯形的初始溃口［图 4.24（c）］。溃口深度为 0.2m，顶部和底部的宽度分别为 0.4m 和 0.15m。图 4.24（d）展示了实验模型的关键几何参数，堰塞坝的总体积（V_d）为 152m³，堰塞湖的库容（V_l）为 634m³。

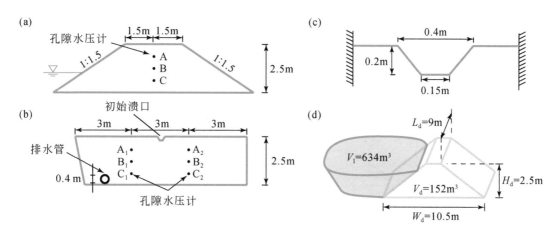

图 4.24　实验模型堰塞坝示意图

（a）坝体纵剖面；（b）坝体横剖面；（c）初始缺口尺寸；（d）坝体关键几何尺寸

比尺在物理建模实验中起着至关重要的作用，因此，在模型设计中需要充分考虑比尺对物理过程的影响（Iverson，2015）。然而，由于现场试验中地形的控制，很难严格满足相似比重建特定的原型堰塞坝。Peng 和 Zhang（2012）研究了全球 1239 座堰塞坝的地貌特征，发现坝高（H_d）、库容（V_l）和堰塞坝体积（V_d）是影响堰塞坝溃决过程的重要变量。在此基础上，提出了一系列无量纲系数 H_d/W_d、$V_l^{1/3}/H_d$ 和 $V_d^{1/3}/H_d$。Zhou 等（2019a）认为，通过比较实验模型的各无量纲系数，可以确定尺寸设计的合理性。因此，在大坝模型设计和建造过程中需要考虑这些无量纲系数。通过将现场模型坝的无量纲系数与世界各地 52 座堰塞坝的无量纲系数进行比较，绘制了图 4.25，这些天然堰塞坝是由滑坡、岩崩、泥石流等地质灾害形成的（Costa and Schuster，1988；Korup，2004；Peng and Zhang，2012a）。

如图 4.25（a）~（c）所示，在对数坐标系下，无量纲系数之间存在明显的线性关系。坝高宽比（H_d/W_d）与湖形系数（$V_l^{1/3}/H_d$）和坝形系数（$V_d^{1/3}/H_d$）均呈负相关。湖形系数（$V_l^{1/3}/H_d$）与坝形系数（$V_d^{1/3}/H_d$）呈正相关。实验中所设计的堰塞坝无量纲系数之间的关系与天然堰塞坝相近，均落在统计数据的 95% 置信区间内，符合天然坝体的一般统计规律，可以认为具有较好的代表性以模拟堰塞坝的溃决。此外，将几个无量纲系数相似的天然堰塞坝，即小岗剑、窑子沟、刚沟堰塞坝与实验模型进行对比，得到其几何相似比，如表 4.2 所示。

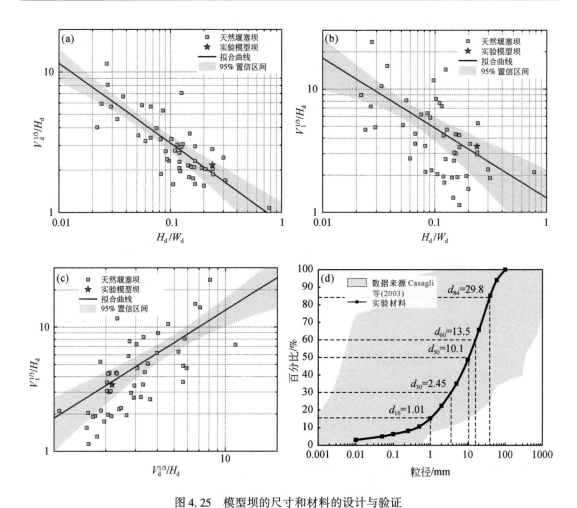

图 4.25　模型坝的尺寸和材料的设计与验证

（a）～（c）全球典型堰塞坝的无量纲参数数据集；（d）实验坝体材料粒径分布及 Casagli 等（2003）
报道的自然堰塞坝体材料累积粒径分布

表 4.2　典型天然堰塞坝与大尺度溃坝实验模型的几何参数、无量纲参数和几何相似比

堰塞坝	坝高 (H_d) /m	坝宽 (W_d) /m	体积 (V_d) /10^6m³	库容 (V_1) /10^6m³	堰塞体坝形态系数 $V_d^{1/3}/H_d$	堰塞湖形态系数 $V_1^{1/3}/H_d$	堰塞坝高宽比 H_d/W_d	几何相似比
小岗剑	62	300	2	11	2.03	3.59	0.21	25.61
窑子沟	60	250	1.8	6.2	2.03	3.06	0.24	22.90
刚沟	25	105	0.35	0.4	2.82	2.95	0.24	10.39
实验模型	2.5	10.5	1.52×10⁻⁴	6.34×10⁻⁴	2.17	3.44	0.24	1

4.3.1.3　坝体材料

通过对天然坝材料现场粒径分布的历史统计，发现砂石混合物是天然坝最常见的材料（Casagli et al.，2003；Jiang et al.，2018）。因为需要几个小时的蓄水才能填满堰塞坝的库区，为了避免因持续的渗流而导致管涌破坏，需要考虑坝体材料的抗渗性。实验地点附近的河边有天然的沙石材料，具有较好的粒径级配。通过筛除颗粒大于 100mm 的大块石以消除颗粒效应对溃坝过程的影响（图 4.26）。虽然，天然堰塞体中会存在少许不在粒度分布曲线统计范围内的大块石，但由于缺乏测量数据来量化巨石的具体尺寸和数量，实验材料的设置没有考虑不在粒径分布曲线统计范围内的大块石。坝体材料的平均颗粒直径（d_{50}）为 10.1mm。均匀系数（C_u）和曲率系数（C_c）分别为 32.9 和 2.64，代表了粒径分布的广泛且连续。如图 4.25（d）所示，实验的级配曲线落在了 Casagli 等（2003）报道的天然堰塞坝材料粒径分布的统计范围之内。这表明现场试验所采用的粒径分布可代表天然堰塞坝的材料特征。

图 4.26　试验现场大颗粒筛分剔除与坝体材料筛分实验

4.3.1.4　监测设备与现场布置

溃坝过程中的坝内孔隙水压力采用振弦式孔隙水压计（BGK4500SV）测量的，误差范围为 0.00001kPa。孔隙水压计被放置在初始缺口的两侧，以减少其对溃决过程的干扰。

实验现场的布局如图4.27所示。在模型滑坡大坝的下游架设了三维激光扫描仪，以便在溃决过程中持续采集数据，获取溃口的数字高程模型（DEM）数据。水位由安装在库区湖底的水压计测量，精度为0.01mm。在滑坡大坝的上游和下游都安装了数码相机，记录整个溃决过程的影像数据。此外，一架无人驾驶飞行器（UAV）在大坝上空盘旋，记录下连续的视频。

图4.27　实验场地布置俯视图

一条长度为10.7m、直径为0.4m的管道被安装在大坝右侧，以确保在建造模型大坝的过程中颗粒材料的干燥。为了模拟未经过压实的坝体材料，用挖掘机将颗粒材料充分混合并倒入河中以构建堰塞坝。堰塞坝分四层建造，以方便安装孔隙水压计并且有效控制堰塞坝的孔隙比。每层坝体材料的孔隙比为0.75~0.82，这与现场调查的天然堰塞坝密实度一致，即为0.59~1.11（Chang and Zhang，2010；Zhang et al.，2019）。

4.3.1.5　实验关键监测物理量与监测方法

为了揭示堰塞坝的溃决模式、溃决洪水的演进形态及下游河道的冲淤特征，本试验对溃口形态、库区水位、溃决流量、坝内渗透压、溃决前后河床形态等5种物理量进行了监测。具体的监测方法如下所示。

1. 溃口形态

为了深入研究堰塞坝溃决过程的溃口形态发展过程，尤其是堰塞坝顶部和下游坡面的溃口形态发展过程，在坝体下游坡面绘制了30cm×30cm的网格，利用布置于下游的高清摄像机实时记录溃决过程；同时，将无人机悬停在模型正上方，记录溃口的拓宽演变过程，此外，还利用布置于下游侧的三维激光扫描仪对溃决过程中的溃口形态（水上部分）进行连续扫描，获取不同时刻的溃口形态三维形态。三维激光扫描的测量精度为5mm，重复精度为3mm。通过调整适当的扫描角度和扫描密度，可以减少单次扫描时间，提高数据采集的频率。该扫描仪的扫描角度为90°，覆盖整个滑坡大坝和部分下游区域。TLS的水平和垂直分辨率被设定为0.05°，在扫描距离约为10m的情况下，获取的点云平均点间距为 12 ～ 14mm（每平方米 3500 ～ 4500 个数据点）。一次扫描在 20s 内完成，扫描时间间隔为 1min，在整个堰塞坝溃决的 30min 内大约进行了 23 次扫描。

2. 库区水位

通过液位传感器实时获取堰塞坝溃决过程中上游库区的实时水位。液位传感器的测量频率为 50Hz，即每 0.02s 一次，理论误差小于 0.001m。其计算原理为

$$H = \frac{p}{\rho g} \tag{4.1}$$

式中，p 为液位传感器的测量水压值；ρ 为水的密度，取 1000kg/m³；g 为重力加速度，取 9.81m/s²。

3. 溃决流量

对于揭示堰塞湖的溃决机制具有重要意义。根据水平衡方程，溃决过程中的流量可计算为

$$Q_{\text{out}} = -\frac{\text{d}V}{\text{d}t} + Q_{\text{in}} \tag{4.2}$$

式中，Q_{out} 为出库流量，m³/s；Q_{in} 为入库流量，m³/s，取值为 0.25m³/s；V 为堰塞湖库区水量，m³。不同于室内实验，野外现场实验中的库区地形是不规则的。在实验中，使用三维激光扫描获取上游库区的三维形态，并建立了一个三维表面模型。通过计算不同水位下的蓄水量，确定了水位库容曲线的关系（dV/dH）。由水位计可测得水位与时间关系（dH/dt），由此可以算出出库流量 Q_{out}，通常出库流量通常由渗流量和溃口流量组成。在现场观察中发现，在蓄水和溃决过程中都存在渗流现象，而且渗流与上游水位之间存在一定的正相关关系。除地表径流外，渗流流入地下，给测量带来困难。鉴于渗流量相当小，对试验结果没有明显的干扰，因此在计算溃口流量时忽略了渗流量。

4. 坝内渗透压

坝体内部的渗透压力及坝材含水量采用 6 个振弦式渗压计监测蓄水及溃决过程中坝体内部的渗透压力。垂直方向上布设于距离坝底 0.5m、1.0m 和 1.5m 处，水平方向上位于沿坝体轴线的三分点处，测量原理同库区水位相同。

5. 溃决前后河床形态

为了掌握溃决洪水对下游河床的冲刷、侵蚀、淤积特征，在溃决前后分别利用三维激光扫描对堰塞坝下游河道的三维形态进行扫描，厘清堰塞坝溃决前后下游一定范围内的河床形态特征。值得注意的是，三维激光扫描仪对水区域的地形地貌辨识度很差，因此扫描河道形态时需保持河道内无水。本试验采用临时围堰和涵管导流的方式保证目标河段在一定时间内无水流通过，从而利用三维激光扫描仪准确获取溃坝前后的河道地貌形态。

4.3.2 试验结果分析

4.3.2.1 堰塞坝溃决过程

图 4.28 显示了堰塞坝的漫顶溃决过程。在溃决过程中，渗流主要发生在坝底和坝肩，

没有引起下游坝坡的破坏。溃坝的初始时间（$t=0s$）为上午11：30，此时，溢出的水沿着缺口流动，最终到达下游坝坡（A点），表明溃坝过程的开始［图4.28（a）］。在初始阶段，溃口水流的流速很小，侵蚀率也很低。初始溃口没有明显的侵蚀，只有下游坝坡上发生了局部的颗粒物质运移［图4.28（b）］。随着水流的持续流入库区，堰塞湖水位上升，溃口流量逐渐增加。此时，细颗粒被溃口水流冲刷，水流变得高度浑浊。较粗的颗粒物质移动到大坝趾下，形成扇形沉积［图4.28（c）和（d）］。如图4.28（a）~（d）所示，侵蚀主要发生在大坝下游的斜坡上，并逐渐向上游一侧延伸。当B点在$t=900s$开始被侵蚀时［图4.28（d）］，意味着初始溃口被完全破坏，溃决流量开始快速增加。在$t=982s$［图4.28（e）］，当入库流量等于出库流量时，水位达到峰值，然后开始迅速下降。粗颗粒被汹涌的水流冲走，由于强烈的侵蚀作用，溃口迅速加深。溃口两侧边坡频繁垮塌，导致宽度迅速扩大［图4.28（f）］。在$t=1070s$时［图4.28（g）］，溃决流量达到最大值，此时侵蚀速率也达到峰值。如图4.28（g）和图4.28（h）所示，溃口宽度在100s内从2.8m增加到5.4m，并且由于偶尔的边坡失稳而继续扩大。在$t=1260s$时［图4.28（i）］，水库的水位接近溃口底高程，溃口通道的几何形状不再改变。在$t=1800s$时，水流变得清澈，侵蚀不在发生。溃口流量减少到花石沟的天然流量，表明溃决过程结束。

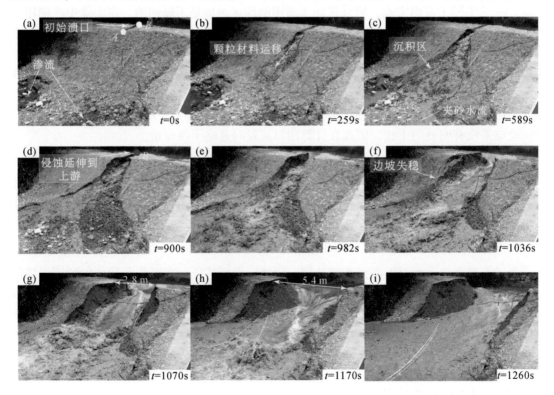

图4.28　溃决过程

根据溃决过程的这些侵蚀特征，可以将其分为三个阶段：溯源侵蚀阶段、快速侵蚀阶段和侵蚀衰减阶段。溯源侵蚀阶段的特点是侵蚀主要发生在下游坝坡，并逐渐向上游延伸，这在实验室试验或真实的溃决案例中非常常见（Zhong et al.，2020a；Zhu et al.，2021）。当溯源侵蚀进展到坝顶上游的 B 点时，表明溃决过程进入下一阶段（Zhou et al.，2019b）。第二阶段是快速侵蚀阶段，其特点是溃口迅速加深和加宽，侵蚀速度迅速增长（Zhu et al.，2021）。第三阶段是侵蚀衰减阶段，即溃口河道的侵蚀速度逐渐减慢。溃口流量逐渐减少，直到达到流入和流出的平衡（Jiang et al.，2018；Zhong et al.，2020b；Zhu et al.，2021）。

4.3.2.2　溃决流量分析

图 4.29 展示了堰塞坝溃决过程的水位和流量曲线。在第一阶段（溯源侵蚀阶段），溃决流量包含了渗流，并随着溯源侵蚀的逐渐发展而缓慢增长。在这一时期，流量增长的主要动力是上游水位的缓慢上升。在溯源侵蚀到达上游后，溃口通道被整体贯通，表明溃决过程进入第二阶段（快速冲刷阶段）。溃决流量迅速增加，很快就超过了河流的自然流入量，此时水位达到峰值并开始下降。溃决流量很快达到了 3.80m³/s 的峰值，然后开始迅速下降。在第三阶段（侵蚀减弱阶段），溃决流量的下降速度放缓，流量开始逐渐地逼近河流的天然流量。堰塞坝的溃决过程在上午 12 点（$t=1800$s）结束。

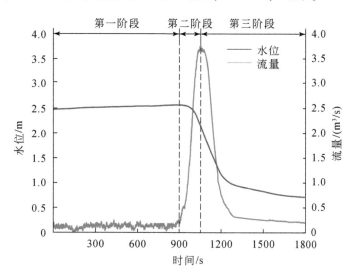

图 4.29　溃决流量与堰塞湖水位曲线

根据现场观测，溃口形态与溃决流量的关系可以判断溃决流量的很大程度上受上游溃口形态控制。在溃决起始阶段，因为出库水流的流量、流速较小，无法对上游溃口产生较大侵蚀，因此流量增速是非常缓慢的。根据水位变化曲线可以发现，在这一阶段流量增长的主要动力是来自库区水位的增长。因此，流量同样也可以用经典的宽顶堰方程表来分析溃决的演化过程：

$$Q = CB_w (H-Z)^{1.5} \tag{4.3}$$

式中，C 为流量系数；B_w 为横截面宽度；H 为水位高度；Z 为上游溃口底部高程。式（4.3）表明，流量随堰塞湖水位与溃口底部之间的相对高度以及溃口宽度增加而增大。该公式较为良好地反映了整个溃决过程中上游断面的形态与溃决流量的关系，进一步说明在侵蚀点在还没到达 B 点之前（上游溃口未被侵蚀），溃决流量变化较小。而一旦侵蚀点到达 B 点，上游溃口发生侵蚀，溃决洪水流量也会迅速增加。这一明确的转折点可以作为识别两个不同阶段（第一阶段和第二阶段）的重要标准，可以作为提供堰塞坝溃坝预警的参考指标。

4.3.2.3 坝体内部孔隙水压力分布特征与演化规律

坝内孔隙水压力的变化过程如图 4.30 所示，共计 6 个振弦式渗压计布置在坝顶轴线三点的位置，分上中下三层分别距坝底 0.5m、1.0m、1.5m。仪器对渗透压的测量从蓄水开始，一直到整个溃决过程结束，印证了整个溃决实验的动态过程。约在 9：40 开始蓄水，上游方向逐渐增大的水压力使水渗入坝体，使坝体饱和。在逐渐增长的水压力作用下，坝体各处孔隙水压力相继随着时间稳定上升。11：30 溃决过程开始，此时的孔隙水压力并没有立刻发生变化，因为此阶段水位仍然是持续增长的，坝体内部孔隙水压力并未发生显著变化。上午 11：45～11：48，滑坡大坝的冲刷处于第二阶段，孔隙水压力出现了短暂的快速下降，这是由于库区水位的快速下降和溃口的快速侵蚀造成的。最后，当堰塞坝坝体被侵蚀到孔隙水压计的位置时，传感器被卷入溃决水流，导致孔隙水压计失效，测得的孔隙水压力出现剧烈波动。

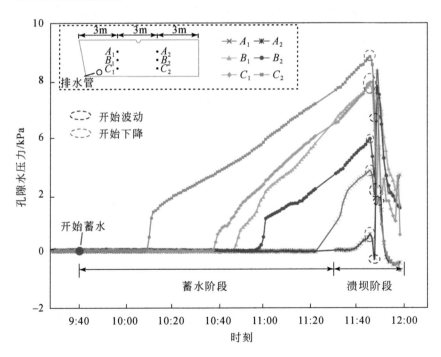

图 4.30　坝内孔隙水压力的变化过程

不同高程测得的孔隙水压力有明显差异，图 4.30 中，高程较低处的孔隙水压力随着蓄水更早开始增长，具有更大的孔隙水压力。由于边界条件不同，孔隙水压力在水平方向上也有差异。在模型建造之前，左侧（A_1、B_1、C_1）为原河道的基岩边界，右侧（A_2、B_2、C_2）为大石块垫层，这有利于坝段右侧孔隙水压力的释放。此外，C_1 点处的孔隙水压力相比理论情况较低，是因为受到距离该孔隙水压计较近的导流管影响导致的。导流管侧壁因更容易发生管涌产生渗流通道，降低了 C_1 处的孔隙水压力。到溃决发生时，各处孔隙水压力发生急剧变化，实测数据出现上下波动。

4.3.3　溃口演化模型

研究溃口三维形态的演化是分析堰塞坝溃决机理的重要部分。堰塞坝溃口的形态很大程度上决定了堰塞坝溃决的时间、洪峰流量等。目前，在二维尺度上针对堰塞坝溃决模型研究已经做得很充分了，如 DBS-IWHR 和 DABA（Chen et al.，2015；Chang and Zhang 2010），同时也较好地推算出了堰塞坝溃决流量过程。但是在三维尺度上，无论是模型实验还是灾害实例分析，针对堰塞坝溃口三维形态演变的研究还比较少。这主要是以下两种原因造成的：一是常规试验因为尺度较小，溃决时间较短，难以获取溃决过程中溃口的三维数据；二是真实的堰塞坝灾害往往发生在偏远山区人迹罕至的地方，缺乏实测溃决过程中溃口数据条件。因此，本实验提出运用三维激光扫描作为技术手段，构建大尺度的堰塞坝模型，以研究溃口的三维形态演化。

本实验中，模型的溃决时间持续约 30min，足够三维激光扫描仪捕捉大量溃决时的溃口形态数据。三维激光扫描技术作为一种新兴的测量技术，能够通过扫描激光束获取点云，捕获研究区域内数百万点的三维点数据，目前该技术已经被广泛应用于土木工程的各个领域，如结构面识别、边坡变形监测、地质灾害预警等，具有速度快、精度高等多个优点，但是在堰塞坝溃决机理的研究中，还未被有效利用。本次试验使用的三维激光扫描型号为 RIGEL VZ-2000i，单次扫描的时间为 20s，在堰塞坝溃决的过程中，从 11：30（$t=0$）开始，约每隔 1min 进行一次扫描，共记扫描 22 次，记录了溃决过程中各个时间节点的溃口三维数据，100m 距离的扫描精度为 8mm，扫描的平均点间距为 12～16mm，每立方米的点数量约为 3500～4500 点。采集的点云可用通过多站点拼接、点云去植被除噪、点云抽稀、点云三角网格化建立模型、模型修正等方法构件高精度的溃口形态数字高程模型。在溃决的演进过程中，溃口的横向和纵向均会发生不同程度的侵蚀，通过对比不同 DEM 之间的高程差，可以得出各个时间点坝体的侵蚀深度以及下游坝面和接近坝面河床的淤积厚度。将 $t=0$ 的 DEM 作为基准，把各个时间点的 DEM 与 $t=0$s 时刻的 DEM 作对比，结果如图 4.31 所示。

最初，少部分坝体材料被泄流槽溢出的水流带走，形成典型的扇形堆积区。随着溃坝通道的不断侵蚀，堆积区不断扩大和增厚，最后覆盖了整个下游地区。在第一阶段，由于出水速度低，材料被侵蚀得很慢，而在下游的坝坡上，水流在重力作用下加速，侵蚀速度相对较高。当大坝冲刷过程达到第二和第三阶段时，冲刷通道在纵向和横向迅速发展。溃坝的最大侵蚀深度约为 2000mm，而坝趾的平均沉积深度为 500～600mm。根据宽顶堰堰塞湖方程（Chang and Zhang，2010，Chen et al.，2020），模型堰塞坝的溃口纵向剖面可以

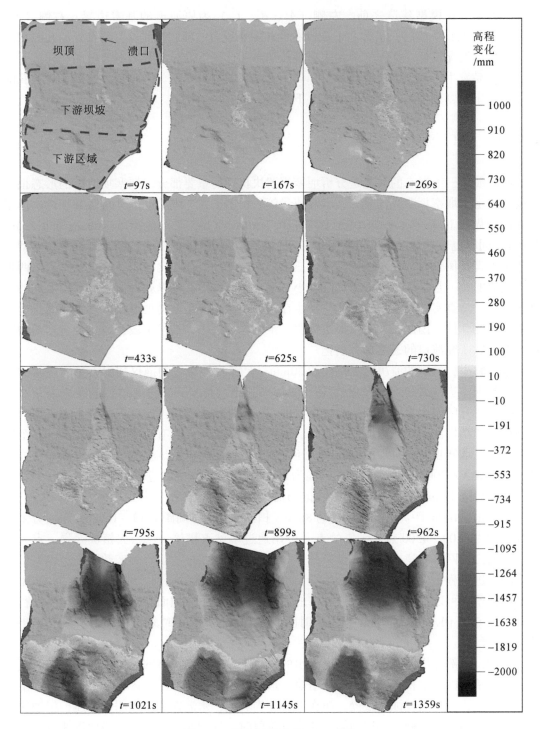

图 4.31　溃决过程中的 DEM 变化

从检测到的水面以上的坝面和溃口通道的流出深度推断出来。基于这些结果，建立了堰塞坝的纵向溃决演化模型。此外，根据测得的溃坝侧向侵蚀特征，提出了溃口侧向演化模型。

4.3.3.1 溃口纵向演化模型

通过三维激光扫描获得的点云被用于获取溃口通道的纵向剖面。图 4.32 显示了堰塞坝泄流槽的纵向侵蚀剖面。在第一阶段，初始侵蚀发生在坝顶下游（A 点），侵蚀点逐渐从坝顶下游（A 点）向上游（B 点）移动。随着坝顶侵蚀的发展，下游坝坡比下降。这一结果与 Zhong 等（2018）提出的侵蚀模型相吻合，他们将侵蚀过程定义为下游坝坡的逆时针旋转，旋转点在坝趾。Zhou 等（2019a）提出，旋转点并不是固定在坝趾，而是从坝顶向坝趾移动。然而，实验中观察到的现象与以往的研究不同。

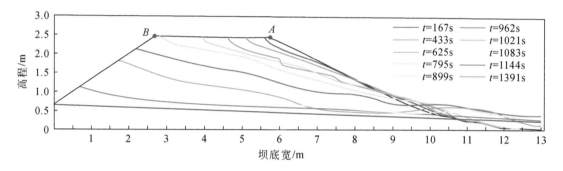

图 4.32　不同时刻沿溃口中心线的纵向剖面

在第一阶段，旋转点以相对缓慢的速度向下游方向移动，但并没有到达坝趾（图 4.32）。纵向剖面可以根据不同的侵蚀特征分为三个区域：缓慢侵蚀区、快速侵蚀区和沉积区。这三个区域的分界点是侵蚀点和旋转点。如图 4.33 所示，快速侵蚀区的坝料在重力和水流的作用下移动。当坝体材料移动到坝趾时，由于水动力不足，大颗粒停止移动，形成沉积区，而细颗粒则被流出的水流带走。在第二阶段，随着坝顶被完全侵蚀，不断增加的流量加速了对溃口的侵蚀。在此阶段，坝顶的侵蚀率迅速增大并达到最大值，漫顶水流迅速切割溃口通道。然而，由于沉积区的存在，下游坝坡到坝趾的侵蚀率相对较低。这是因为沉积区大颗粒组成的粗化层可以抑制侵蚀的进一步发展，导致纵向上的侵蚀速率沿水流方向递减。在第二和第三阶段，虽然纵向剖面的数据受外流干扰较大，但仍然可以看出下游坝坡仍在随着旋转点逆时针旋转。除了旋转点的位置之外，这一结果与 Zhong 等（2018）和 Zhou 等（2019）提出的纵向演化模型有很好的对应。在实验中，旋转点位于沉积区的下游侧，而不是在坝趾。.

根据实验中观察到的溃坝过程，提出了溃口纵向剖面的演变模型（图 4.34）。平滑的曲线显示了纵向剖面，不同颜色的线代表了溃决过程的不同阶段。在第一阶段，由小流量引起的大坝材料的迁移带来了坝顶的侵蚀和坝趾上的沉积物。侵蚀点向上游移动，旋转点向下游缓慢移动，下游坝坡围绕旋转点逆时针旋转。在第二和第三阶段，以强大

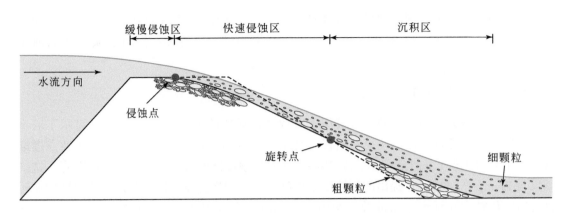

图 4.33　第一阶段溃口的纵向侵蚀特征

的水动力为特征，整个堰塞坝迅速被侵蚀，下游坝坡围绕旋转点（R_n）逆时针旋转。根据 Hanson 和 Simon（2001）提出的侵蚀模型，可以计算出凌空流造成的坝体材料的侵蚀过程。

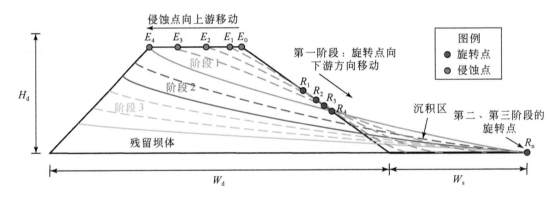

图 4.34　堰塞坝纵向演化模型

$$E = \frac{dz}{dt} = K_d(\tau - \tau_c) \qquad (4.4)$$

式中，τ 为土壤/水界面的剪应力，通过使用 Manning 方程确定（Zhou et al.，2019b）；K_d 为侵蚀性系数；τ_c 为临界剪应力。经验方程也可用于估计侵蚀性参数（K_d 和 τ_c）（Annandale，2006；Chang et al.，2011）。通过计算水流在坝顶和下游边坡产生的不同侵蚀率，可以估算出侵蚀点的上游运动（Zhong et al.，2018；Chen et al.，2020）。此外，通过分析倾倒流下颗粒的受力情况，可以确定沉降区被水流冲刷的颗粒直径（Bridge and Bennett，1992）。这种演化模型考虑了堰塞坝的逐渐侵蚀和大颗粒的下游沉降，真实地描述了堰塞坝因水流漫顶而发生溃决的过程。

4.3.3.2　溃口横向演化模型

在以往的研究中以及简化物理模型等研究中，通常假设泄流槽为等宽明渠（Chang

et al., 2010；Wu, 2013；Shi et al., 2015a；Zhong et al., 2020a；Chen et al., 2020）。然而，这样的假设与现场模型试验中观察到的现象不一致。在实验中发现，由于溃口通道各断面的侧向侵蚀率不同，堰塞坝溃口在不同阶段具有不同的形态特征。

如图4.35（a）所示，在第一阶段，溃口通道的宽度从上游到下游逐渐变宽，溃口通道的最小宽度位于坝顶上游 [图4.35（a）的 b_1 段]。溃口的整体形态特征呈喇叭状。这与纵向演化模型中划分的上游的缓慢侵蚀区和下游的快速侵蚀区相对应 [图4.33 和4.35（a）]。堰塞坝溃决达到第二阶段时，由于坝顶的完全侵蚀，大坝溃口贯通并连接成一个整体。此时，大量的水从堰塞湖库区涌入溃口，导致溃口的上游部分迅速发展。如图4.35（e）所示，在水压力和水流剪切力的联合作用下，溃口通道上游发生了持续的边坡破坏，形成了一个哑铃状的溃口。溃口的上下游两端较宽，但中间部分较窄 [图4.35（b）]。在第三阶段，随着溃决流量的迅速减少，侵蚀率逐渐降低。由于溃口两端的侵蚀率下降较快，其中间部分仍然被持续冲刷侵蚀，溃口河道才逐渐恢复到近似等宽 [图4.35（c）]。土壤侵蚀和由侵蚀引起的边坡失稳是溃口横向拓展的主要原因。如图4.35（d）所示，溃决流量的侵蚀掏空了坡脚，导致稳定性变差，最终导致坡面的破坏。

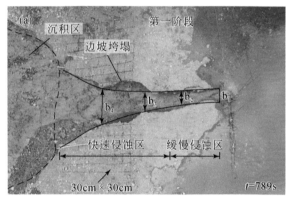

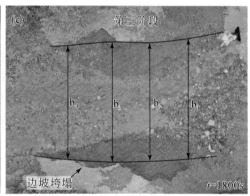

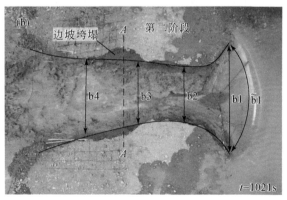

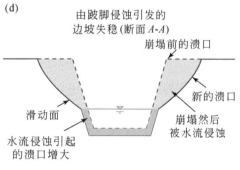

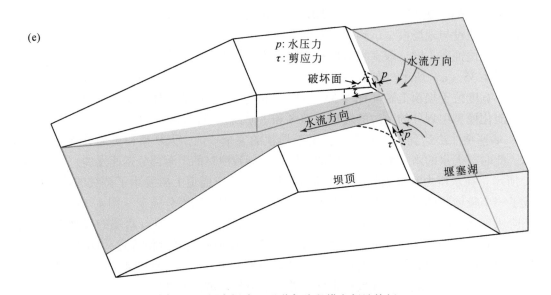

图 4.35　堰塞坝溃口通道各阶段横向侵蚀特征

（a）~（c）溃口通道各阶段的俯视图；（d）溃口边坡失稳机理；（e）第二阶段溃口上游段的快速拓宽原理

　　根据点云得到了不同断面的顶宽，并将数据与下游坡面上绘制的 30cm×30cm 的网格进行核对 ［图 4.35 （a）］。图 4.36 （a） 说明了不同横断面上破损河道的波峰随时间推移而变宽的过程。此外，通过计算单位时间内溃口顶部宽度的增量 ［图 4.36 （b）］，可以得到溃口渠道的拓宽率 （$E_b = \Delta b / \Delta t$）。时间间隔约为 60s，这是根据溃口的拓宽特性决定的。较大的时间间隔会削弱拓宽率的变化特征，而较小的时间间隔会受到突发边坡垮塌的影响。在第一阶段，下游坡面的溃口通道（断面 4.4 和断面 5.5）首先开始拓宽。此外，随着溯源侵蚀的发展，断面 3-3 和断面 2-2 相继开始拓宽。E_b 在下游段较高，在上游方向下降。在第二阶段，各断面的 E_b 迅速增加，其中断面 1-1 的 E_b 最大。断面 1-1 的宽度迅速扩大，很快超过了断面 2-2 的宽度。此时，突破通道在断面 2-2 中是最窄的。在第三阶段，断面 2-2 的 E_b 最大，各断面的拓宽率逐渐降低。最后，溃决结束，溃口各断面的宽度大致相等 ［图 4.35 （c）］。

　　根据天然河道的大尺度现场实验结果，提出了一个新的溃口通道横向演化模型，如图 4.37 所示。为简单起见，使用平滑的曲线代表溃口边界，不考虑由于侵蚀和边坡失稳造成的局部地形差异而引起的线条不规则。彩色线条代表简化的溃口通道在溃决各阶段的形态曲线，b_1、b_2、b_3、b_n 或 b_{j-1}、b_j、b_{j+1} 代表溃口河道在不同时间步长的不同拓宽宽度。溃口通道拓展的过程在不同阶段有不同的特征。在第一阶段，主要特征是溃口宽度拓宽速率沿水流方向逐渐增加，形成喇叭形状的溃口通道。第二阶段的特点是哑铃形状的溃口通道。溃口宽度拓宽速率在上游断面最大，溃口通道两端宽、中间窄。在第三阶段，溃口通道中间的拓宽速率高于两端，随着侵蚀速率不断衰减，溃口形态逐渐变为近似等宽。这种简化的横向演化模型推翻了将溃口视为等宽渠道的传统假设，更好地揭示了堰塞坝漫顶破坏的溃口演变过程。

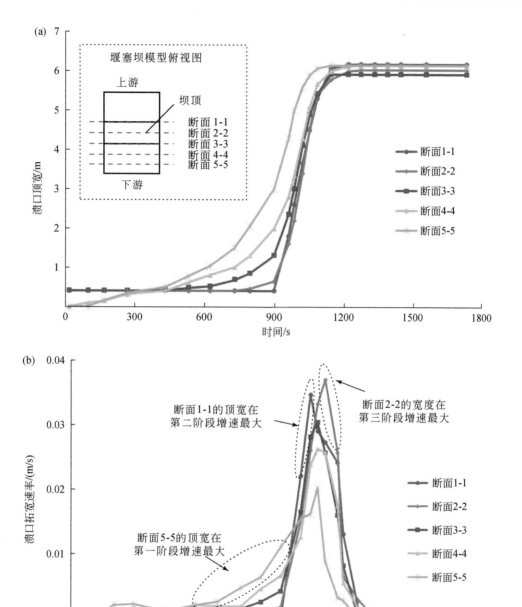

图 4.36　溃决过程中溃口各断面顶宽和拓宽速率变化过程

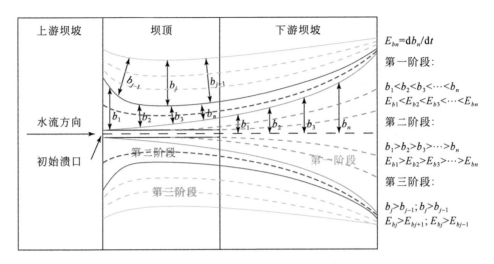

图 4.37　溃口横向演化模型

4.4　堰塞坝泄流槽的形态演变

由松散石块和土壤构成的堰塞坝通常会因为漫顶或（和）渗透破坏而溃决，导致下游地区形成灾难性洪水（Pickert et al., 2011；Shi et al., 2015b；Chen et al., 2020）。因此，为减少堰塞坝溃决的潜在风险，对堰塞体进行人工干预是必不可少的（Kundzewicz et al., 2019），其中最常见的一种方法是在堰塞坝顶部开挖泄流槽，降低堰塞湖的最大库容并使其提前泄水。当泄流槽将开始过流后，一旦上游水流入流量小于泄流槽的出流量时，堰塞湖的库容就会开始下降，其潜在风险就会得到缓解（Kundzewicz et al., 2019）。堰塞坝泄流槽在泄水过程中被迅速侵蚀而向两侧及底部拓展，如图 4.38 所示。控制下泄峰值流量的主要因素是泄水槽的拓展速度（Cao et al., 2004），泄水槽的拓展速度越慢，洪水的流量-时间曲线就越平缓，洪水对下游地区的潜在威胁就越小（Xu et al., 2015b；Chen et al., 2020）。因此，研究泄水槽形态演变过程对评价和控制堰塞湖风险是十分必要的。

在 2019 年 6 月至 7 月金沙江白格滑坡堰塞体应急开挖处置期间，团队采用三维激光扫描技术获取了多期泄流槽的三维点云，并提取和比较这些点云中的河流和滑坡堆积体边界，定量分析了泄流槽的演变过程。通过引入平均侵蚀距离（AED）和侵蚀强度（EI）两个指标，对泄流槽侧向侵蚀过程进行了定量分析，推导了计算 EI 的经验公式，并基于三维激光获取的水面高程定性分析了泄流槽的垂向演化规律。

4.4.1　泄流槽演变过程的案例分析

2018 年年底，西藏自治区与四川省交界的金沙江右岸白格村（98°42′17.98″E，31°04′56.41″N）在一个月内发生了两起巨大滑坡，堵塞河道形成著名的白格堰塞湖。第一次滑

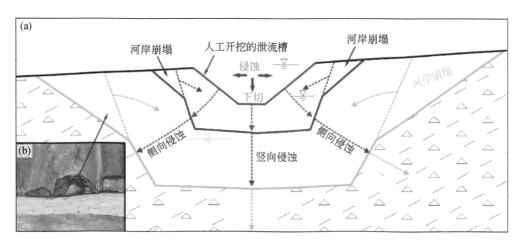

图 4.38　泄流槽侵蚀示意图

坡发生在 10 月 10 日 22 时 06 分，时约 $1.5×10^7 m^3$ 的岩土体失稳后沿着斜坡滑入河道，阻塞金沙江并形成第一次堰塞湖。该堰塞体的高度为 $60 \sim 115m$，约两天后发生漫顶并形成了一条天然排水通道。12 月 3 日 17 时 21 分，第二次滑坡发生，约 $6.0×10^6 m^3$ 的岩土体从滑坡残留体后缘脱落，并直接堵塞了第一次泄流形成的天然排水通道，新的滑堰塞体比第一次形成的堰塞体的最大高度高约 30m。五天后，第一批应急抢险队伍赶赴现场，并于三天后在堰塞体顶部开挖了一条人工泄流槽。该泄流槽成功使白格堰塞湖提前泄流，并且溃决洪水对泄流槽两岸的冲刷侵蚀使堰塞体形成了一条宽度为 $50 \sim 100m$ 的过水通道。根据安装在白格滑坡残留体的 GNSS 监测数据显示，顶部残留体在后续几个月内持续发生变形，存在再次发生滑坡并堵塞泄水通道的可能性。因此西藏自治区和四川省政府联合牵头并制定了 2019 年汛前应急开挖处置工作，对堰塞体残余部分进一步开挖，以保证该年的度汛安全。

　　白格滑坡堰塞湖灾害发生以后，团队运用三维激光扫描技术共获取了 14 期泄流槽的三维点云数据。图 4.39 展示了泄流槽在监测期间的总体演变情况，其中图 4.39（a）展示了基于最短距离法的泄流槽三维空间演化过程，变形分析时间为 2019 年 4 月 26 日 ~ 2019 年 7 月 11 日，可以看出，左岸受人工开挖活动影响，出现较大范围的地表沉降和堆积区；右岸则是由水流侵蚀引起的泄流槽自然演化结果，根据物质组成、累计侵蚀范围和大小，将其分为了Ⅰ、Ⅱ、Ⅲ、Ⅳ共 4 个区域。其中Ⅰ区和Ⅳ区的面积共减少约 $32000m^2$，Ⅱ区位于金沙江干流弯道附近（转弯角约 60°），其中约 $5×10^5 m^3$ 堆积体在河流侵蚀下发生崩塌。与此形成鲜明对比的是Ⅲ区，该区域的泄流槽及堆积体破坏程度较低，主要因为该区域底部存在长约 112m 的强风化基岩，其完整性较好，难以被水流冲刷侵蚀。另一个值得注意的现象是，进入汛期后（7 月），河道水位不升反降。通常汛期水位受降雨和上游来流量增加影响会逐渐增加，而此处水位整体下降，说明泄流槽处的河床仍在不断下切，并且下切造成的水位下降大于了流量增加引起的水位上涨，也说明泄流槽的侵蚀演变还没完全结束。

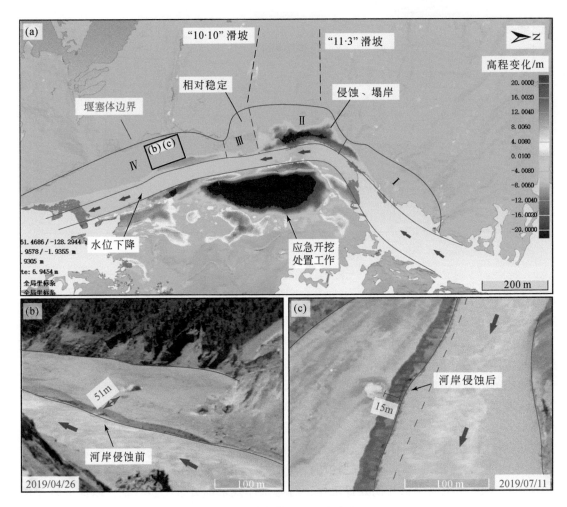

图 4.39　白格堰塞坝泄流槽演化过程

4.4.2　泄流槽侧向侵蚀经验公式

堰塞体主要由细粒土、砂、砾石、岩石和巨石等岩土体组成，粒径从几毫米到几米不等，并且是随机分布的。从本质上讲，水流对这些岩土混合物的侵蚀是水带走其内部颗粒的结果。根据 Achers 和 White（1973），颗粒是否被水流冲走取决于水在颗粒周围流动时产生的压差，这取决于颗粒表面的瞬时水流速度；以及重力、土壤结构、土石体的矿物和成分、干密度、塑性指数和有机物种含量等，这些因素难以用准确的数学公式表示（Kramer，1935）。因此为了简化复杂的实际情况，在分析水流的侵蚀作用时做出了两个基本假设：①堰塞体各个分区内部的土石颗粒均匀分布；②泄流槽表面的瞬时水流速度等于过流断面的平均流速。

三维激光扫描仪无法有效穿透水面来测量泄流槽的水下部分，因此利用泄流槽与水面的交线作为研究泄流槽的特征线，用以表示泄水道的边缘。具体做法是从三维点云数据中提取不同时期的水面交线，并投影到二维平面（X-Y 平面），如图 4.40 所示。通过追踪水面交线的演变，可以确定泄流槽是如何被侵蚀的。其中，实际侵蚀距离与测量的侵蚀距离之间的偏差由水位变化确定，但轻微的水位变化不会导致重大误差，因为泄流槽的坡度较陡（70°~90°）。

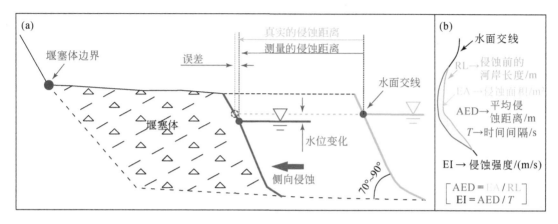

图 4.40　泄流槽定量计算示意图

这里提出了两个主要参数用于定量描述泄流槽的侵蚀过程（平均侵蚀距离 AED 和侵蚀强度 EI），其中 AED 是侵蚀面积与侵蚀前的河岸长度的比值，可以对某个较大区域内的侵蚀过程进行定量分析；EI 是 AED 与时间间隔的比值，表示了一定时间范围内的侵蚀的强度，计算公式如下：

$$\begin{cases} EI = \dfrac{AED}{T} \\ AED = \dfrac{S}{L} \end{cases} \tag{4.5}$$

式中，L 为侵蚀部位被侵蚀前的河岸长度，m；S 为被侵蚀河岸的投影面积，m²；AED 为平均侵蚀距离，m；T 为侵蚀前后的时间间隔，s；EI 为侵蚀强度，m/s。

图 4.41 显示了从 2019 年 4 月 26 日~2019 年 7 月 11 日的泄流槽侧向演化分析结果，其中 I 区受视野限制而发生数据缺失，因此本节主要分析 II、III 和 IV 区的泄流槽侧向演化过程。对于每个区域，按照式（4.5）进行 AED 和 EI 的计算，结果如图 4.42 所示。

从图 4.42（a）中可以很明显看出，平均侵蚀距离 AED 与金沙江流量之间存在正相关关系，尤其是在汛期，不同区域的 AED 值随着流量的迅速增加而显著升高。由于相似的物质结构组成，红色（II 区）和黄色曲线（IV 区）之间具有高度一致性。同时，绿色（III 区基岩）与其他两条曲线之间存在明显差异，其 AED 增量明显较少，这是由于风化的基岩抗冲刷性能远大于泄流槽的土石混合物。在图 4.42（b）中可以看出，侵蚀强度 EI 随流量变化出现明显波动，并且波动位置与流量曲线的拐点相对应，该现象的解释如下：根据 Kramer（1935）和 Costa（2016）的研究成果，泥沙颗粒启动的受水流的驱动力（FD）、升力（FL）和泥沙颗粒的饱和重力（W'）决定。随着河流流量的增加，当 FD 和

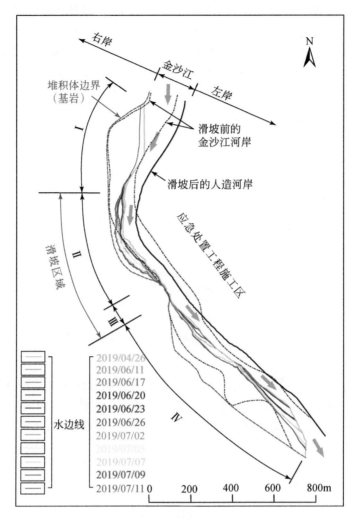

图 4.41　监测期间泄水槽的侧向演化过程

FL 的合力大于 W' 时，泄流槽中的小颗粒将开始发生侵蚀，而剩余的大颗粒将充当保护层，以防止岸坡内部小颗粒的持续侵蚀。由于保护层的存在，如果河流流量停止增加（保持稳定或减少），那么侵蚀过程将停止。但是流量的再次增加会打破这种平衡，导致保护层的 FD 和 FL 合力大于 W'，此时大颗粒保护层会发生启动和侵蚀，这就是在流量曲线转折点出现侵蚀强度突然波动的原因。

　　基于图 4.42（b），我们进一步分析了 EI 和流速之间的数学关系，结果如图 4.43（a）所示。经分析发现，侵蚀强度 EI 不仅与流速有关，还与河流流量的变化率密切相关。根据河流动力学与泥沙运动原理，流量增大会导致河道的水深和流速增大，而水深与流速增大会增强水流的裹挟能力，使侵蚀强度增大或导致河岸发生侵蚀。采用最小二乘法对 EI-流速进行了线性拟合［图 4.43（b）］：

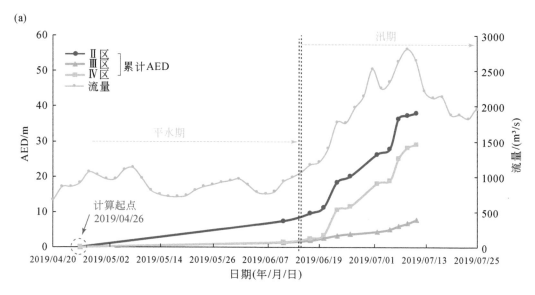

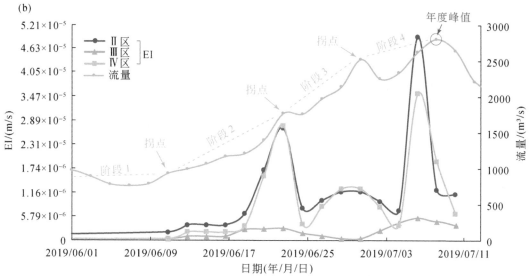

图 4.42　侧向侵蚀定量分析

（a）累积平均侵蚀距离统计；（b）侵蚀强度统计

$$
\mathrm{EI} = \begin{cases} k_1 \times v & \Delta_d \in (a_1, a_2) \\ k_2 \times v & \Delta_d \in (b_1, b_2) \\ \cdots\cdots \end{cases} \tag{4.6}
$$

式中，EI 为侵蚀强度，m/s，其物理意义为单位时间内水流对河岸的侵蚀量；k 为冲刷系数，是与河岸物质特性、河道流量变化率密切相关的指标，流量变化率越大（水流裹挟能力增强），或者说河岸抗冲刷能力越弱，则斜率越大；v 为断面平均流速，m/s；Δ_d 为单位时间内流量的增量。

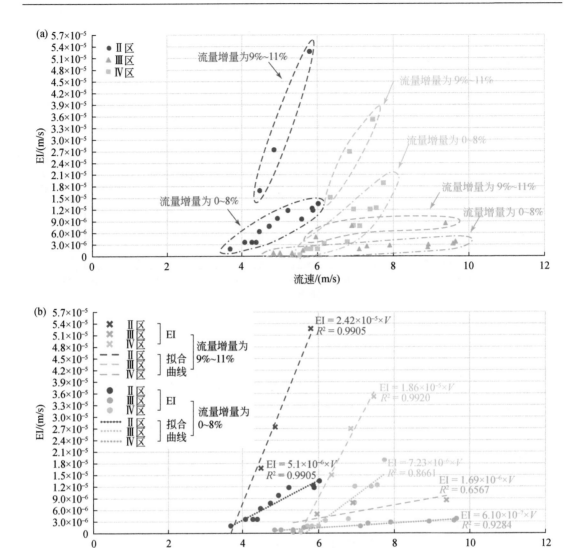

图 4.43　侵蚀强度与流速的线性拟合
(a) EI-流速统计图；(b) EI-流速曲线拟合

4.4.3　泄流槽垂向侵蚀演化分析

河床的垂向演变不仅涉及水流的侵蚀，还包括来自上游和河岸崩塌的沉积（Lajczak，2003）。与侧向侵蚀相比，泄流槽水下部分的垂直侵蚀无法通过肉眼、照片或 TLS 观察到，因此很难直接描述连续河流中河床的侵蚀和沉积过程。针对该问题，我们尝试使用曼宁公式计算的河流表面高程和河流深度的变化来定性分析河床的垂直演变过程。计算流程图见图 4.44。

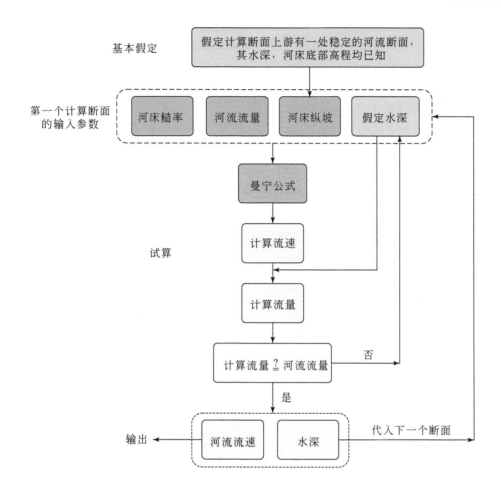

图 4.44 泄流槽断面平均流速的计算流程图

水位变化被认为是两个独立的过程，一个是由流量变化引起的，另一个是由河床高程变化引起的。河床下切可通过式 (4.7) 计算：

$$H_u = EL_a - EL_m \tag{4.7}$$

式中，H_u 为河床下切深度；EL_m 为 TLS 测得的水面实际高程，其值由河水流量和河床高程共同确定；EL_a 为假定的河流表面高程，假设河床自 2019 年 4 月 26 日起保持稳定，不发生下切或泥沙淤积，此时水面高程仅由流量变化确定。因此，假设和实际河流表面之间的差异等于河床的高程变化。可根据式 (4.8) 计算 EL_a：

$$EL_a = EL_{or} + D_r \tag{4.8}$$

式中，EL_{or} 为 2019 年 4 月 26 日的原始河床高程（Ⅱ 区、Ⅲ 区和Ⅳ 区的高程分别为 2897.23m、2895.60m 和 2892.18m）；D_r 为水深，在已知河道断面尺寸和流量的前提下可根据曼宁公式进行计算（Attari and Hosseini，2019；Tuozzolo et al.，2019）：

$$v = \frac{1}{n} \cdot R^{\frac{2}{3}} \cdot i^{\frac{1}{2}} \tag{4.9}$$

式中，n 为河床糙率；R 为水力半径，i 为河床坡度。

河床垂直演变结果如图 4.45 所示。总的来说，El_m 和 El_a 之间的差异随着流量的增加而增加，这表明随着进入汛期，泄流槽在发生持续的垂向下切。但是不难看出，各区 EL_m 在一定时期内有短暂的上升，并在流量达到拐点时迅速下降。例如，Ⅱ区的 EL_m 从 6 月 14 日到 6 月 24 日上升了约 1.3 m，然后持续下降。此外，自 2019 年 6 月 25 日以来，Ⅲ区和 Ⅳ区的 EL_m 均呈逐步下降趋势。为了说明这一现象，两个因素 ΔD_r 和 H_u 被认为是该现象的主要原因：

$$\Delta EL_m = \Delta D_r - H_u \tag{4.10}$$

式中，ΔEl_m 为 El_m 的变化量；ΔD_r 为河流深度变化量，主要受以下几个因素控制：①河流流量；②河床粗糙度和纵坡；③横截面形状。H_u 由以下几个因素确定：①河床颗粒的启动速度、直径和密度；②河流流速及其分布；③河流深度 D_r；④上游来沙和河岸崩塌。

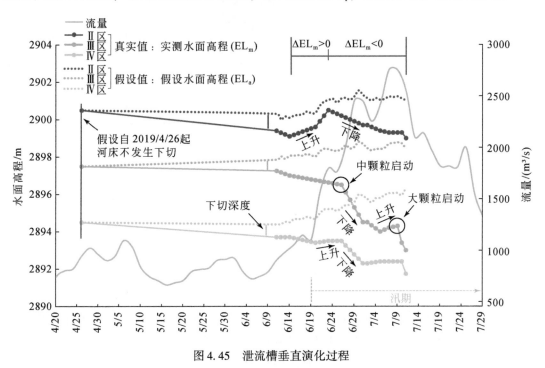

图 4.45 泄流槽垂直演化过程

从 6 月初到 7 月 9 日，河流流量迅速上升至其年峰值，导致 EL_m 和流速快速增长，因为如果流速小于大多数颗粒的起始速度，河床中不会出现大规模的下切。相反，上游来沙和塌岸可能会在一定程度上提高河床高程，导致 H_u 降低和 EL_m 增加。随着河流流量的进一步增加，当流速超过河床中大多数颗粒的启动速度后，和床便开始大规模下切。当河床下切量超过河流流量增加引起的水位增加时，EL_m 将显著降低。

4.4.4　泄流槽形态演变影响因素分析

4.4.4.1　颗粒侵蚀的随机性

河岸侵蚀过程在小范围内或短时间内可能是随机的。河流流速是影响侵蚀过程的重要因素之一，这是因为水在粒子表面的瞬时速度是决定粒子是否开始移动的直接因素。然而，由于泄流槽真实形态较复杂，并且流场的瞬时分布无法准确量化，此外，颗粒的形状和位置也是随机变量，即便颗粒是均匀的，水的瞬时驱动力或提升力也是随机变量，因此研究单个颗粒的运动或特定截面的侵蚀过程是困难且无意义的。

上游来沙、河岸塌岸和人工河岸的修建也对河岸演变产生了重大影响。泥沙和塌岸可能会阻碍侵蚀过程，而建造人工河岸可能会加剧对岸的侧向侵蚀。例如，Ⅱ区河岸的演变过程在很大程度上取决于对岸的施工进度和河岸崩塌过程，因此侵蚀过程没有明显的时空规律（见Ⅱ区部分）。相比之下，Ⅳ区河岸演变类似于波浪状（见Ⅳ区部分），因为该区域河岸形态的变化仅受水流影响。即便如此，这座波浪形河岸的动态演变在空间上也有所不同，其上游侧（Ⅲ区附近）的侵蚀主要沿河流发展，而下游侧的侵蚀方向几乎垂直于河道。因此，即使两个研究断面非常接近，侧向侵蚀也可能显著不同。单个剖面或小面积的定量分析可能无法完全反映由河床的物质成分、形态、特征和流型决定的整体侵蚀过程。因此，整合具有相似侵蚀特征的区域，并从大范围和长序列（如 EA、AED 和 EI）的角度分析其平均变化，有助于加深对侵蚀的理解。

4.4.4.2　冲刷侵蚀系数的波动

为了进一步研究 EI 的波动现象，我们分析了流量变化率与 EI 之间的关系，如图 4.46 所示。根据前人大量现场观察、实验和理论研究可以证明，河岸侵蚀发生在大约三个步骤下：①低流量，由于河床颗粒无法达到启动条件，因此不会发生侵蚀；②增加流量，细砂和小砾石可达到启动条件，而中、大型块体不能达到启动条件，图标粗小颗粒被冲走，侵蚀发生并迅速发展，而保留的大颗粒将形成覆盖层，防止河岸内的小颗粒被冲走，如果流量继续增加，残留的大颗粒将被冲走，侵蚀过程将继续；③稳定或减少流量，河流流速将因截面积增加或流量减少而降低，残留的大颗粒作为覆盖层将防止河床进一步侵蚀。

显然，泄流槽在汛期不断重复从②到③的过程。流量变化率的增加会破坏泄流槽中的大颗粒覆盖层，导致 EI 的增加。流量的减少将形成新的覆盖层，从而减缓侵蚀过程。

4.4.4.3　水流流场的影响

河床走向和形态对流场分布有重要影响，进而影响河岸形态的发展。颗粒起动条件不仅包括流量值和颗粒特性，还包括流场分布。对于不同的截面，即使流量或平均速度相同，流场的不同分布也会导致不同的水流瞬时速度和不同的颗粒启动条件。影响流场分布的两个重要因素是河岸走向和形态尺寸。图 4.47 显示了Ⅱ区（$B\text{-}B'$）和Ⅳ区（$D\text{-}D'$）累积 AED 曲线之间的差异，表明Ⅱ区的侵蚀曲线与Ⅳ区近乎平行，且侵蚀量总是相差一个

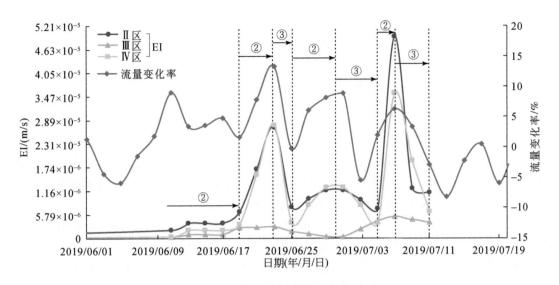

图 4.46　EI 与流量变化率之间的关系

定值。这个现象的原因是 II 区位于金沙江的弯曲处 [图 4.47（b）]，弯曲部分水流的环向运动产生的离心力使表面流朝向凹岸，底部流朝向凸岸，从而在横截面中产生封闭的横向循环（Núñez González et al., 2018）。这种垂直弯曲循环流与纵向流结合形成沿流动方向的螺旋流，增加了沿凹岸的侵蚀速度（Rinaldi et al., 2008）。

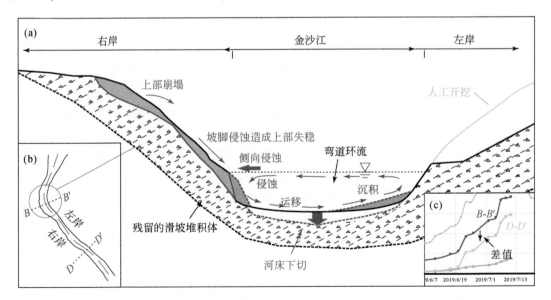

图 4.47　弯道环流对河岸侵蚀的影响

4.5 本章小结

本章首先以枷担湾堰塞湖为背景开展了室内模型堰塞坝溃决试验,考虑了来水量、坝顶大块石、坝体几何以及导流槽四个影响因素。试验结果表明来水量越大,溃坝规模越大,当流量一定时,坝顶大块石能控制水流对坝体侵蚀;较薄坝体的稳定性和抗侵蚀性较差,在较小的来水流量下就能够发生溃决;设置导流槽有助于降低溃坝规模,其中梯形导流槽能较好地降低坝体侵蚀速度。进而,开展了野外大尺度模型堰塞坝溃决试验,弥补了小尺度试验的不足,提出了一种新的溃坝模型。在溃坝试验研究的基础上,结合理论方法,改进了坝趾溃决峰值流量及流量过程的计算模型,表明溃决洪水受溃口形状尤其溃口深度的影响较大。最后结合实际堰塞坝泄流槽的现场监测数据,进一步分析泄流槽三维形态的演变过程,并拟合分析了侵蚀强度与下泄水流速度的量化关系。

第 5 章　堰塞坝冲刷溃决模型与预测

5.1　概　　述

随着计算机科学的发展，运用数值模拟技术研究堰塞坝溃决逐渐成为了一种非常重要的手段，常见的溃决模型可分为参数模型、经验模型与物理模型。其中参数模型是基于大量历史统计资料而建立的一些经验关系，可通过堰塞坝的基础参数快速计算出洪峰流量、最终溃口深度、洪峰到达时间等溃决关键参数，具有方便、快捷、实用性强等优点，但其缺点是预测准确性不足，受基础数据库影响较大，并且无法反演堰塞坝的溃决过程等。经验模型是根据已知的最终溃口形态与溃决持续时间，假设溃口形态线性或非线性的变化，通过宽顶堰公式计算堰塞坝的溃决流量过程。相比于统计模型，经验模型虽然能够得到堰塞坝的溃口形态与流量的变化过程，但是无法揭示堰塞坝溃口演化机理。

物理模型又在长期的发展过程中演化出了两种类型：简化物理模型和全物理模型。简化物理模型是基于堰塞坝溃决机理的研究发展而来的，通过对水流条件、侵蚀特征等物理过程的简化，在总结的溃决机理基础上，迭代计算每一个时间步的溃口侵蚀、溃决流量、溃口演化、边坡稳定性等关键溃决参数，从而反演得到堰塞坝的溃决过程。其优点是计算效率高，能准确反演溃口形态与溃决流量的变化；其缺点是部分水流过程与溃口形态被过度理想化的假设，导致其物理过程的准确性有一定缺失。全物理模型通过求解纳维-斯托克斯（Navier-Stokes）方程计算水流情况与侵蚀过程，一定程度上假设溃口的边坡稳定性问题，从而迭代计算求解。此方法能较为全面地反映水流漫顶与坝体侵蚀等物理过程，得到精确的堰塞坝溃决过程。但是受到其计算难度的限制，往往需要在网格精度与计算效率之间做出取舍，此方法具有较好的发展前景，同时也面临着巨大挑战。

本章着重介绍简化物理模型、全物理模型这两种溃决模拟方法的原理、技术与应用。

5.2　简化物理模型

预测堰塞坝溃坝产生的溃决洪水对防灾减灾工作具有重要意义，尤其是基于物理的简化模拟方法，因其简便、快捷、实用，目前受到大量研究者的关注（Chang and Zhang，2010；Chen et al.，2015；Wang et al.，2015；Zhong et al.，2018；Zhong et al.，2020a）。简化物理模型是基于堰塞坝的溃决机理而开发的。模型根据实验分析和现场观测的结果，总结简化了溃坝过程中的水流状况、侵蚀特征、边坡稳定性等物理过程，并利用算法重构堰塞坝的溃坝过程（Fan 等，2021）。表 5.1 总结了近年来提出的一些简化物理模型的主要特征。总的来说，现有模型在很多方面已经达成科学共识，如水流条件的假设和材料侵蚀模型（Zhong et al.，2021）。但是，在纵向和横向的演化机理中，仍然存在很多分歧

（Zhou et al.，2019a）。在纵向演化方面，Chang 和 Zhang（2010）认为下游坡角先增大，达到阈值后保持不变；Zhong 等（2020a）认为堰塞坝的下游坡角随着侵蚀的发展不断减小。此外，对于溃口的横向演化，这些模型认为溃口在横向坡角不变的情况下不断增加（Zhong et al.，2021）。虽然在一些研究中考虑了边坡稳定性，但仍不能反映溃口连续横向侵蚀到间歇性边坡失稳的动态过程。上述分歧是由于各研究对堰塞坝的破坏机理的理解不同造成的。因此，在大尺度堰塞坝溃决实验的基础上，通过对堰塞坝的溃决机理进行了深入分析，提出了一种新的溃决洪水预测的模拟方法。

表 5.1　近年来提出的简化物理模型的主要特征

模型	流量计算	土壤侵蚀	横断面形状	溃口形态演化	
				横断面	纵断面
DABA（Chang and Zhang，2010；Zhang et al.，2019；Chen et al.，2020）	宽顶堰公式	侵蚀速率方程，土壤易蚀性随深度的变化	倒梯形	边坡坡度先增大，到达最值后保持不变	下游坝坡坡度先增大，到最值后不变
DB-IWHR（Chen et al.，2015；Wang et al.，2016）	宽顶堰公式	侵蚀速率方程	倒梯形或者侧边为曲线的倒梯形	每个时间步计算边坡的最不利滑动面	下游坝坡坡度先增大，到最值后不变
Zhong 等（2020a）	宽顶堰公式	侵蚀速率方程	倒梯形	边坡坡度不变，除非安全系数小于 1 会发生失稳	下游坡度持续减小

本小节基于四川省绵竹市花石沟天然河道进行的大尺度堰塞坝溃决现场试验，通过对堰塞坝溃决过程中侵蚀机理的分析，研究溃决过程中溃口几何形态的演变过程。基于归纳总结的决口演化机理，建立了能准确模拟决口形态演化和溃决洪水过程的简化物理模型，可为溃口洪水的模拟提供参考借鉴。

5.2.1　堰塞坝溃决机理

5.2.1.1　溃口纵向演化机理

漫顶水流的侵蚀是堰塞坝形态变化的主要驱动力。水流的主要侵蚀模式是渐进式表面侵蚀（Zhang et al.，2021；Zhong et al.，2021）。根据不同的侵蚀特征，可将溃坝过程简单地分为两个阶段：溯源侵蚀和整体侵蚀，两个阶段的分界点是溯源侵蚀是否到达上游。在这部分的阶段划分是出于计算的简化考虑，相比前一部分的研究内容，是将第二阶段和第三阶段进行了合并。

在溯源侵蚀阶段，初始侵蚀发生在坝顶下游（A 点），侵蚀点从坝顶下游（A 点）逐渐向上游（B 点）移动［图 5.1（a）］。该结果与现场调查和水槽实验的结果一致（Zhong et al.，2018；Zhou et al.，2019b）。根据不同水沙相互作用的特点，可将溃口沿流向分为三个区域：缓慢侵蚀区、快速侵蚀区和沉积区，分界点为侵蚀点和旋转点（Zhang et al.，2021）。如图 5.1（a）所示，快速侵蚀区的颗粒物料被溢出的水流冲走。大颗粒物料被移动到坝趾，然后因为水动力减弱而停止移动，形成沉积区。只有部分细粒物质被水流带走，导致水流非常浑浊。被水流带走的颗粒物质的比例也随着流速的增加而增加。在快速侵蚀区，侵蚀率沿水流方向呈递减的趋势。随着溯源侵蚀的进一步发展，下游坝坡坡度逐渐减小，下游坝坡围绕旋转点呈现逆时针旋转运动［图 5.1（c）］。当侵蚀点移至坝顶上游，步入下一个侵蚀阶段时，标志着溯源侵蚀的结束。

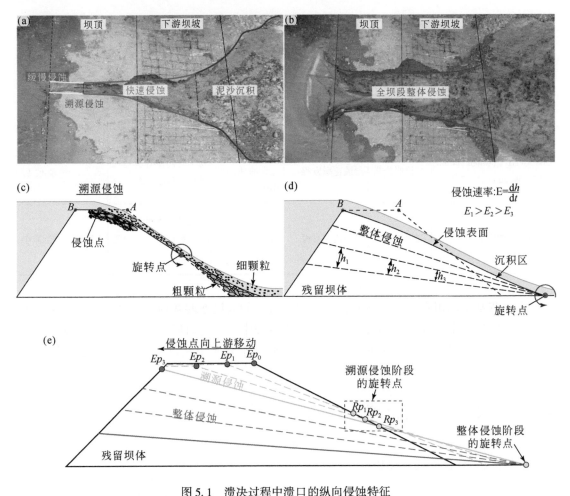

图 5.1　溃决过程中溃口的纵向侵蚀特征

（a）溯源侵蚀阶段俯视图；（b）整体侵蚀阶段俯视图；（c）溯源侵蚀的简图；（d）整体侵蚀的简图；
（e）提出的纵向演变模型

在整体侵蚀阶段，坝顶被完全侵蚀，溃口被整体贯穿。溢流迅速切入大坝，扩大了溃口，由于溃口形状的快速增大，溃口流量迅速增加［图 5.1（b）］。此时，强大的水动力使所有的颗粒状物质被冲到下游，不再沉积于坝趾。然而，之前在坝脚和下游坡面的粗粒沉积区可以提供侵蚀保护，导致侵蚀率沿水流方向的不断下降［图 5.1（d）］。在侵蚀作用下，下游坝坡沿旋转点呈现旋转运动，旋转点位于沉积区的末端。随后，大量的水从堰塞湖中释放出来，导致水位迅速降低。当水位接近溃口底高程时，溃决过程结束。根据堰塞坝的漫顶溃决过程，可以得到纵向演化模型［图 5.1（e）］。

5.2.1.2 溃口横向拓宽机理

堰塞坝溃口横向拓展的主要模式由两部分组成：由溢流引起的水土界面侵蚀和边坡稳定性下降导致的边坡垮塌，呈现出侵蚀到间歇性边坡失稳的动态过程［图 5.2（a）~（c）］。溃口被水流横向和纵向侵蚀，侵蚀将导致溃口深度和溃口边坡角度的增加［图 5.3（a）］，这将导致斜坡的稳定性下降。最终，由于裂隙的发展和稳定性的丧失，边坡将发生平面破坏［图 5.3（b）］。溃口底部宽度的变化由水流侵蚀驱动，是一个持续增加的过程，而溃口顶部宽度的变化主要受斜坡间歇性垮塌的影响，呈现阶梯式的增长。溃口边坡跛脚的变化是连续增加的，同时伴随着因坡面破坏而产生的间歇性突然下降。

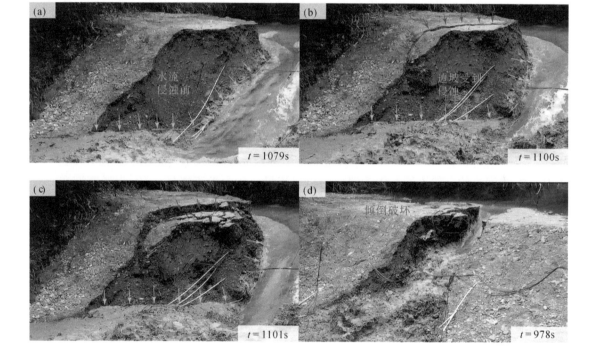

图 5.2 溃口横向拓展的过程

（a）~（c）连续的侵蚀造成的溃口边坡间歇性失稳的动态过程；（d）由侵蚀引起的边坡倾倒破坏

边坡失稳有两种模式：平面破坏和倾倒破坏［图 5.2（c）和（d）］，这主要与边坡的形态和坝体材料的力学性能有关（Zhong 等，2021）。在整体侵蚀阶段的初期，边坡破坏的模式为倾倒破坏［图 5.3（c）］。坝体材料的黏聚力和基质吸力将保持溃口两侧边坡的垂直。然而，由于破口深度的增加，侧边坡的平面破坏的驱动力最终会超过抵抗力。此后，边坡破坏的模式将从倾倒破坏转变为平面破坏。

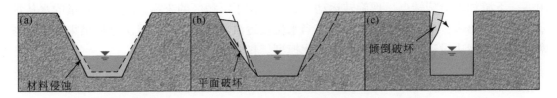

图 5.3　三种类型的溃口侧向拓展

（a）侵蚀引起的溃口横向扩大；（b）平面剪切破坏引起的溃口扩大；（c）倾倒破坏引起的横向扩大

5.2.2　堰塞坝溃决模拟方法

本小节提出了一种基于堰塞坝的溃决机理的简化物理模型来模拟溃坝的流量过程和溃口形态演变。该模型考虑了溢流水力学、土壤侵蚀特性、边坡稳定分析、泥沙动力学等物理过程，结合滑坡溃坝的机理，可以实现对滑坡溃决过程的快速预测。

5.2.2.1　水动力模块

单位时间内的库区内蓄积水量的变化与自然流量、决口流量和渗流流量有关。因此，根据水量平衡原理，结合堰塞湖的水位库容关系，可以通过以下方法得到堰塞湖的水位变化：

$$A_s \frac{\mathrm{d}Z_w}{\mathrm{d}t} = Q_{in} - Q_b - Q_s \tag{5.1}$$

式中，Q_{in} 为河流的自然流量；Q_b 为溃口的出口流量；Q_s 为渗流流量；$\mathrm{d}Z_w$ 为堰塞湖在一个时间步长 $\mathrm{d}t$ 内的水位变化；A_s 为堰塞湖水面面积，可由水面面积与高程的关系得到。此外，堰塞坝溃决时的过流通道通常具有较长的长度和较小的坡度，满足宽顶堰流计算公式的使用条件。因此，通过梯形溃口的溃决流量可以根据宽顶堰方程来计算（Singh and Scarlatos，1988；Chang and Zhang，2010；Chen et al.，2020）。

$$Q_b = 1.7(W_b + H_w \cot\alpha) H s_w^{1.5} \tag{5.2}$$

式中，W_b 为溃口的底宽，是堰塞湖的水位（Z_w）与溃口底的高程（Z_c）之差；α 为溃口边坡的坡角。假设溃口处的水流是均匀流，下游坡面的水深可由曼宁公式［式（5.3）］计算得出：

$$Q_b = \frac{A^{5/3} J^{1/2}}{n \chi^{2/3}} \tag{5.3}$$

式中，n 为曼宁粗糙度系数，可由坝体材料的中值粒径 d_{50} 估算，即 $n = d_{50}^{1/6}/A_n$；A_n 为经验系数，根据 Wu（2007）的建议，对于野外实验的条件，A_n 取值为 12；A 为水流面积；χ 为湿周；J 为水力坡度或能量坡度，等于均匀流假设中溃口通道的坡度（S_d）。该公式可以根据牛顿迭代公式计算，得到下游坝坡的水深 h（Zhong et al.，2018）。

5.2.2.2　材料侵蚀模块

材料侵蚀是控制堰塞坝溃坝过程的一个重要因素。Hanson 和 Simon（2001）根据现场喷射指数实验，发现材料的侵蚀速率与水流的剪应力之间存在线性关系。至此，该理论被广泛地应用于各种研究中，一个简化的线性方程被采用来估算水流对堰塞体材料的侵蚀速率（Hanson and Simon，2001；Chang and Zhang，2010；Zhong et al.，2018；Chen et al.，2020；Zhu et al.，2021）：

$$E = \frac{\mathrm{d}z}{\mathrm{d}t} = K_\mathrm{d}(\tau - \tau_\mathrm{c}) \tag{5.4}$$

式中，$\mathrm{d}z$ 为单位时间内溃口底高积变化 K_d 为可侵蚀性系数；τ 为水对床面的剪应力；τ_c 为临界剪应力。水流对床面剪应力（τ）可以根据曼宁方程和均匀流动的假设来确定：

$$\tau = \rho_\mathrm{w} g R_\mathrm{h} J \tag{5.5}$$

式中，ρ_w 为水的密度；g 为重力加速度；R_h 为水力半径，m。可蚀性系数和临界剪应力可根据以下现场试验或经验公式进行估算（Annandale，2006；Chang et al.，2011）：

$$K_\mathrm{d} = 20078 \mathrm{e}^{4.77} C_\mathrm{u}^{-0.76} \tag{5.6}$$

$$\tau_\mathrm{c} = \frac{2}{3} g d_{50}(\rho_\mathrm{s} - \rho_\mathrm{w}) \tan\varphi \tag{5.7}$$

式中，e 为孔隙比；C_u 为土壤材料的不均匀系数，$C_\mathrm{u} = d_{60}/d_{10}$；$\rho_\mathrm{s}$ 为土壤材料的密度；φ 为内摩擦角。

5.2.2.3　下游泥沙沉积模块

在溯源侵蚀阶段，由于水动力较弱，沉积区内粗颗粒物质将停止移动，细质物质被水流带往下游（Zhang et al.，2021）。预测颗粒物质的临界启动条件对解决沉积区内颗粒是否保持稳定具有重要意义。颗粒常规的运动形式有三种：滚动、跳跃和悬浮。其中滚动是颗粒最容易发生的运动，因此可选用是否发生滚动作为判断颗粒能否产生初始运动的标准（Dey and Ali，2017）。

几项研究表明，临界启动准则是指颗粒与床层之间的一个接触点的时刻变得不稳定（Baker，1980；Wiberg and Smith，1987；Yang，1996；Marsh et al.，2004）。采用一个由 Baker 等（1980）提出的简化旋转模型预测泥沙颗粒的启动。模型假设一个简单的线性流场在颗粒上部。假设的标准粒子构型如图 5.4 所示。对于给定的颗粒大小和密度，颗粒的起动取决于作用于颗粒上的拖曳力（F_D）、升力（F_L）、和重力（W）。三种力的计算公式如下：

$$\begin{cases} F_\mathrm{D} = C_\mathrm{D} \dfrac{\pi d^2 \rho_\mathrm{w} v_\mathrm{c}^2}{4 \quad 2} \\[2mm] F_\mathrm{L} = C_\mathrm{L} \dfrac{\pi d^2 \rho_\mathrm{w} v_\mathrm{c}^2}{4 \quad 2} \\[2mm] W = (\rho_\mathrm{s} - \rho_\mathrm{w}) g \dfrac{\pi d^3}{6} \end{cases} \tag{5.8}$$

式中，v_c 为泥沙颗粒起动流速，可根据曼宁公式计算得到泄流槽的流速；d 为颗粒直径；C_L 为升力系数，由 Wiberg 和 Smith（1987）建议取值为 0.2；C_D 为阻力系数，取 0.4。根据图 5.4 中粒子所受的力，式（5.8）的联合解可以表示为（Marsh et al.，2004）：

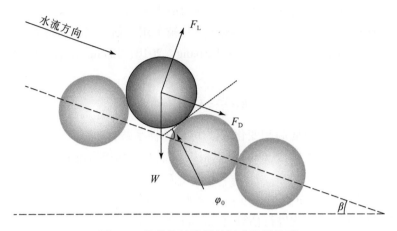

图 5.4　简单旋转模拟的标准粒子构型

$$v_c^2 = \frac{4}{3} \frac{\sin(\varphi_0 - \beta)(\rho_s - \rho_w)gd}{\rho_w(C_L\sin\varphi_0 + C_D\cos\varphi_0)} \quad (5.9)$$

式中，φ_0 为颗粒堆叠角度；β 为下游坡角。Wiberg 和 Smith（1987）认为 φ_0 取值为 60°时，结果最适合 Shields 曲线，所以我们将 $\varphi_0 = 60°$用于简化旋转模型中。下游坝坡临界起动运动的粒径可由式（5.9）推导而得，大于该粒径的颗粒不会在沉积区内起动。随后，根据坝体颗粒的粒径分布，得到滞留在沉积区域的颗粒占颗粒总质量（R_s）的比例：

$$R_s = 1 - f(d) \quad (5.10)$$

式中，R_s 为沉积颗粒与侵蚀质量的质量比，取值为 0～1。由于两个部分颗粒材料的密度近似相等，R_s 也可以看作体积比，即几何尺寸比的平方。

5.2.2.4　堰塞坝纵向演化模型

在纵向演化模型中，下游坝坡的侵蚀率沿水流方向递减，这一现象与许多研究中发现的规律一致（Zhong et al., 2018；Zhou et al., 2019c；Zhang et al., 2021）。在溯源侵蚀阶段，由于水动力减弱，一部分颗粒物料沉积在坝脚，形成了沉积区［图 5.5（a）］。在整体侵蚀阶段，由于溃决流量大，水动力强劲，大坝整体都受到水流侵蚀［图 5.5（b）］。

因此，根据纵向演化模型，可以得出每个时间步长的侵蚀导致的下游大坝坡度角的变化（$d\beta$）：

$$d\beta = \arctan\left[\frac{E_d dt(1 + R_s^{0.5})}{L_{si}}\right] \quad (5.11)$$

式中，E_d 为下游坡面的侵蚀率；L_{si} 为下游坡面的长度。在此方程中，R_s 在侵蚀阶段根据下游泥沙沉积模块计算而得，而在整体侵蚀阶段，考虑到强大的水动力，取为 $R_s = 0$。

然后，根据以下几何关系可以计算出坝顶长度的变化（dL_c）：

$$dL_c = \frac{E_d dt}{\tan\beta_{i+1}} - E_u dt\left(\frac{1}{\tan\beta'} + \frac{1}{\tan\beta_{i+1}}\right) \quad (5.12)$$

式中，L_c 为坝顶长度；β_i 和 β_{i+1} 为不同时间点的坡面角度；E_u 为坝顶的侵蚀速率；β' 为上

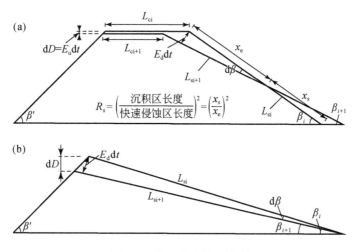

$$R_s = \left(\frac{沉积区长度}{快速侵蚀区长度}\right)^2 = \left(\frac{x_s}{x_e}\right)^2$$

图 5.5　溃口纵向演化模型

游坝坡坡角。坝顶长度用于确定第一阶段的溯源侵蚀是否已经结束。当 L_c 小于或等于 0 时，溃口进入第二阶段，之后就不再计算 L_c 的值。此外，溃口深度的变化（dD）可以根据以下几何关系来计算：

$$dD = \begin{cases} E_u dt & (L_c > 0) \\ E_d dt A_d & (L_c = 0) \end{cases} \tag{5.13}$$

式中，A_d 为将侵蚀深度转化为溃口深度变化的系数，$A_d = \sin\beta'\left[\sin(\beta' + \beta_i) + \dfrac{\cos(\beta' + \beta_i)}{\tan(\beta' + \beta_{i+1})}\right]$。此外，下一时间步下游坝坡的长度（$L_{si+1}$）可由式（5.14）确定：

$$L_{si+1} = \frac{L_{si}\sin\beta_i - dD}{\sin\beta_{i+1}} \tag{5.14}$$

5.2.2.5　溃口侧向拓展

堰塞坝溃口主要的侧向扩大模式由两部分组成：材料侵蚀导致的扩大和边坡失稳崩塌诱发的扩大。在计算出侵蚀引起的溃口形态变化后，再通过边坡稳定性分析来确定是否会发生剪切破坏（图 5.6）。此外，当侧坡出现反向坡度时，可以考虑发生倾倒破坏。

1. 侵蚀引发的溃口拓展

漫顶水流对水土界面的侵蚀既发生在横向，也发生在纵向，导致溃口深度更深和边坡坡脚更大。目前，很少有研究对横向和纵向侵蚀之间的关系进行量化。为了计算侧向坡度的侵蚀，引入了侧向侵蚀率和垂直侵蚀率相等的假设。根据泥沙侵蚀模块内的方法，可以计算出由于侵蚀引起的溃口深度的变化。侵蚀引起的侧向扩大可以根据以下几何关系来计算：

$$dW_b = 2dD\left(\frac{1}{\sin\alpha_i} - \frac{1}{\tan\alpha_i}\right) \tag{5.15}$$

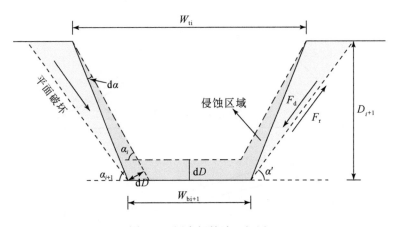

图5.6　堰塞坝的溃口拓展

式中，W_b 为溃口的底部宽度；α_i 为溃口侧坡坡角。溃口侧坡坡角的变化可按式（5.16）计算：

$$\sin(\mathrm{d}\alpha) = \frac{\mathrm{d}D}{\left[D_{i+1}^2 + \left(\dfrac{W_{ti} - W_{bi+1}}{2}\right)^2\right]^{0.5}}\qquad(5.16)$$

式中，$\mathrm{d}\alpha$ 为一个时间步长内的侧坡角度的变化；W_t 为溃口顶部宽度。

2. 边坡失稳崩塌导致溃口扩大

侵蚀引起的溃口加深和侧坡变陡将削弱侧坡的稳定性，最终导致稳定性下降并发生剪切破坏。这个模型使用平面失稳机制来计算侧边边坡的稳定性（Osman and Thorne，1988）。此外，稳定性分析假定滑动面与坡脚相交，坍塌的坡面可以瞬间被水流冲走（Wu，2013）。因此，坡面稳定性方程由以下内容给出（图5.6）：

$$F_s = \frac{F_r}{F_d} = \frac{cD \cdot \dfrac{1}{\sin\alpha'} + \dfrac{1}{2}\rho_s g D^2 \cdot \left(\dfrac{1}{\tan\alpha'} - \dfrac{1}{\tan\alpha}\right) \cdot \cos\alpha' \cdot \tan\varphi}{\dfrac{1}{2}\rho_s g D^2 \cdot \left(\dfrac{1}{\tan\alpha'} - \dfrac{1}{\tan\alpha}\right) \cdot \sin\alpha'}\qquad(5.17)$$

式中，F_s 为安全系数；F_r 为包括摩擦力和黏聚力在内的阻力；F_d 是边坡失稳的驱动力；c 为土壤的内聚力；φ 为材料内摩擦角；α' 为滑动面的角度。

为了确定溃口侧边边坡滑动面的角度，需要进行简单的搜索滑动面计算（Takayama et al.，2021）。因此，边坡稳定性分析的步骤如下：①滑动面的角度为 $0 \sim \alpha$，通过式（5.17）计算每个角度滑动面的安全系数（F_s）；②确定最小安全系数和相应的滑动面角度；③当最小安全系数大于等于1 ［Min（F_s）≥1］ 时，表明该边坡是稳定的，至此边坡稳定性分析结束，相反，当最小安全系数小于1 ［Min（F_s）<1］ 时，表明该斜坡沿相应的滑动面有剪切破坏；④如果发生剪切破坏，将导致溃口顶部宽度增大，侧向边坡的坡度角将变为滑动面的坡度角。平面破坏引起的溃口放大可按式（5.18）计算：

$$W_{ti+1} = \frac{2D_{i+1}}{\tan\alpha'} + W_{bi+1}\qquad(5.18)$$

式中，W_{ti+1} 为边坡破坏后的溃口顶宽；α' 为滑动坡度角。发生边坡失稳后，边坡坡度角（α_{i+1}）变为滑动面坡角（α'），$\alpha_{i+1} = \alpha'$。

此外，当坡度角大于 90° 时不发生平面破坏，将发生倾倒破坏（Zhong et al., 2021）。因此，在模型中，假设当坡度角大于 90° 时发生倾倒破坏（$\alpha_{i+1} > 90°$），坡度角变回 90°，倾倒破坏引起的溃口拓宽可根据式（5.19）计算：

$$W_{ti+1} = W_{bi+1} \tag{5.19}$$

5.2.2.6　计算流程

基于这五个模块，包括水动力学模块、土壤侵蚀模块、下游沉降模块、纵向演化模型和横向扩大模型，采用时间步长迭代算法对堰塞坝溃决过程进行了模拟。通过图 5.7 所示的数值模拟方法计算流程图，可以得到每个时间步的关键溃坝相关参数，包括流量、水位、溃坝深度、溃坝宽度、侧向坡度角等。

5.2.3　数值模拟方法验证

在这次大规模的滑坡大坝溃坝实验中，我们测量了详细的数据，包括溃坝形状的变化、迎头侵蚀的过程、溃坝排水量和水位的变化。这些丰富的监测数据可以用来验证模拟结果，以评价所提出的模型的性能。实验部分的详细内容可参考 4.3 节。输入参数包括：计算设置、堰塞坝的基础信息、水文参数、纵向几何参数、初始溃口形态和土壤力学参数。在计算设置中，总持续时间被设置为 0.5h，与实际的溃决时间一致。根据大规模现场实验的收敛分析，时间步长被设置为 1s。此外，坝底高程设置为 0.0m，坝顶高程为 2.5m，初始水位设置为 2.3m，入库流量为 0.25m³/s。最大渗流为 0.15m³/s，与水库水位呈线性正相关。实验说明中描述了几何参数，包括纵向几何参数和初始突破形态，输入参数列于表 5.2 中。此外，水面面积和高程之间的关系是通过地面激光扫描生成的数字高程模型测量的［图 5.8 (a)］。在现场测量的颗粒大小分布被用于沉降模块的计算［图 5.8 (b)］。

5.2.3.1　数值模拟结果

模拟结果与实验中的测量数据直接比较，以验证所提出的模型的准确性。图 5.9 (a) 显示了计算和测量数据的比较，包括堰塞坝溃决时的水位和流量曲线。此外，为了得到对提出模型准确性更直观的影响，图 5.9 (b) 中的表格总结了相关的关键参数。对比实测和模拟的流量曲线可以看出，提出的模型准确地模拟了堰塞坝的溃决过程。峰值流量和峰值到达时间的相对误差分别约为 0.84% 和 -1.52%。此外，模拟水位的变化与现场测量数据吻合得很好。

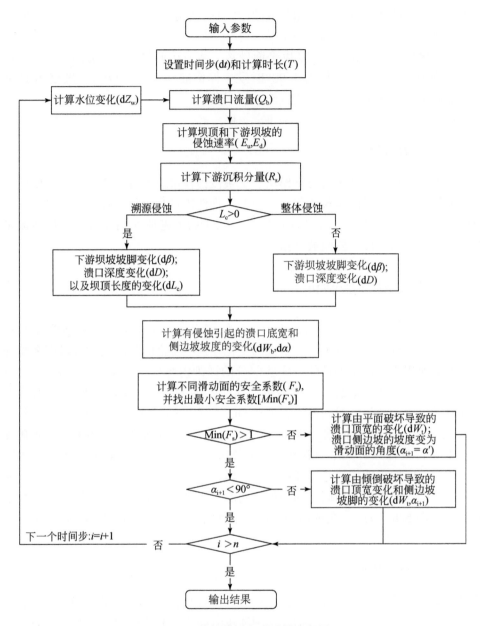

图 5.7   数值模拟方法计算流程图

表 5.2   野外试验的模拟参数

参数输入	具体内容	试验数值	表示符号
计算设置	总计算时间/s	0.5	T
	时间步长/s	1	dt
	时间步总数	1800	—

续表

参数输入	具体内容	试验数值	表示符号
堰塞坝基础信息	坝底高程/m	0	Z_b
	坝顶高程/m	2.5	Z_t
	坝高/m	2.5	H_d
水文参数	入库流量/(m³/s)	0.25	Q_{in}
	渗流量/(m³/s)	0.15	Q_s
	计算初始水位/m	2.3	Z_{wl}
堰塞坝纵向尺寸	初始坝顶长度/m	3	L_c
	上游坝坡坡脚/(°)	33.7	β'
	下游坝坡坡脚/(°)	33.7	β_1
初始溃口形态尺寸	形态	梯形	—
	初始溃口深/m	0.2	D_1
	初始溃口底宽/m	0.15	W_{b1}
	初始溃口边坡坡脚/(°)	32	α_1
坝体材料参数	中值粒径/m	0.0101	d_{50}
	孔隙率	0.8	e
	不均匀系数	32.9	C_u
	黏聚力/kPa	1.2	C
	内摩擦角/(°)	32	φ
	密度/(kg/m³)	1590	ρ_s

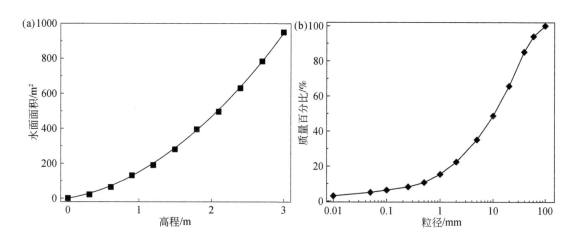

图 5.8　野外大尺度实验的模拟参数

（a）水面面积与高程关系；（b）粒径分布拟合曲线

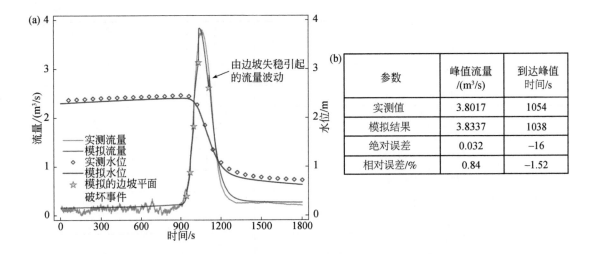

图 5.9　溃决流量与水位
（a）堰塞坝溃决过程中模拟和实测数据的比较（包括溃决流量与水位）；（b）模拟和实测的峰值流量
和峰值到达时间的比较

图 5.10 显示了模拟和实测溃口形态各个参数的变化，包括溃口深度、溃口顶部宽度、溃口底部宽度、坝顶长度和侧向坡度角。如图 5.10 所示，在溃坝过程的两个阶段之间有一条非常明显的分界线，即坝顶被完全侵蚀。在第一阶段，溃口顶部宽度没有变化，溃口深度和底部宽度在水的侵蚀作用下缓慢增加，侧向坡角也逐渐上升。到达第二阶段后，溃口形状开始迅速变化。溃口底宽和深度的变化与坝体材料的侵蚀率相对应，呈现出快速增加，然后逐渐减少的变化率，直至侵蚀衰减。同时，溃口顶部宽度的变化对应于溃决过程中溃口边坡的稳定状态。在第二阶段的开始，由于土壤材料的内聚力，倾倒破坏是主要的斜坡坝体失稳模式。因此，在这一阶段，坡面角度持续保持在 90°，由于连续的倾倒破坏，溃口的顶部宽度呈现持续增加。直到斜坡的最小安全系数小于 1 $[\mathrm{Min}(F_s)<1]$ 后，边坡的破坏模式从倾倒破坏变为平面破坏（图 5.11）。间歇性的平面破坏导致溃口顶部宽度偶尔突然增加，侧向坡度角不断上下波动。此外，边坡失稳崩塌事件还导致溃口流量的短期波动（图 5.11）。

图 5.12 显示了模拟的溃口形状的纵向和横向轮廓的变化。通过比较模拟结果和实验过程，可以看出模拟的溃口演化过程与现场实验结果有很好的一致性。在第一阶段，横剖面变化缓慢，纵剖面显示出堰塞坝的溯源侵蚀过程和坝趾沉降。随后，在第二阶段开始时，溃口侧边坡开始时呈近似垂直的形态，大坝被整体侵蚀。之后，由于间歇性的边坡失稳崩塌，溃口的宽度迅速增加。然后，侵蚀减弱，溃口的形态没有变化，溃决过程结束了。图 5.10（b）显示了最终溃口形态的模拟和测量数据的对比，溃口深度、底宽和顶宽的相对误差分别为 -0.49%、-2.09% 和 -11.65%。

根据模拟结果，模拟结果与实测数据吻合度很高，无论溃决流量过程、水位变化、溃口形状的变化等，预测精度都很高。因此，可证明提出的模型能够准确地模拟堰塞坝的漫顶溃决。

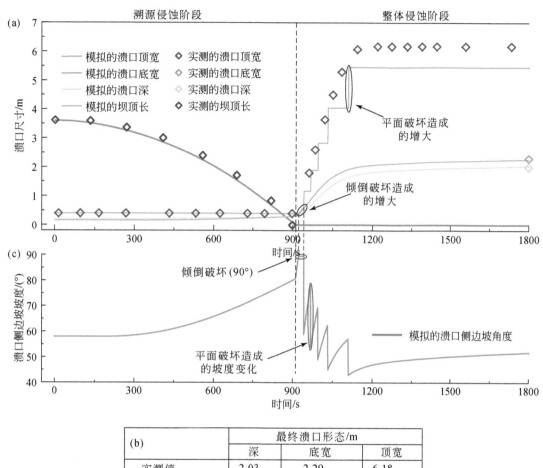

图 5.10　堰塞坝溃决过程中溃口形态的关键参数

（a）模拟和实测的溃口形态尺寸（包括溃口顶部宽度、溃口底部宽度、溃口深度和坝顶长度）；
（b）最终溃口形态的模拟结果与实测数据对比；（c）模拟的溃口侧边坡坡度角

5.2.3.2　敏感性分析

在模拟中，不同的参数对模拟结果有不同程度的影响。为了探讨每个参数对溃坝过程会产生什么样的影响，有必要进行敏感性分析。在本节将分为两部分来探讨参数的敏感性：一是通过比较溃决流量过程来探讨参数对溃坝过程的影响；二是通过比较溃坝横断面来探讨参数对溃坝扩大的影响。

一般来说，影响溃坝过程的参数有很多，其中最重要的是土壤的力学特性，包括可侵蚀系数（K_d）和临界剪应力（τ_c）。此外，从实际应急抢险的视角来看，初始溃口深度

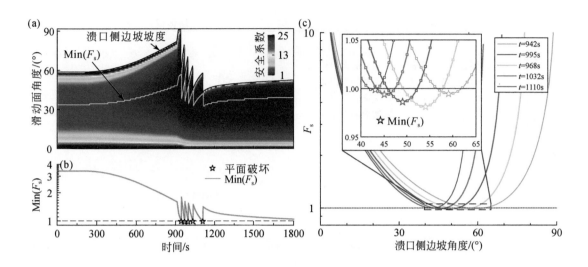

图 5.11　溃口边坡的稳定性分析

（a）计算溃决过程中各角度滑动面的安全系数，找出最小安全系数；（b）溃决过程中 Min（F_s）的变化；

（c）几次边坡崩塌失稳事件的安全系数

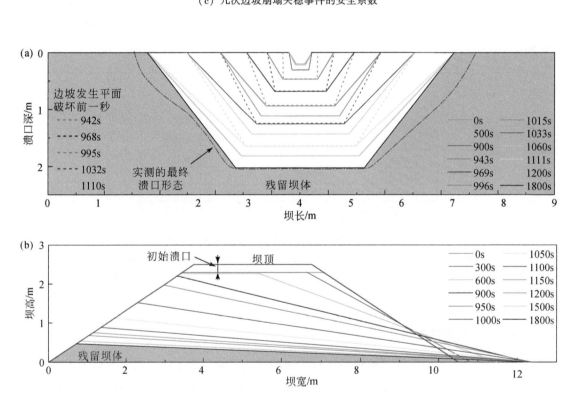

图 5.12　模拟的溃口过程中坝体剖面形态（不同的颜色代表不同时刻坝体剖面形态）

（a）纵向剖面；（b）横向剖面

（D_1）的意义也非常值得关注，入库流量（Q_{in}）也是影响溃坝的一个重要因素。因此，这一部分的参数敏感性分析主要是针对这四个参数。图 5.13（a）显示了 K_d 乘以 0.5、1 和 2 的系数后，侵蚀性系数变化对溃决流量的影响。可侵蚀性系数的变化明显改变了土壤侵蚀速率，较大的 K_d 会导致更高的峰值流量和更早的峰值到达时间。从图 5.13（b）可以看出，τ_c 的影响主要在于峰值流量的到达时间，而对峰值流量大小的影响较小。对于初始溃口深度，模拟中设置的初始溃口形态按等比例改变，模拟结果见图 5.13（c）。随着初始溃口深度的减小，峰值流量的到达时间将被推迟，但洪峰流量明显增大。最后，如图 5.13（d）所示，天然入库流量的变化也极大地影响了滑坡溃坝，更大的入库流量会导致更快的溃决过程，产生更大的峰值流量。

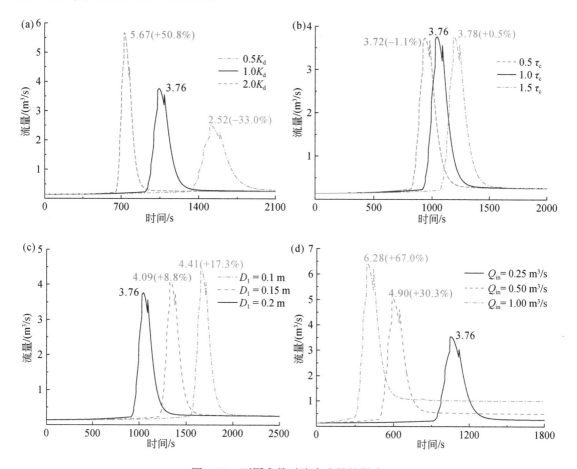

图 5.13　不同参数对溃决流量的影响

（a）不同的土壤侵蚀系数（K_d）；（b）不同的临界剪应力（τ_c）；（c）不同的初始溃口深度（D_1）（溃口的形状被等比例缩放，初始水位都被设定为 2.3m）；（d）不同的入库流量（Q_{in}）

除了水流的侵蚀速率，影响溃口拓展最重要的参数是土壤材料的力学参数。因此，通过设置不同的土壤力学参数，包括内摩擦角（φ）和黏聚力（C），以探讨它们对溃口形态变化过程的影响。如图 5.14（a）所示，当 $C=0$kPa 和 $\varphi=30°$时，斜坡的坡度将等于摩擦角，每一次侵蚀的时间步长都会导致斜坡的坍塌。溃口的顶部宽度显示出持续增大。当 C =3kPa 和 φ =34°时，由倾倒破坏主导的溃口增大将占据较大比例 [图5.14 (b)]。只有当溃口深度大于 1.2m 时，侧边边坡的破坏模式才会转变为平面剪切破坏。从图 5.14 (c)统计的最终溃口形态可以看出，随着土壤力学参数的增大，溃口的顶部宽度和深度都会减少，但会导致底部宽度的增加。其中，土壤力学参数的变化对顶宽和底宽的影响较大，而对溃口深度的影响则较小。

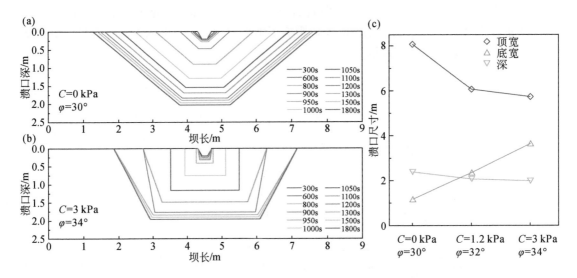

图 5.14　土壤参数对溃口形态的影响

（a）、（b）是不同土壤参数下溃决过程中的溃口形态；（c）不同土壤参数下最终溃口形态的对比

5.2.4　案例分析：“11·3”白格堰塞坝溃决

本节选择了位于金沙江上游的“11·3”白格滑坡坝溃坝作为案例研究，因为有足够的实测数据来验证所建模型 [图5.15 (a)]。“11·3”白格滑坡坝于 2018 年 11 月 3 日形成，11 月 9 日开始漫顶。溃决的洪水造成数万人流离失所，多条道路和桥梁被毁，经济损失严重。白格滑坡大坝的最低坝顶高度为 96m，沿河长度约为 1000m，总库容约为 $7.8×10^8 m^3$。值得注意的是，为了减少洪水的危害，应急人员在三天之内在坝顶开挖了一条平均深 13.5m 的泄流槽。该通道为倒梯形，底部宽度为 3m，顶部宽度为 38m [图5.15 (b)]。

根据现场调查，白格堰塞坝于 11 月 12 日 4 时 45 分开始漫顶，11 月 14 日 8 时溃决结束，溃口流量与入库流量相等。因此，在计算设置中，将总持续时间设置为 60h，并根据白格堰塞坝溃坝的收敛分析，将时间步长设置为 10s。此外，坝底高程设定为 2870m，坝顶高程为 2966m，溃坝期间的平均入流速度为 $800 m^3/s$。至于纵向的几何参数，坝顶长度为 270m，上游坡角为 20.3°，下游坡角为 10.3°。图 5.15 (c) 显示了水面面积和高程之间的关系，这是根据 Zhang 等（2019）的研究得出的。此外，图 5.15 (d) 所示的粒径分

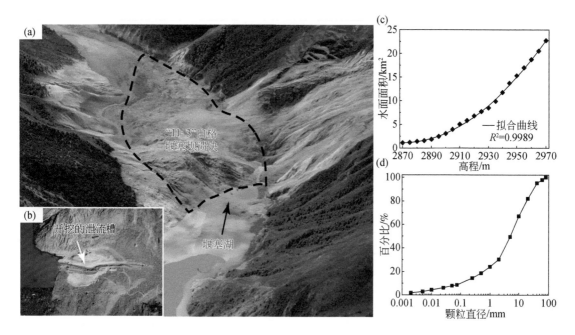

图 5.15　"11·3"白格滑坡坝及相关参数的概况

(a) 滑坡坝上游视图；(b) 开挖初始破口俯视图；(c) Zhang 等 (2019) 报道的水面面积与高程关系；
(d) 蔡耀军等 (2019) 报道的坝料颗粒级配

布是根据蔡耀军等 (2019) 的实地调查得到的。输入参数列于表 5.3。

表 5.3　白格堰塞坝溃决的模拟参数

参数输入	具体内容	模拟数值	表示符号
计算设置	总计算时间/s	60	T
	时间步长/s	10	dt
	时间步总数/n	21600	—
堰塞坝基础信息	坝底高程/m	2870	Z_b
	坝顶高程/m	2966	Z_t
	坝高/m	96	H_d
水文参数	入库流量/(m³/s)	800	Q_{in}
	渗流量/(m³/s)	0	Q_s
	计算初始水位/m	2952.5	Z_{w1}
堰塞坝纵向尺寸	初始坝顶长度/m	270	L_c
	上游坝坡坡脚/(°)	20.3	β'
	下游坝坡坡脚/(°)	10.3	β_1

参数输入	具体内容	模拟数值	表示符号
初始溃口形态尺寸	形态	梯形	—
	初始溃口深/m	13.5	D_1
	初始溃口底宽/m	3	W_{b1}
	初始溃口边坡坡脚/(°)	38	α_1
坝体材料参数	中值粒径/m	0.005	d_{50}
	孔隙率	0.62	e
	不均匀系数	80.9	C_u
	黏聚力/(kPa)	3	C
	内摩擦角/(°)	35	φ
	密度/(kg/m³)	1741	ρ_s

仿真结果如图 5.16～图 5.18 所示,包括溃决流量、库区水位、溃口尺寸和溃口形状的变化过程。为了验证模拟结果的准确性,Zhong 等(2020b)报告的现场测量数据也作为数据点与模拟结果进行了比较。图 5.16(a)说明了溃口流量和库区水位的演变。对比实测数据和模拟数据,可以发现,所提出的模型成功地模拟了流量和水位的变化过程。漫顶溃决开始于 11 月 12 日 4 时 45 分($t=0\mathrm{h}$),结束于 11 月 14 日 8 时($t=50\mathrm{h}$)。图 5.16(b)比较了溃决流量的关键参数,以便对模拟的准确性有一个直接印象。模拟的峰值排放流量为 31593m³/s,而测量的峰值流量为 31000m³/s,相对误差约为 1.91%。模拟的排洪高峰时间比实测的晚 0.29h,相对误差为－1.66%。模拟的溃口尺寸变化过程和测量最终

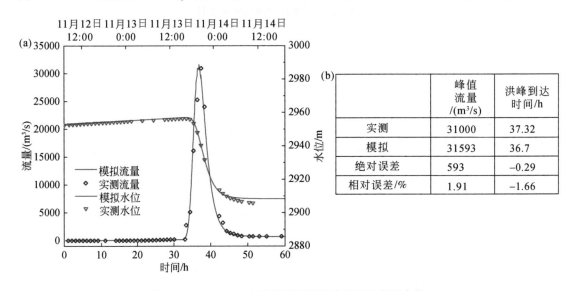

	峰值流量/(m³/s)	洪峰到达时间/h
实测	31000	37.32
模拟	31593	36.7
绝对误差	593	-0.29
相对误差/%	1.91	-1.66

图 5.16　"11·3"白格堰塞坝的溃决流量和库区水位

(a) 模拟和实测的水位和溃决流量;(b) 模拟和实测的峰值流量和到达峰值时间

破口尺寸见图 5.17（a）。模拟的最终破口尺寸，如深度、底宽和顶宽的相对误差分别为 -3.22%、6.59% 和 -5.89% ［图 5.17（b）］。图 5.18 说明了破口形态在横截面和纵截面上的变化过程。溃决的前 32.5h 是溯源侵蚀阶段，随着坝顶逐渐被侵蚀，溃口流量缓慢增长 ［图 5.18（a）］。在 $t=33$ 时，堰塞湖的水位达到最高的 2957.1m。随后，溃口的横断面开始迅速扩大和加深，最后停止变化 ［图 5.18（b）］。

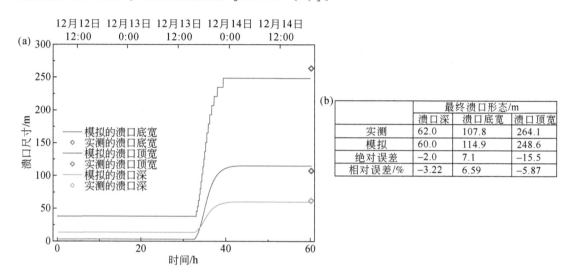

	最终溃口形态/m		
	溃口深	溃口底宽	溃口顶宽
实测	62.0	107.8	264.1
模拟	60.0	114.9	248.6
绝对误差	-2.0	7.1	-15.5
相对误差/%	-3.22	6.59	-5.87

图 5.17　"11·3"白格堰塞坝模拟和实测的溃口尺寸

（a）模拟和实测的溃口尺寸比较（包括顶宽、底宽和溃口深度）；（b）最终溃口尺寸比较

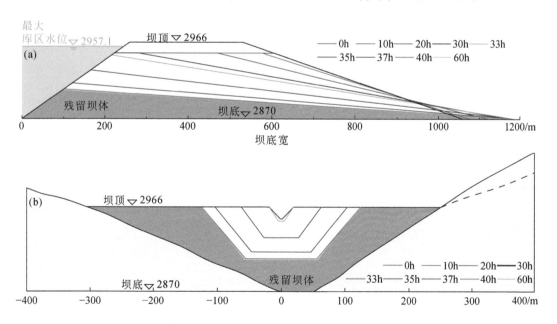

图 5.18　模拟的溃口剖面形态演化（不同颜色代表不同时间）

（a）纵向剖面；（b）横向剖面

5.2.5　模型总结

在对溃坝机理分析的基础上，提出了一种新的堰塞坝溃决模拟方法。该模型通过对水力模块、材料侵蚀模块、下游沉积模块、纵向演化模型、横向拓展模型等五个模块的初始参数设置和计算，模拟堰塞坝的溃决过程。该模拟方法成功地揭示了溃坝过程中的溯源侵蚀和坝趾沉降现象。此外，模拟的溃口形态与实际观测结果非常吻合，反映了边坡破坏模式从倾倒破坏到剪切平面破坏的变化。该模型不需要设置残留坝体高度，并且能够通过水流剪切力自然下降来预测最终的溃口深度。该模型成功地应用于大尺度野外实验和"11·3"白格堰塞坝的溃坝案例。预测的溃决流量、库区水位和溃口尺寸演变与实测数据比较吻合，表明所提出的方法的合理性和准确性令人满意。

敏感度分析结果表明：土壤侵蚀性系数对峰值流量和峰值到达时间都有重要影响，而临界剪应力对峰值流量的影响较小；同时，初始溃口深度对溃决过程也有较大影响，说明泄流槽的开挖对防灾减灾有重要作用；并且入库流量对溃坝过程也有很大影响，说明河流径流也是滑坡大坝溃坝风险评估中需要考虑的一个重要因素；此外，土壤力学参数对溃口形状的变化也有较大影响，对溃口的顶宽和底宽影响较大，对深度影响较小。

5.3　全物理数值模型

5.3.1　数值模拟方法

5.3.1.1　控制方程

1. 连续性方程

$$V_F \frac{\partial \rho}{\partial t} + \frac{\partial}{\partial x}(\rho u A_x) + \frac{\partial}{\partial y}(\rho v A_y) + \frac{\partial}{\partial z}(\rho w A_z) = 0 \tag{5.20}$$

式中，V_F 为 FAVOR™ 方法中流体的体积分数；ρ 为流体密度；(u, v, w) 为流体在坐标方向 (x, y, z) 上的速度分量；A_x、A_y、A_z 分别为流体在 x、y、z 方向的投影面积。

2. N-S 方程（动量方程）

$$\begin{cases} \dfrac{\partial u}{\partial t} + \dfrac{1}{V_F}\left(uA_x \dfrac{\partial u}{\partial x} + uA_y \dfrac{\partial u}{\partial y} + uA_z \dfrac{\partial u}{\partial z}\right) = -\dfrac{1}{\rho}\dfrac{\partial P}{\partial x} + G_x + f_x \\[2mm] \dfrac{\partial v}{\partial t} + \dfrac{1}{V_F}\left(uA_x \dfrac{\partial v}{\partial x} + uA_y \dfrac{\partial v}{\partial y} + uA_z \dfrac{\partial v}{\partial z}\right) = -\dfrac{1}{\rho}\dfrac{\partial P}{\partial y} + G_y + f_y \\[2mm] \dfrac{\partial w}{\partial t} + \dfrac{1}{V_F}\left(uA_x \dfrac{\partial w}{\partial x} + uA_y \dfrac{\partial w}{\partial y} + uA_z \dfrac{\partial w}{\partial z}\right) = -\dfrac{1}{\rho}\dfrac{\partial P}{\partial z} + G_z + f_z \end{cases} \tag{5.21}$$

式中，P 为作用在流体单元表面的压力；G_x、G_y、G_z 为流体的重力加速度；f_x、f_y、f_z 为黏滞加速度。

5.3.1.2　紊流模型

Flow-3D 的 RNGk-ε 模型能精细地模拟低强度紊流和具有强剪切应力区域的水流流动，在计算复杂地形的泥沙冲刷问题时具有良好的适用性，因此能较好地模拟溃坝水流的复杂流态。

$$\frac{\partial k_T}{\partial t}+\frac{1}{V_F}\left(uA_x\frac{\partial k_T}{\partial x}+vA_y\frac{\partial k_T}{\partial y}+wA_z\frac{\partial k_T}{\partial z}\right)=P_T+G_T+\mathrm{Diff}_{k_T}-\varepsilon_T \tag{5.22}$$

$$\frac{\partial\varepsilon_T}{\partial t}+\frac{1}{V_F}\left(uA_x\frac{\partial\varepsilon_T}{\partial x}+vA_y\frac{\partial\varepsilon_T}{\partial y}+wA_z\frac{\partial\varepsilon_T}{\partial z}\right)$$

$$=\frac{\mathrm{CDIS1}\cdot\varepsilon_T}{k_T}(P_T+\mathrm{CDIS3}\cdot G_T)+\mathrm{Diff}_\varepsilon-\mathrm{CDIS2}\frac{\varepsilon_T^2}{k_T} \tag{5.23}$$

式中，k_T 为紊动动能；P_T 为由于速度梯度引起的紊动动能产生项；G_T 为由于浮力引起的紊动动能产生项；ε_T 为紊动动能耗散率；$\mathrm{Diff}_\varepsilon$ 和 Diff_{k_T} 为扩散项，V_F 和 A_i 分别为 FAVOR™ 方法中的体积分数和面积分数；CDIS1、CDIS2、CDIS3 为无量纲数，CDIS1、CDIS3 分别为常量 1.42 和 0.2，CDIS2 由 k_T 和 P_T 计算得出。

5.3.1.3　冲刷模型

堰塞体逐渐开始过流，水流会不断冲蚀松散的堰塞堆积体，导致堰塞体发生溃决，堰塞体的溃决过程实质上是溃坝水流对堆积物颗粒的冲刷过程。采用 Flow-3D 的泥沙冲刷模型通过计算泥沙颗粒的起动、沉降以及推移质和悬移质的运输来描述泥沙运动，这一模型与堰塞坝溃决机理相适应，即每层堰塞体材料的冲蚀具体表现为该层泥沙颗粒运动情况。此算法对溃口发展过程不作任何限制，堰塞体是否冲刷完全取决于泥沙输移规律，以计算时间中止为最终冲刷结果，使模拟更加合理。

$$u_{\mathrm{lift},i}=\alpha_i n_s d_*^{0.3}(\theta_i-\theta'_{\mathrm{cr},i})^{1.5}\sqrt{\frac{\|g\|d_i(\rho_i-\rho_f)}{\rho_f}} \tag{5.24}$$

$$u_{\mathrm{settling},i}=\frac{v_f}{d_i}\left[(10.36^2+1.049d_*^3)^{0.5}-10.36\right]\frac{g}{\|g\|} \tag{5.25}$$

$$u_{\mathrm{bedload},i}=\frac{q_{\mathrm{b},i}}{\delta_i c_{\mathrm{b},i}f_{\mathrm{b}}} \tag{5.26}$$

$$u_{\mathrm{s},i}=\bar{u}+u_{\mathrm{settling},i}c_{\mathrm{s},i} \tag{5.27}$$

式中，$u_{\mathrm{lift},i}$ 和 $u_{\mathrm{settling},i}$ 分别为泥沙颗粒的挟带上升速度和沉降速度；$u_{\mathrm{bedload},i}$ 和 $u_{\mathrm{s},i}$ 分别为推移质和悬移质的输沙速度，各物理量的下标 i 表示泥沙颗粒的不同类别；α_i 为挟带系数；n_s 为堆积体表面的单位外法线向量；d_* 为无量纲的泥沙颗粒直径；θ_i 为无量纲的起动剪切应力；$\theta'_{\mathrm{cr},i}$ 为已修正的临界 Shields 数；d_i 为泥沙颗粒的中值粒径；ρ_i 为泥沙的颗粒密度；ρ_f 为流体的密度；v_f 为流体的运动黏度；g 为重力加速度；$q_{\mathrm{b},i}$ 为推移质的单宽河床体积输沙率；δ_i 为推移质厚度；$c_{\mathrm{b},i}$ 为第 i 种推移质的体积分数；f_{b} 为推移质的临界堆积分数；$\bar{u}$ 为水沙混合物的速度；$c_{\mathrm{s},i}$ 为悬移质的体积浓度。

5.3.2　白格堰塞湖溃决数值模拟

5.3.2.1　三维模型建立

数值模拟选取白格堰塞堆积体范围为研究对象，建模地形所用数据取自现场无人机勘测的 DEM 高程数据，白格堰塞湖河段 DEM 如图 5.19 所示。按实际地形 1∶1 比例建立研究区域的三维计算模型，如图 5.20 所示，三维计算模型长约 1170m，宽约 830m，高约 240m，深灰色区域为堰塞体，绿色区域为河道及两侧岸坡，研究区地形起伏变化大，堰塞体形状不规则。

图 5.19　白格堰塞湖河段 DEM

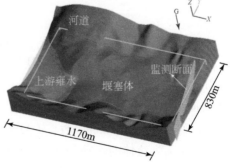

图 5.20　无人机图像与研究区计算模型

为了在不影响研究区范围的前提下提高计算效率，设置的计算域取包含堰塞体在内的长约 1070m、宽约 620m、高约 135m 的计算范围，计算范围略小于三维计算模型，如图 5.20 所示。

5.3.2.2　网格划分

合理地划分网格可以提高计算的精度和效率。若网格划分地太大，会导致计算模型几何描述不准确，从而影响计算结果；若网格划分得太细，会极大的增加计算迭代循环，甚至导致算不出来。FLOW-3D 特有的矩形网格划分技术极大地提高了网格划分的效率，既可以采用相连网格实现用极少的网格将几何体包围，也可以采用嵌套网格加强局部区域的运算。根据网格划分原则，单个单元网格的纵横比不宜大于 3∶1，相邻单元网格的长度比值不宜超过 2∶1，嵌套单元网格的长度比值宜取 1∶2 以尽可能减小插值误差，经过多次的尝试和调整，最终将计算区域内网格尺寸设置为 5m×5m×5m，在溃口局部区域进行网格加密，加密网格尺寸为 2.5m×2.5m×2.5m，计算网格总数约为 360 万个。网格划分如图 5.21 所示，一个大的网格 Block 嵌套 3 个相连网格 Block，所有网格块边界的网格线对齐。在该尺寸网格的划分下，FAVOR 后的计算模型具有较好的还原度，FAVOR 后的计算研究区域如图 5.21 所示。

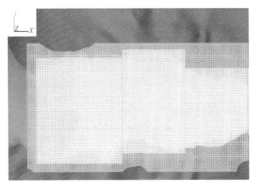 

图 5.21　网格划分与 FAVOR

5.3.2.3　边界条件设置

库容和上游来水量的大小对堰塞坝溃决过程至关重要，两者的共同作用最终表现在上游水位的变化上，因此可以说，影响溃决过程的直接因素是上游水位。本数值模拟通过精准地设置上游水位，已经反映到了来流量和库容两个要素。将入口边界设定为压力边界（specified pressure），压力边界可以设置边界，水位变化（fluid elevation）。其水位下降过程的设置参考现场数据，13 日 0∶45 上游水位达到最大值 2932.69m；02∶45 上游水位下降 0.88m；06∶30 水位累计下降 8.51m；08∶00 上游水位累计下降 12.26m；09∶00 水位累计下降 20m。出口边界设定为自由出流边界（outflow），使水流平顺地流出计算域。顶部边界设定为压力边界，壁面和底面边界均采用固壁边界（wall），嵌套网格块的六个面均采用对称边界（symmetry）。

5.3.2.4　模型参数设置

堰塞体物质组成直接影响了坝体的抗冲性和溃口发展过程，目前尚无"10·11"堆积物颗粒的详细资料，但由于"10·11"与"11·3"两次滑坡堰塞体堆积材料物质组成接近，本章参考"11·3"堰塞体颗粒级配曲线（图5.22）确定数值计算模型的相关参数。本章设定河道为不可冲刷的固体区域，堰塞堆积体为泥沙区域，设置10种粒径的泥沙颗粒，设置泥沙颗粒密度为1980kg/m³，临界Shields数为0.35，夹带系数为0.013，其他参数如表5.4所示。根据白格堰塞湖的现场报告，将堰塞体上游初始水位设为2932.69m。

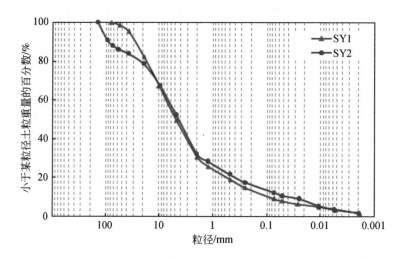

图5.22　"11·3"堰塞体颗粒级配曲线

表5.4　泥沙颗粒部分参数设置

颗粒粒径/mm	110	60	30	15	7.5	3.5	1.25	0.28	0.04	0.005
休止角/(°)	41	41	41	40.5	40.2	38.5	33.5	28.2	41	41
百分含量/%	6	4.5	10	12.5	16	20	10.5	10.5	4.5	5.5

5.3.3　白格溃坝模拟结果分析

5.3.3.1　溃决过程分析

此部分针对溃决发展阶段展开模拟计算，但仍为揭示堰塞坝的漫顶冲刷规律提供了参考。白格堰塞坝自然泄流漫顶冲刷是个非常复杂的过程，如图5.23所示。针对溃决发展阶段，根据地面高程变化率及过流量大小可以将其细分为溃决冲刷前、溃口快速拓展阶段、洪峰时刻、溃口稳定发展阶段四个时间段。图 5.23 中地面高程变化率指单位时间内河床高程的绝对变化，负值表示高程降低，反之表示高程增加，是一个定量表征洪水对河床冲刷效应的指标。从开始泄流到洪峰时刻，这一阶段的泥沙冲刷率较高，地形变化快，溃口快速拓展。洪峰过后，随着时间的推移，水位和流量逐渐降低，水流冲刷能力降低，溃口发展速度缓慢，地形逐渐趋于稳定。

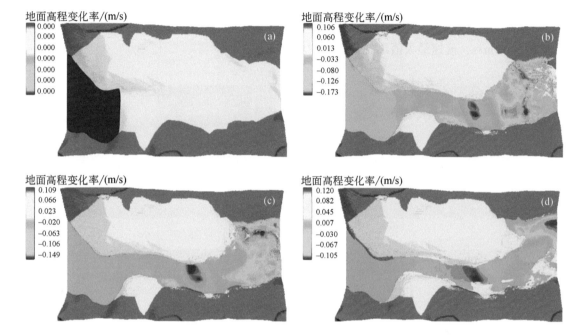

图 5.23　堰塞坝冲刷溃决过程中地形动态演进模拟结果
（a）溃决冲刷前；（b）溃口快速拓展阶段；（c）洪峰时刻；（d）溃口稳定发展阶段

5.3.3.2　溃决流量过程分析

在堰塞坝下游设置流量监测断面，监测断面与水流流向基本垂直，如图 5.20 所示。计算结果显示 10 月 13 日凌晨 5 时 10 分达到了洪峰流量 $9719\text{m}^3/\text{s}$，野外实测数据显示溃口在 10 月 13 日 6 时整达到了洪峰流量 $10000\text{m}^3/\text{s}$，模拟结果与现场数据相比洪峰提前了 50min，峰值流量相差较小，相对误差小于 3%，表明数值计算的可靠性和合理性。数值计算得到的溃决洪峰流量与实测结果对比如表 5.5 所示。

表 5.5　溃决峰值流量过程比较

时刻	5：00	5：10	5：30	6：00	6：30
模拟流量/（m^3/s）	9138	9719	8097	8161	7429
实测流量/（m^3/s）	8500	8750	9250	10000	9750

5.3.3.3　流速分布

图 5.24 为不同时期漫坝水流的流速分布图。如图 5.24 所示，在形成新的流道后流速一直保持在较高的水平，在流道末段流速最大，最大值约为 16m/s。因流速较快，水流冲刷能力较强，导致溃口不断下切。溃口快速拓展阶段流道内溃决洪水流速最大值与洪峰时刻流道内最大值接近。洪峰过后，流道被显著下切变窄，且流道坡降变小，与此同时，随着泄流过程的持续，堰塞坝上游水位大幅下降，流速呈逐渐减小趋势，在这一阶段流速最大值约为 13m/s，流速最大值出现在流道中段和末段。

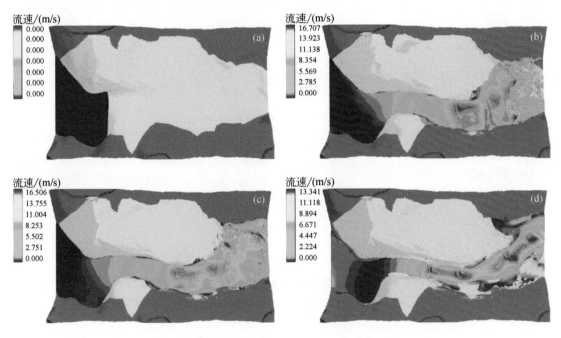

图 5.24　堰塞坝冲刷溃决过程水面流速动态演进模拟结果

（a）冲刷泄流前；（b）溃口快速拓展阶段；（c）洪峰时刻；（d）溃口稳定发展阶段

从图 5.24 可以看出，水流在进入流道前，流速为 0m/s，整个库区处于静压平衡状态；水流进入流道后，泄流槽进口水流在自重作用下流速呈现明显递增。在溃口快速拓展阶段和洪峰时刻，泄流槽中段流速分布不均匀，流速值相对较小，水流挟沙能力较弱。在泄流槽末段，泄流槽斜坡道的水流在自重作用下速度急剧增大，水流冲刷能力强，挟带着该区域的泥沙形成高含沙水流下泄，泄流槽不断被侵蚀下切，至溃口稳定发展阶段，泄流槽宽度显著降低。在泄流槽不断下切的过程中，泄流槽跌坎不断向上游移动，泄流槽的中段和末段泄流洪水流速均较快。

5.3.3.4　溃口断面历时变化

为了探究白格堰塞体溃决过程，截取了泄流槽的纵、横剖面，以进一步揭示漫顶水流的冲刷规律。选取的截面位置如图 5.25 所示，其中 A-A' 截面与泄流槽中心截面大致重合，

纵坐标为 $y=269\text{m}$；$B\text{-}B'$ 截面位于泄流槽斜坡道上，横坐标为 $x=709\text{m}$。

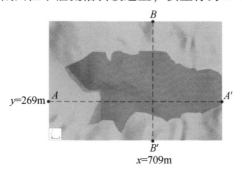

图 5.25　截面位置示意图

　　图 5.26 展示了堰塞体纵剖面（$A\text{-}A'$ 截面）不同时期的形态变化过程，如前文所述，堰塞坝整体范围内均有不同程度的冲刷，其中泄流槽斜坡道的冲刷现象最为显著。通过对比发现，白格堰塞湖溃决过程中出现了明显的溯源冲刷现象。漫顶水流对斜坡道冲蚀形成

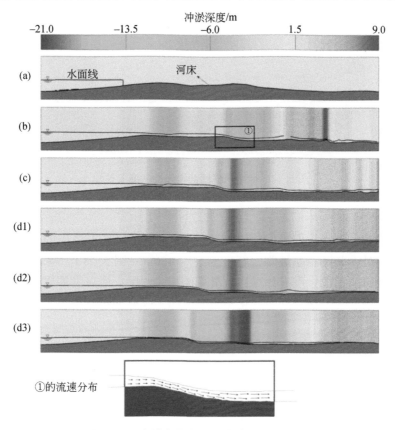

图 5.26　堰塞坝纵剖面河床冲淤演变过程

（a）冲刷泄流前；（b）溃口快速拓展阶段；（c）洪峰时刻；（d1）、（d2）、（d3）溃口稳定发展阶段

跌坎，水流流经跌坎处，一部分势能转化为动能，流速突然增大，水流挟沙力增大，导致跌坎处的溃决速度加快，泄流槽断面突增，泄流槽深度和宽度都较上游断面更大。跌坎上游，流态稳定，流速较小，冲刷强度低；跌坎下游，水流呈复杂的湍流形式，流速较大，水流对跌坎冲刷强烈，跌坎处砂石输移效率大，物质不断流失，在视觉上跌坎不断向上游区域推进。

图 5.27 展示了溃口横断面（B-B' 截面）不同时期的形态变化过程。在水流作用下，溃口处的冲刷深度不断增加。溃口快速拓展阶段的水位较高，流速较大，水流冲刷能力强，在溃口快速拓展阶段的末段，冲刷深度达 19.9m，溃口形态基本稳定，之后，溃口侧壁和底面呈均匀冲刷态势，流道发展缓慢。

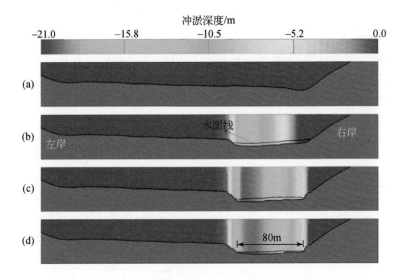

图 5.27　堰塞坝横断面河床冲淤演变过程
（a）冲刷泄流前；（b）溃口快速拓展阶段；（c）洪峰时刻；（d）溃口稳定发展阶段

白格堰塞湖现场调查数据显示，10 月 13 日堰塞体溃决后形成新的流道，新流道位于堰塞体右侧凹槽处，紧贴右岸坡脚，宽度为 80~120m（图 5.28）。模拟的流道位置和宽度与实际情况相符。模拟中没有计算边坡滑塌的相关程序，溃口发展以表面侵蚀、冲刷淘深为主，泥沙床面较为平整，横向变化不明显，而实际溃坝过程中，水流在卷起、挟带砂

图 5.28　白格堰塞体溃决后形成的新流道与侧壁坍塌现象

石向下游运动的同时不断掏蚀泄流槽坡脚，泄流槽侧壁出现坍塌，坍塌的土方又被水流冲走，泄流槽被拓宽。侧向侵蚀和侧壁坍塌是引起泄流槽横向拓宽的主要原因。

5.4　本 章 小 结

堰塞坝漫顶溃决是一种灾难性的地质灾害，快速预测溃坝流量和溃坝的侵蚀发展过程对防灾减灾工作非常重要。本章介绍了堰塞坝冲刷溃决模拟的三种模型。首先是介绍了基于经验模型的模拟方法。然后，基于大尺度堰塞坝溃决实验，通过对溃决演化过程与溃决机理的分析，提出了综合考虑堰塞坝溯源侵蚀与间歇性边坡失稳等物理过程的简化物理模型，该方法具有计算效率高、模拟精度高等优点，通过此方法模拟堰塞坝的溃决过程，得到的水位流量过程、溃口形态演化等均具有较高的精度。最后介绍了基于计算流体力学的全物理数值模拟方法，通过白格堰塞坝溃决实例的计算，较好的揭示了堰塞坝溃决过程中的水流动力特征与水沙耦合效应。

第6章 堰塞湖溃决洪水演进过程模拟

6.1 概　　述

我国历史上有多次关于堰塞湖形成并溃决的记录，造成了域内范围的巨大人员伤亡和财产损失（Xu et al., 2012）。堰塞湖溃决洪水形成演化过程的实质是水沙互馈作用下高含沙水流的时空动力演变过程：一方面，在堰塞坝在溃决冲刷过程中，其泄流通道会逐渐下切展宽，导致泄水量及水流含沙量持续增加，进而形成冲刷侵蚀效应更剧烈的高含沙水流；另一方面，溃决高含沙水流会在演进过程中与下游河床以及岸坡发生进一步的交互作用，极易导致河床淤抬、河流改道等现象的发生。因此，堰塞湖溃决洪水的下游演进过程是一种机理十分复杂的时空演变过程。

对堰塞湖溃决洪水的下游演进过程进行模拟预测是评价其潜在风险与制定应急处置方案的重要依据。溃决洪水不仅能够快速改变下游河势，还会对下游河道物理环境和既有构筑物形成强烈的振动和冲击。总的说来，溃决洪水的灾害强度与水深、流速以及洪水上升速率等特征参数密切相关，而这些特征参数可以通过洪水演进模拟获取。

本章介绍了目前常用的一维、二维和基于经验公式的溃坝洪水演进分析方法，在此基础上模拟分析了下游有无库区时的溃决洪水演进特征，并且结合实际观测资料，验证了数值分析的合理性。

6.2 溃决洪水演进一维模拟方法

溃决洪水演进过程的一维模拟大多基于 Saint-Venant 方程（河道型洪水），一般表达如下：

$$B\frac{\partial Z}{\partial t}+\frac{\partial Q}{\partial x}=q \tag{6.1}$$

$$\frac{\partial Q}{\partial t}+\frac{\partial}{\partial x}\left(\frac{\alpha Q^2}{A}\right)+gA\frac{\partial Z}{\partial x}+g\frac{|Q|Q}{c^2AR}=0 \tag{6.2}$$

式中，x 为沿程距离；t 为时间；B 为水面宽度；Z 为水位；Q 为断面流量；q 为旁侧入流；A 为过水断面面积；g 为重力加速度；α 为动量修正系数；c 为谢才系数；R 为断面水力半径。

对于 Saint-Venant 方程的求解，常采用简化计算法和数值差分法两大类，其中简化计算法包括常用的马斯京根法（赵人俊，1979）、特征河长法（谢平和梁瑞驹，1994）等，将 Saint-Venant 方程的运动方程用槽蓄方程代替。这种方法计算过程简易，但计算结果精度不高。相比而言，数值差分法是基于 Saint-Venant 方程组，借助于电子计算机采用数值差分的形式来求解方程解析解的近似值，其计算过程较为复杂，但精度较高。其中，差分计算根据数值计算方法的不同可分为多种求解形式，如麦科马克（MacCormack）格式（Garcia and Kahawita，1986）、比恩-瓦明（Bean-Warming）格式（Fennema and Ghaudhry，1987）、戈杜诺夫（Godunov）格式（Savic and Holly，1993）、玻尔兹曼（Boltzmann）格式（程冰，2005）、普雷斯曼（Preissmann）格式（李相南，2017）以及 TVD（王嘉松等，1998）等差分格式。现以 Preissmann 离散法为例建立溃决洪水演进模型（图 6.1）。

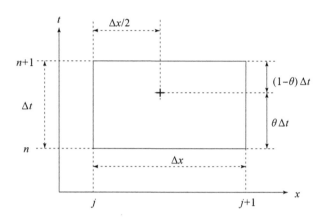

图 6.1　Preissmann 离散法

1. 数值离散

Preissmann 隐式差分格式离散法的基本方程为

$$\begin{cases} f\mid_M = \dfrac{\theta}{2}(f_j^{n+1}+f_{j+1}^{n+1})+\dfrac{(1-\theta)}{2}(f_j^n+f_{j+1}^n) \\[2mm] \dfrac{\partial f}{\partial x}\mid_M = \theta\left(\dfrac{f_{j+1}^{n+1}+f_j^{n+1}}{\Delta x}\right)+(1-\theta)\left(\dfrac{f_{j+1}^n+f_j^n}{\Delta x}\right) \\[2mm] \dfrac{\partial f}{\partial t}\mid_M = \dfrac{f_{j+1}^{n+1}+f_j^{n+1}-f_{j+1}^n-f_j^n}{2\Delta t} \end{cases} \tag{6.3}$$

式中，θ 为加权系数，$0.5 \leqslant \theta \leqslant 1$。对连续方程进行离散，有

$$B\frac{\partial Z}{\partial t}+\frac{\partial Q}{\partial x}=q \tag{6.4}$$

$$\frac{\partial Z}{\partial t}=\frac{Z_{j+1}^{n+1}-Z_{j+1}^n+Z_j^{n+1}-Z_j^n}{2\Delta t} \tag{6.5}$$

$$\frac{\partial Q}{\partial x}=\theta\left(\frac{Q_{j+1}^{n+1}-Q_j^{n+1}}{\Delta x_j}\right)+(1-\theta)\left(\frac{Q_{j+1}^n-Q_j^n}{\Delta x_j}\right) \tag{6.6}$$

将以上关系式代入连续方程得

$$\frac{B_{j+\frac{1}{2}}^n}{2\Delta t}(Z_{j+1}^{n+1}-Z_{j+1}^n+Z_j^{n+1}-Z_j^n)+\theta\left(\frac{Q_{j+1}^{n+1}-Q_j^{n+1}}{\Delta x_j}\right)+(1-\theta)\left(\frac{Q_{j+1}^n-Q_j^n}{\Delta x_j}\right)=q_{j+\frac{1}{2}} \tag{6.7}$$

可写成以下形式：

$$Q_{j+1}^{n+1}-Q_j^{n+1}+C_jZ_{j+1}^{n+1}+C_jZ_j^{n+1}=D_j \tag{6.8}$$

式中，

$$C_j = \frac{B_{j+\frac{1}{2}}^n \Delta x_j}{2\Delta t\theta} \tag{6.9}$$

$$D_j = \frac{q_{j+\frac{1}{2}}\Delta x_j}{\theta} - \frac{1-\theta}{\theta}(Q_{j+1}^n - Q_j^n) + C_j(Z_{j+1}^n + Z_j^n) \tag{6.10}$$

对动量方程进行离散：

$$\frac{\partial Q}{\partial t} + \frac{\partial}{\partial x}\left(\frac{\alpha Q^2}{A}\right) + gA\frac{\partial Z}{\partial x} + g\frac{|Q|Q}{c^2 AR} = 0 \tag{6.11}$$

$$\frac{\partial Q}{\partial t} = \frac{Q_{j+1}^{n+1} - Q_{j+1}^n + Q_j^{n+1} - Q_j^n}{2\Delta t} \tag{6.12}$$

$$\frac{\partial Z}{\partial x} = \theta\left(\frac{Z_{j+1}^{n+1} - Z_{j+1}^{n+1}}{\Delta x_j}\right) + (1-\theta)\left(\frac{Z_{j+1}^n - Z_j^n}{\Delta x_j}\right) \tag{6.13}$$

$$\frac{\partial}{\partial x}\left(\frac{\alpha Q^2}{A}\right) = \frac{\partial}{\partial x}(auQ) = \frac{\theta\left[(au)_{j+1}^n Q_{j+1}^{n+1} - (au)_j^n Q_j^{n+1}\right] + (1-\theta)\left[(au)_{j+1}^n Q_{j+1}^n - (au)_j^n Q_j^n\right]}{\Delta x_j} \tag{6.14}$$

$$g\frac{|Q|Q}{c^2 AR} = \left(g\frac{|u|}{2c^2 R}\right)_j^n Q_j^{n+1} + \left(g\frac{|u|}{2c^2 R}\right)_{j+1}^n Q_{j+1}^{n+1} \tag{6.15}$$

将以上关系式代入动量方程得

$$E_j Q_j^{n+1} + G_j Q_{j+1}^{n+1} + F_j Z_{j+1}^{n+1} - F_j Z_j^{n+1} = \Phi_j \tag{6.16}$$

式中：

$$E_j = \frac{\Delta x_j}{2\theta\Delta t} - (au)_j^n + \left(g\frac{|u|}{2\theta c^2 R}\right)_j^n \Delta x_j \tag{6.17}$$

$$G_j = \frac{\Delta x_j}{2\theta\Delta t} - (au)_{j+1}^n + \left(g\frac{|u|}{2\theta c^2 R}\right)_{j+1}^n \Delta x_j \tag{6.18}$$

$$F_j = (gA)_{j+\frac{1}{2}}^n \tag{6.19}$$

$$\Phi_j = \frac{\Delta x_j}{2\theta\Delta t}(Q_{j+1}^n + Q_j^n) - \frac{1-\theta}{\theta}\left[(auQ)_{j+1}^n - (auQ)_j^n\right] - \frac{1-\theta}{\theta}(gA)_{j+\frac{1}{2}}^n(Z_{j+1}^n - Z_j^n) \tag{6.20}$$

河道的差分方程写成：

$$\begin{cases} Q_{j+1} - Q_j + C_j Z_{j+1} + C_j Z_j = D_j \\ E_j Q_j + G_j Q_{j+1} + F_j Z_{j+1} - F_j Z_j = \Phi_j \end{cases} \tag{6.21}$$

式中，C_j、D_j、E_j、F_j、G_j、Φ_j 分别为时间步长 Δt 内第 j 断面下游河段的差分方程系数，均可由初值计算得到。若将河道分为 N 个河段，则有 $2(N+1)$ 个未知量，根据上式对每个河段，共可列出 $2N$ 个方程，需加上河道两端的边界条件，形成封闭得代数方程组，由此可以唯一求解未知量 Q_j 和 Z_j。

2. 求解方法

对于该方程组，根据不同的边界条件，可设不同的递推关系，用追赶法直接求解。对于边界条件得处理，一般在流量已知的情况下，可假设如下追赶关系。

$$\begin{cases} Z_j = S_{j+1} - T_{j+1} Z_{j+1_j} \\ Q_{j+1} = P_{j+1} - V_{j+1} Z_{j+1_j} \end{cases} \quad (j=1,2,3,\cdots,n-1) \tag{6.22}$$

由于：

$$Q_1 = Q(t) \tag{6.23}$$

可知：

$$\begin{cases} P_1 = Q(t) \\ V_1 = 0 \end{cases} \tag{6.24}$$

将式（6.21）代入式（6.22）得

$$-(P_j - V_j Z_j) + C_j Z_j + Q_{j+1} + C_j Z_{j+1} = D_j \tag{6.25}$$

$$E_j(P_j - V_j Z_j) - F_j Z_j + G_j Q_{j+1} + F_j Z_{j+1} = \Phi_j \tag{6.26}$$

解得追赶系数为

$$\begin{cases} S_{j+1} = \dfrac{G_j Y_3 - Y_4}{Y_1 G_j + Y_2} \\ T_{j+1} = \dfrac{G_j C_j - F_j}{Y_1 G_j + Y_2} \\ P_{j+1} = Y_3 - Y_1 S_{j+1} \\ V_{j+1} = C_j - Y_1 T_{j+1} \end{cases} \tag{6.27}$$

式中：

$$\begin{cases} Y_1 = V_j + C_j \\ Y_2 = F_j + E_j V_j \\ Y_3 = D_j + P_j \\ Y_4 = \Phi_j - E_j P_j \end{cases} \tag{6.28}$$

可见，由上述递推关系，可以此求得 S_{j+1}、T_{j+1}、P_{j+1} 以及 V_{j+1}，最后得到

$$Q_n = P_n - V_n Z_n \tag{6.29}$$

与下边界条件 $Q_n = f(Z_n)$ 联立可解得 Q_n 与 Z_n，依次回代可求得 Q_j、$Z_j(j = n, n-1, \cdots, 1)$。

Preissmann 隐式差分格式的稳定条件和精度为①当 $0.5 \leqslant \theta \leqslant 1$ 时，格式无条件稳定；②当 $\theta \leqslant 0.5$ 时，格式有条件稳定；③对于任意的 θ，精度是一阶的 $O(\Delta x, \Delta t)$，对于 $\theta = 0.5$ 时，精度是 $O(\Delta x^2, \Delta t^2)$；由于数值弥散，当 $\sqrt{\dfrac{gA}{B}} \dfrac{\Delta t}{\Delta x} \leqslant 1$ 或 $\sqrt{\dfrac{gA}{B}} \dfrac{\Delta t}{\Delta x} \gg 1$ 时，相位误差较大，从实用的观点，θ 宜选大于 0.5 的值。

6.3 溃决洪水演进二维模拟方法

溃决洪水演进的二维模拟通常基于二维浅水方程，该方法适用于水平尺度远大于垂直尺度的、无明显垂直环流的、平面大范围的自由表面流动（蓄洪区、洪泛区），其基本方程为

$$(U)_t + E(U)_x + G(U)_y = s \tag{6.30}$$

式中，$(U)_t$、$E(U)_x$、$G(U)_y$ 分别表示函数对时间、空间平面 x 和 y 方向的偏导数。

$$U = \begin{bmatrix} h \\ hu \\ hv \end{bmatrix}, \quad E = \begin{bmatrix} hu \\ hu^2 + \dfrac{1}{2}gh^2 \\ huv \end{bmatrix}, \quad G = \begin{bmatrix} hv \\ huv \\ hv^2 + \dfrac{1}{2}gh^2 \end{bmatrix}, \quad S = \begin{bmatrix} 0 \\ S_x \\ S_y \end{bmatrix} \tag{6.31}$$

式中，h 为水深；u、v 分别为 x 和 y 方向的流速；S_x、S_y 为源项。

$$S_x = -\frac{h}{\rho}\frac{\partial p_a}{\partial x} - gh\frac{\partial Z_b}{\partial x} + \frac{\tau_{ax} - \tau_{bx}}{h} + c_x \tag{6.32}$$

$$S_y = -\frac{h}{\rho}\frac{\partial p_a}{\partial y} - gh\frac{\partial Z_b}{\partial y} + \frac{\tau_{ay} - \tau_{by}}{h} + c_y \tag{6.33}$$

式中，p_a 为大气压；τ_{ax} 和 τ_{ay} 为风载作用力；c_x 和 c_y 为地转科氏力；τ_{bx} 和 τ_{by} 为河底阻力。

在求解二维浅水方程过程中，宋利祥（2012）基于二维浅水方程和 Godunov 型有限体积法，建立了适用于不规则计算域和地形上溃坝洪水演进的高性能二维数学模型（图 6.2）。许栋等（2016）利用有限体积法求解二维浅水方程组，进而模拟洪水波运动传播过程，并通过 GPU 并行计算技术对程序进行加速，从而建立了一种浅水运动高效模拟方法。马利平等（2019）建立了通过二维浅水方程的源项，将溃口演变模型计算的流量转换为二维水动力模型溃口上下游各标记网格水深的变化值，以此来实现溃口上下游之间的水量交互的模型。其中，中心格式的有限体积法能够很好地捕捉激波，可以适应复杂的水动力条件和边界条件。现基于该方法通过修正的 HLLC 格式（Harten et al.，1983；李相南，2017）求解界面通量，从而采用近似求解的 Riemann 解代替其精确解（Toro，2001）。

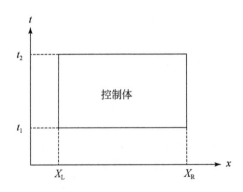

图 6.2　有限体积法离散化

将控制方程在控制体上积分并离散，得到式（6.34）：

$$U_i^{n+1} = U_i^n - \frac{\Delta t}{\Delta x_i}D_i^{-1}\left(F_{i+\frac{1}{2}} - F_{i-\frac{1}{2}}\right) + \Delta t D_i^{-1}S_i \tag{6.34}$$

式中，U_i 为第 i 个单元变量的平均值；$F_{i+\frac{1}{2}}$ 和 $F_{i-\frac{1}{2}}$ 分别为 i 单元左右两侧界面通量值；Δx_i 为第 i 个单元的边长；x_i 为第 i 个单元源项的平均值。接下来采用 HLL 格式计算界面通量值。在 HLL 格式中，$U_L = U_i^n$，$U_R = U_i^{n+L}$，相应的流量为 $F_L = F(U_L)$，$F_R = F(U_R)$，假定 S_L 和 S_R 为求解黎曼问题的最小值和最大值，在 x 方向上 HLL 格式求解方法如图 6.3 所示。

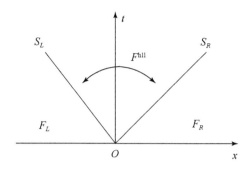

图 6.3　HLL 格式算法图解

据此有

$$F_{i+1/2,j} = \begin{cases} F_L & 0 \leqslant S_L \\ F_L^* & S_L \leqslant 0 \leqslant S^* \\ F_R^* & S^* \leqslant 0 \leqslant S_R \\ F_R & S_R \leqslant 0 \end{cases} \tag{6.35}$$

$$S_L = \min(u_L - \sqrt{gh_L}, -\sqrt{gh^*}) \tag{6.36}$$

$$S_R = \min(u_R - \sqrt{gh_R}, -\sqrt{gh^*}) \tag{6.37}$$

$$S^* = \frac{S_L h_R(v_R - S_R) - S_R h_L(v_L - S_L)}{h_R(v_R - S_R) - h_L(v_L - S_L)} \tag{6.38}$$

$$V^* = \frac{1}{2}(v_L + v_R) + \sqrt{gh_L} - \sqrt{gh_R} \tag{6.39}$$

$$\sqrt{gh^*} = \frac{1}{2}(\sqrt{gh_L} + \sqrt{gh_R}) + \frac{1}{4}(v_L + v_R) \tag{6.40}$$

式中，当 $S_L \geqslant 0$ 时，$F_L = F(U_L)$；当 $S_R \leqslant 0$ 时，$F_R = F(U_R)$；当 $S_L \leqslant 0 \leqslant S^*$ 或 $S^* \leqslant 0 \leqslant S_R$ 时，界面通量由式（6.41）求出：

$$F_{HLL} = \frac{S_R F_L - S_L F_R + S_L S_R(U_R - U_L)}{S_R - S_L} \tag{6.41}$$

6.4　溃决洪水演进经验公式法

计算坝址洪峰流量的常用经验公式如下（李炜，2006）：

$$Q_{max} = \frac{8}{27}\sqrt{g}\left(\frac{B_0}{b}\right)^{\frac{1}{4}}b(H_0)^{\frac{3}{2}} \tag{6.42}$$

式中，Q_{max} 为坝址的溃决洪峰，m^3/s；B_0 为坝宽，m；b 为溃口宽度，m；H_0 为溃坝前的上游库水深，m；g 为重力加速度，m/s^2。溃决洪水在下游不同距离的峰值流量采用 Lister-Wan 方程计算：

$$Q_{LM} = \frac{W}{\dfrac{W}{Q_{max}} + \dfrac{L}{vK}} \tag{6.43}$$

式中，L 为距离坝址的沿河路程，m；Q_{LM} 为距离坝址 L 处的河道断面峰值流量，m^3/s；W 为总库容，m^3；v 为河道断面在汛期的最大平均流速，m/s，对于有记录的河流，v 可取最大测量值，否则，山区可取 3.0～5.0m/s，丘陵可取 2.0～3.0m/s，平原可取 1.0～2.0m/s；K 为经验系数，山区河流为 1.1～1.5，丘陵地区为 1.0，平原地区为 0.8～0.9。峰值流量到达距离坝址 L 位置的时间，可根据式（6.44）估算：

$$t_2 = k_2 \frac{L^{1.4}}{W^{0.2}(H_0)^{0.5}(h_{max})^{0.25}} \tag{6.44}$$

式中，t_2 为峰值流量达到距离坝址 L 位置的时间，s；k_2 为经验系数，可取 0.8～1.2；h_{max} 为峰值流量在该位置的平均水深，m。

6.5　堰塞湖溃决洪水演进模拟实例

6.5.1　白格堰塞湖溃决洪水演进模拟

首先以 2018 年 11 月的金沙江白格堰塞湖为例，采用一维方法对溃坝洪水进行分析。图 6.4 展示了实测和模拟的溃决洪水过程曲线。图 6.4 中可以看出，洪峰分别于 2018 年

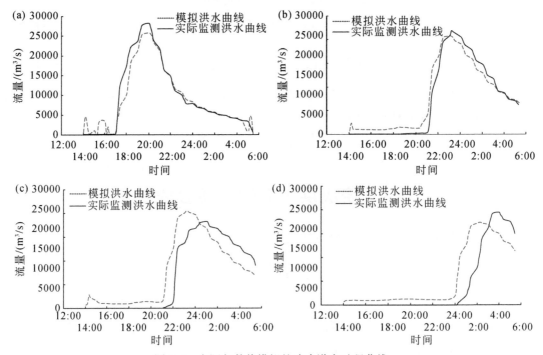

图 6.4　实际与数值模拟的溃决洪水过程曲线
（a）叶巴滩水电站；（b）拉哇水电站；（c）巴塘水电站；（d）苏洼龙水电站

11 月 13 日的 20：00 和 23：15 及 2018 年 11 月 14 日的 1：40 和 3：50 时到达金沙江下游的叶巴滩、拉哇、巴塘和苏洼龙水电站。此外，河道内的飘木、植被以及河道弯曲会降低流速，从而降低洪水的实际流量，该影响会随河道长度增加而加强。因此，图 6.4 中巴塘和苏洼龙水电站的实测洪水曲线会晚于模拟洪水曲线，而更靠近堰塞体的叶巴滩和拉哇水电站则更准确。

图 6.5 展示了洪水演进过程的水面线变化情况，其中值得注意的是，当洪峰到达拉哇水电站时，白格堰塞湖的洪水已全部完成泄流。另外，当洪峰到达苏洼龙水电站时，叶巴滩拱坝的洪水已全部完成泄流。根据模拟结果，在历时 16h 后，溃决洪水的洪峰将到达苏瓦龙水电站，而洪水将沿金沙江主河道行进约 224km，区内均会被洪水破坏。

图 6.6 显示了溃决洪水演进过程中的天然洪水流量（三维），同时图 6.6 中也展示了叶巴滩水电站的总淹没面积和下游淹没面积。当溃决洪水到达巴塘水电站时，洪水的总淹没面积由 $2.07×10^7 m^2$ 增加到 $2.64×10^7 m^2$；而当洪峰到达苏洼龙水电站时，总淹没面积将减少至 $2.58×10^7 m^2$，其原因可能是由于上游淹没面积减少量大于下游淹没面积的增加量。

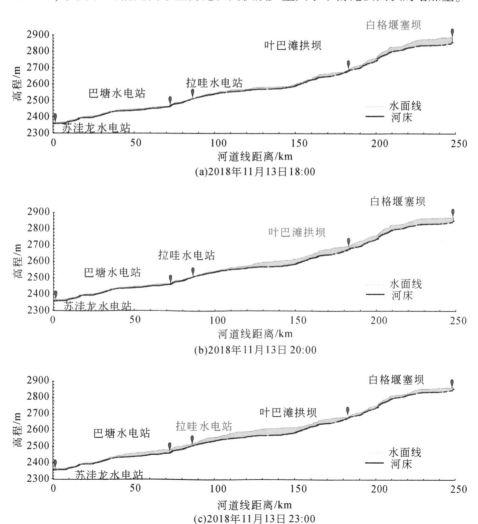

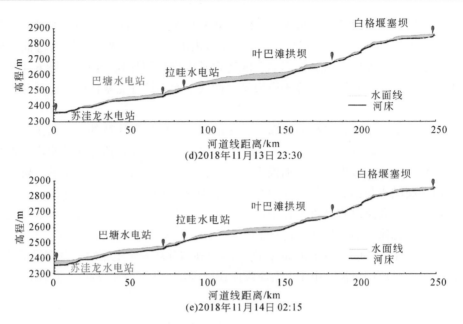

图6.5 天然流量下洪水过程水面线（洪峰到达位置用红色字体标注）

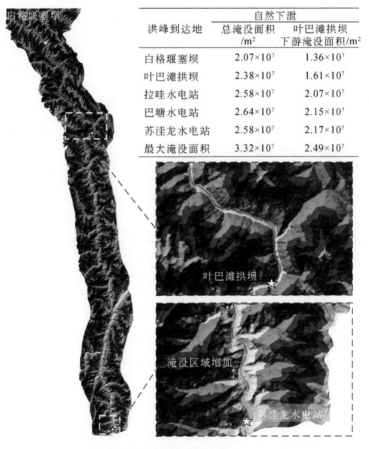

洪峰到达地	自然下泄	
	总淹没面积 /m²	叶巴滩拱坝下游淹没面积/m²
白格堰塞坝	2.07×10⁷	1.36×10⁷
叶巴滩拱坝	2.38×10⁷	1.61×10⁷
拉哇水电站	2.58×10⁷	2.07×10⁷
巴塘水电站	2.64×10⁷	2.15×10⁷
苏洼龙水电站	2.58×10⁷	2.17×10⁷
最大淹没面积	3.32×10⁷	2.49×10⁷

图6.6 天然泄洪条件下的最大淹没区三维显示（表中为淹没面积）

在本次数值模拟结果中，相较于最大溃决洪水流量，最大水深表现出了明显的滞后现象。以天然流量为例，不同时段最大水深滞后于最大溃决洪水（图 6.7）。例如，白格堰塞坝、叶巴滩水电站、拉哇水电站、巴塘水电站、苏洼龙水电站的最高水位分别约在洪峰到达后的 4h、6h、6.5h 和 6h 后形成。造成这种现象的原因作如下分析。

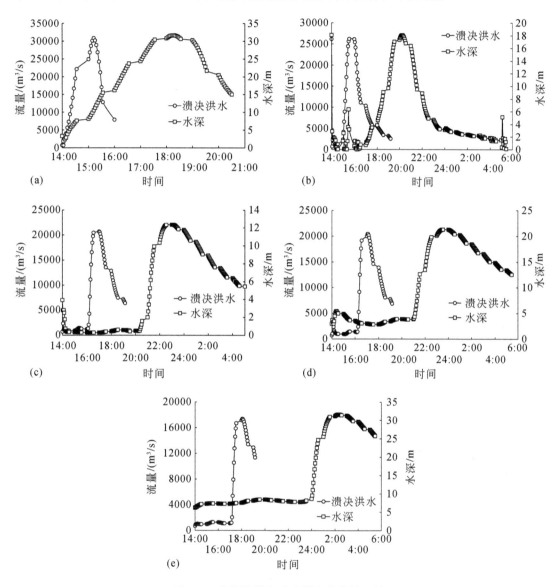

图 6.7 水深曲线和溃决洪水曲线的比较

（a）白格堰塞坝；（b）叶巴滩水电站；（c）拉哇水电站；（d）巴塘水电站；（e）苏洼龙水电站

首先，截面比能公式为

$$E_s = h + \frac{\propto Q^2}{2gA^2} = h + \frac{\propto V^2}{2g} \tag{6.45}$$

式中，E_s 为特定截面的能量；h 为水深；v 为分段流度。然后：

$$Q^2 = \frac{2gA^2}{\propto}(E_s - h) \tag{6.46}$$

当截面比能量、截面形式和尺寸固定时，$Q = F(h)$ 符合式 (6.46)，当 h 取一阶导数时，有

$$2Q\frac{dQ}{dh} = \frac{2g}{\propto}\left[2A\frac{dA}{dh}(E_s - h) - A^2\right] \tag{6.47}$$

当 $\frac{dQ}{dh} = 0$ 时，$Q = F(h)$ 的最大值可得

$$2A\frac{dA}{dh}(E_s - h) - A^2 = 0 \tag{6.48}$$

考虑到：

$$\frac{dA}{dh} = B \tag{6.49}$$

所以：

$$2B(E_s - h) - A = 0 \tag{6.50}$$

然后将式 (6.43) 代入式 (6.47) 可得：

$$\frac{\propto Q^2_{max}}{g} = \frac{A^3}{B} \tag{6.51}$$

当断面比能、断面形状和尺寸不变时，最大溃决洪水流量对应于临界水深 [由式 (6.51) 获得]。最大水深出现在临界水深之后，因此与最大流速相比，最大水深具有时间滞后效应。

6.5.2　红石岩堰塞湖溃决洪水演进模拟

本节以 2014 年鲁甸地震形成的红石岩堰塞湖为例，采用二维有限元法对溃坝洪水进行分析。红石岩堰塞湖是 2014 年鲁甸地震诱发红石岩右岸山体滑坡形成的，在红石岩堰塞湖水位上涨过程中，现场人员在前期采用了人工置尺观测进行水位观测（8 月 3 日至 8 月 7 日），并在后期改用压力式遥测水位计（8 月 7 日至 10 月 4 日堰体溃决），期间最大水位变幅为 45.06m（最低水位为 1137.5m，最高水位为 1182.56m）。从 9 月 18 日起连续 83h 上涨了 7.68m。在水位上升的过程中，上游库区淹没范围不断增大，房屋、公路及其他设施均有损毁。

红石岩堰塞湖是鲁甸地震抢险救灾工作中的重点难点。红石岩堰塞体最大坝高约 103m，最大库容达 $2.6 \times 10^8 m^3$，因此其溃决洪水具有极大的风险和隐患。基于以上特点，需要通过数值模拟对红石岩堰塞湖溃决过程进行预测，以便制定和优化下游潜在淹没区的防灾减灾措施和应急避险预案。模拟以红石岩堰塞体为中心，采用二维模拟方法，选取长

宽约 20km 的区域进行洪水演进分析，如图 6.8 所示。

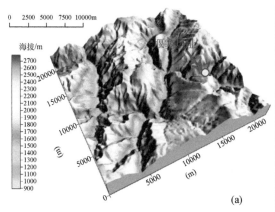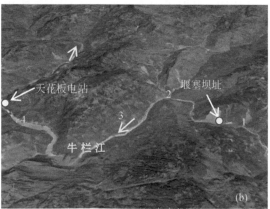

图 6.8　红石岩堰塞湖溃决洪水分析区域

（a）三维立体图；（b）卫星影像

首先假设堰塞坝在发生漫顶后的一段时间内发生瞬溃，如果瞬溃时的最高水位与坝顶高程（约 103m）平齐（图 6.9），则不能完全反映真实库容，因为在堰塞坝开始漫定至溃口形成的过程需要较长时间，而这个时间段内的水库水位会继续上升对坝顶形成淹没，尤其是红石岩堰塞体的大块石占比较多，因此溃口从发展的过程会相应更慢。为了反映较真实的溃坝洪水量，计算水深需适当增加。根据红石岩所在流域的实测流量，8 月的多年洪水流量为 270m³/s，因此设置上游来流量为 270m³/s，此时假设上下游河道断面基本相同，根据水量平衡原理，模型水深可取 162m。该做法增加了堰塞湖水深，进而会对溃决洪水的水深和流速的计算结果产生放大效应，因此可以在一定程度上增加灾害的评估的安全系数，为制定相应的防护措施和应急预案提供额外的安全度。

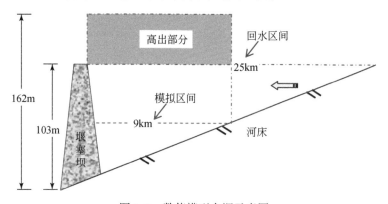

图 6.9　数值模型水深示意图

图 6.10 为不同时刻溃决洪水演进距离。在第一个拐弯处，弯道造成河流运动受阻，河道水位的抬升，部分水流进入支沟（图 6.10a），其中水流的头部运动距离最远，运动速度最快。10min 时，水流最大运动距离为 8896m，平均速度为 14.8m/s，此时水流经过第一个大拐弯部位；20min 时，水流的最大运动距离为 13068m，已经到达下游库区尾水，

平均速度为 10.89m/s；30min 时，洪水已经基本进入下游库区，库水对溃决洪水有较大的减缓作用，此时下泄水流最大运动距离为 16860m，平均速度为 9.4m/s；40min 时，洪水最大运动距离为 19874m，平均速度为 8.3m/s，库区水位明显升高，部分水体进入支沟。由于此时的溃坝洪水仍具有较大的动能，继续向下游天花板水电站运动。

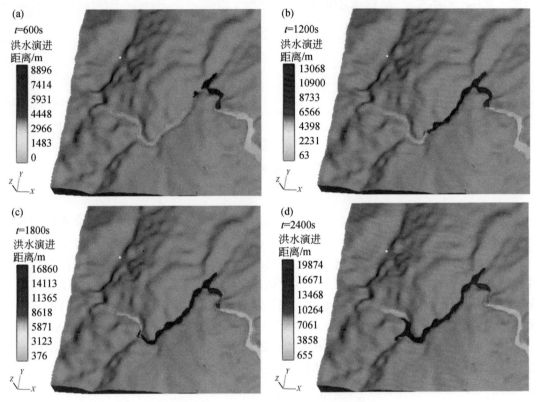

图 6.10　不同时刻溃决洪水演进距离
（a）10min；（b）20min；（c）30min；（d）40min

图 6.11 为不同时刻的溃决洪水淹没情况。对于红石岩库区内来说，库水在重力作用下发生流动，随着库水的不断下泄，上游库区水位不断降低，而下游水深由于下游库区拦截而不断抬高。由于水流表面积在发生变化，下游水深的增长速率比溃口水位的减小速率小得多。10min 时，溃口处水位已大幅度降低，但水位波传播距离有限，库区偏上游水位波动较小，大致在 130～150m。洪峰到达的区域水位增长较大，但洪水还没到达下游库区，中间存在无水区域，而下游库区水位无明显变化；20min 时，溃口处水位进一步下降，下游洪水已经和下游库水接触；30min 时，下泄洪水作用于下游库水，使下游库区水位增高，达 100～120m；随后，上游库区水位不断降低，下游库区持续增长。40min 和 30min 的水位变化情况差别不大，下游库区水位仍继续增长。

库水在下泄过程中，随着水位的降低，上下游水位差逐渐减小，因此溃口处的流速在短时间内先增大后减小。而洪水在下泄过程中，由于河道摩擦阻力及河道不顺直产生的碰撞，水能逐渐减小，流速也在不断下降。图 6.12 为不同时刻溃坝下泄水流的速度，可以

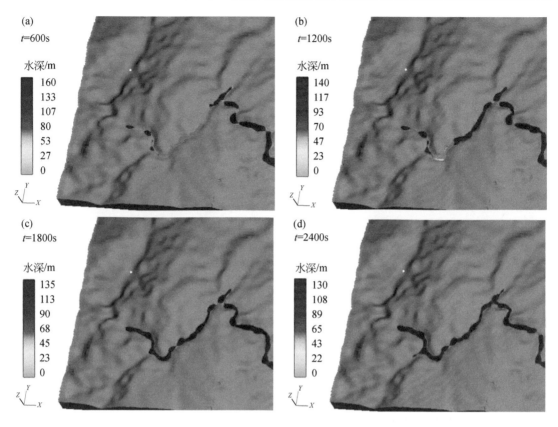

图 6.11　不同时刻溃决洪水的淹没情况

（a）10min；（b）20min；（c）30min；（d）40min

看出洪水经历了由增速到减速的转变过程。10min 时，洪水行进至第一个拐弯处，此时洪水最大流速为 37m/s；随后，在 20min 时，由于受河道转向影响，水流受到较强的碰撞及摩擦作用，其能量进一步降低，最大流速降低到 34m/s；30min 时，溃决洪水进入下游库区，库水受上游洪水影响发生震荡，余能在水体的交互碰撞过程中逐渐消失；40min 时，洪水流速进一步降低至 20m/s。此时洪水残余的能量仍然较大，因此当洪水继续前行至天花板电站时，坝体可能会遭受巨大的冲击，安全受到威胁。

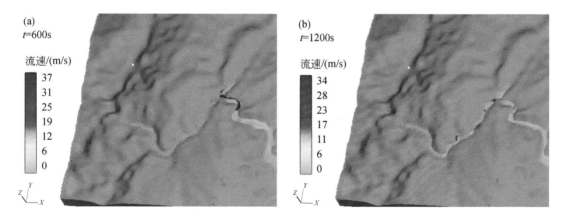

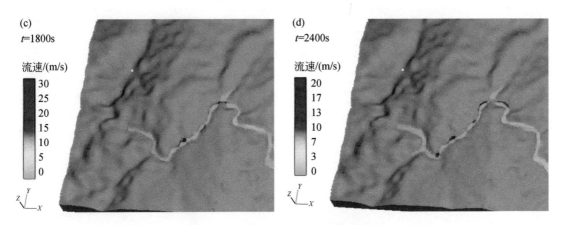

图 6.12 不同时刻溃决洪水的速度

(a) 10min；(b) 20min；(c) 30min；(d) 40min

6.5.3 白沙河串珠堰塞湖溃决洪水演进分析

白沙河系岷江上游左岸一级支流，由于 2008 年汶川地震作用，白沙河上游形成了包括枷担湾、窑子沟、关门山沟在内的串珠堰塞湖。其中上游的关门山沟与窑子沟相距 5.8km，窑子沟与枷担湾相距 2.8km，枷担湾堰塞湖下游沿岸分布有乡镇和公共设施。因此有必要考虑三个堰塞湖联合溃决工况的下游洪水演进分析。

本小节采用经验公式法进行计算，共分析了 5 种溃决情况的坝址洪峰流量、洪峰演进过程和洪峰到达下游主要位置的时间：①流域堰塞湖群全部溃决，此时为无任何补救措施的最不利工况，即最上游的关门山堰塞湖在过流时溃决，然后洪水在到达窑子沟堰塞湖和枷担湾堰塞湖时均诱发堰塞体全溃，最终的溃决洪水为三个堰塞湖的叠加情况；②只有最下游的枷担湾堰塞湖全部溃决；③1/4 窑子沟堰塞湖溃决+1/3 枷担湾堰塞湖溃决；④只有最下游的枷担湾堰塞湖 1/2 溃决；⑤1/3 关门山沟堰塞湖溃决+1/2 窑子沟堰塞湖溃决+1/2 枷担湾堰塞湖溃决。由于堰塞湖区域水文资料有限，各情况下的溃坝流量均未计入河床基流。5 种溃坝工况的下游最大流量沿程演进估算结果见表 6.1。图 6.13 则展现了在 5 种不同溃决工况的下游沿程洪峰流量演进过程，可见级联溃决放大了窑子沟和枷担湾的峰值流量规模。洪峰越大，洪峰在起初阶段的衰减也越快，再往下游衰减速度则趋于一致。

表 6.1 5 种工况的溃决洪峰流量下游演进估算

地名	里程/km+m	溃坝洪峰流量/(m³/s)					洪水起涨时间/h				
		①	②	③	④	⑤	①	②	③	④	⑤
GMSG 塞湖	0	21410	—	—	—	8660	0	—	—	—	0
YZG 堰塞湖	5+840	19670	—	4140	—	12240	0.2	—	0	—	0.23
JDW 堰塞湖	8+640	24820	15900	11970	9200	16340	0.25	0	0.1	0	0.26
联合村	15+340	5190	4690	4320	3960	4720	0.4	0.18	0.23	0.22	0.46

续表

地名	里程 /km+m	溃坝洪峰流量/(m³/s)					洪水起涨时间/h				
		①	②	③	④	⑤	①	②	③	④	⑤
虹口村	20+240	3280	3070	2910	2740	3080	0.65	0.48	0.48	0.61	0.6
虹口乡	24+340	2500	2380	2280	2180	2390	0.92	0.87	0.75	1.01	0.96
紫坪铺镇	39+540	1330	1300	1270	1230	1300	2.43	2.65	2.2	3.66	3.2

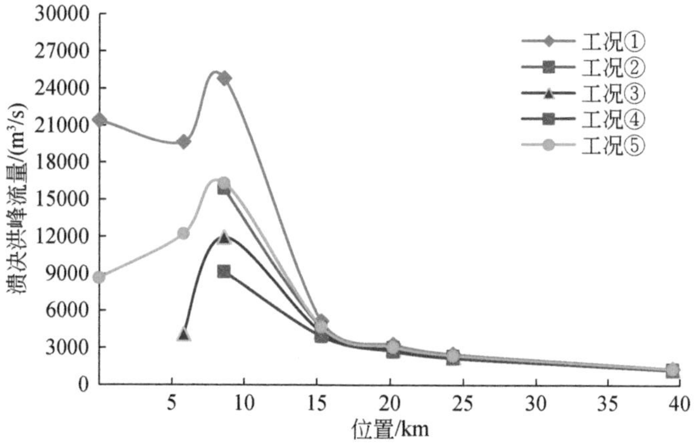

图 6.13 不同溃决工况下的洪峰流量演进过程

由于下游保护区域的虹口乡及紫坪铺镇的防洪标准为 20 年一遇洪水，那么模拟结果所形成的组合洪峰很明显远超过该防洪标准。紫坪铺镇河口地区两岸地势较为平缓，洪峰极易从此处溢出，严重地威胁紫坪铺镇的人民群众和灾后重建工程的安全，甚至影响都江堰市的饮水安全问题。由于目前的级联溃坝洪水计算理论还未成熟，计算成果存在偏差，为保证白沙河下游地区人民群众和灾后重建工程的安全，在 2009 年汛期前白沙河上游堰塞湖排险完成前，有关部门根据降雨强度、库水陡升陡降、实际重点断面流量等因素，制定了相应的非工程应急避险预案。

6.6 本章小结

本章介绍了常用的堰塞坝溃决洪水演进的一维、二维以及经验公式算法，其中一维算法主要基于 Saint-Venant 方程，二维算法则基于二维浅水方程，适用于水平尺度远大于垂直尺度的、无明显垂直环流的、平面大范围的自由表面流动；经验公式法则基于常用的流量计算公式计算堰塞湖溃决洪水流量。针对每种算法，本章采用案例的形式进行了堰塞湖洪水演进分析，其中采用一维算法计算了白格堰塞湖溃决洪水的演进过程，在与实际监测资料对比分析后发现，在洪水演进至较远距离后会出现计算洪峰快于实际洪峰的情况，并且最大水深在时间上会出现滞后于洪峰流量的现象，主要原因为未考虑长距离条件下漂木、植被以及河道弯曲会降低洪水流速；采用二维算法模拟了红石岩堰塞湖的溃决洪水演进过程，结果显示下游水电站坝体的存在可有效降低峰值流量并推迟其达到时间，同时减小了淹没面积并增加了下游居民疏散时间，可以降低下游灾害风险；利用经验公式分析了串珠堰塞湖的溃决洪水，级联溃决虽然会增大溃决流量规模，但是洪水衰减速度也更快，最终导致级联溃决洪水对上游段的影响增强，而对后半段影响与单溃洪水差距较小。

第 7 章　滑坡堰塞湖溃决风险评估

7.1　概　　述

滑坡堰塞湖常发生于山区流域和高山峡谷地貌。通常情况下，滑坡堰塞湖的形成会使上游水位在较短时间内快速上升，导致库区两岸边坡孔隙水压力增大、强度降低，易诱发边坡失稳；同时，堰塞体的拦截作用使得河道水流由动态转为静态，水体挟带物在坝前大量沉积，生物群落的结构和功能可能发生改变。特别值得注意的是，滑坡堰塞湖灾害最主要的危害仍是溃决洪水对下游的淹没和冲击，会对沿岸生态环境和人民生命财产构成巨大威胁。溃决洪水以及伴生的泥石流除了直接冲击作用外，还可能诱发河谷两岸山体坍塌滑坡并孕育新的后续灾害，形成链式灾害。此外，在洪水（泥石流）作用过程中，河道表层和两岸覆盖物会随之冲刷运移，导致基岩裸露；随着流速逐渐下降，水体挟带的大量固体物质沉积于流经河段，导致河床淤抬或改道。在风险评估工作中，综合考虑以上提及的风险要素能够大大提高评估的准确性。

风险评价是基于风险识别，全面考虑衡量风险事件的发生概率及可能后果的一种评价。常用的评价方法包括定性（专家打分、层次分析、调查分析、Monte Carlo 等）、定量（敏感分析、决策树、模糊综合评价、盈亏平衡等）、定性定量相结合三大类。国际减灾战略（International Strategy for Disaster Reduction）中的报告指出，灾害风险包括危险性和易损性两个部分（Brooks，2003），而危险性分析和易损性分析在灾害（链）的风险管理中发挥着重要作用（Opolot，2013；Abdulwahid and Pradhan，2017）。工程和自然科学界认为易损性是灾害影响区域内某一特定因子或一组因子的损失程度，用 0（无损失）到 1（完全损失）表示不同的损失等级。另外，易损性也可以表示为脆弱性，反映在给定的强度水平上达到某种破坏状态的概率。因此，结合滑坡堰塞湖自身的灾害特点，可以认为堰塞湖危险性指坝体失稳溃决的可能性或潜在风险，反映了坝体的溃决概率和溃决规模；而易损性是指溃坝洪水下游影响区域遭受洪水破坏的受损程度。

我国堰塞湖多发生于西南山区河流。西南地区具有丰富的水资源，修建了众多的引水、发电等建筑物；同时拥有很多天然的美丽景观。随着旅游景点的逐渐增多，沿线的交通设施、住房等建筑物也逐渐增多，堰塞湖一旦形成后，严重影响下游区域的安全与稳定。若堰塞湖的影响区域内没有居民、设施、珍贵文物和物种等，大规模的溃坝洪水也不会造成严重的灾害损失。因此，堰塞湖风险评价结果是制定应急处置措施和长期治理方案的重要依据，也是堰塞湖风险管理的重要组成部分（Fan et al.，2018；Fell et al.，2008），起着"承上启下"的作用（图 7.1）。

滑坡堰塞湖溃决风险的评价方法可分为以下几个步骤。在堰塞湖形成初期，可通过卫星、无人机等遥感技术手段确定滑坡堰塞湖的基本信息，初步估计坝体的几何形状及物质

图 7.1　堰塞湖风险管理简单流程图

组成、水库库容及淹没范围、下游沿岸的社会及环境因子分布等关键信息（Delaney and Evans，2015；Kuo et al.，2011）。然后根据实地调查勘测结果，对坝体组成物质特征及关键地貌参数信息进行细化与核实。在此基础上，对堰塞湖溃决危险性与灾害风险进行评估，制定工程与非工程的应急措施。如有必要，还应进行溃后灾害链的风险评估与方案制定等工作。

针对滑坡堰塞湖溃决风险的评价方法，本章首先提出了考虑坝体颗粒级配的堰塞湖溃决危险性评估方法；基于滑坡堆积体颗粒级配的统计分析结果，提出了土质型、混合型和块石型三种堰塞坝的物质结构特征参数 K 及其取值范围；根据堰塞湖案例的关键统计信息，提出了包含坝体几何（坝高、坝宽、坝体体积）、坝体物质组成（K、代表粒径）及库区水文（库容）参数的溃决危险性评估指标，形成了溃决危险性等级划分依据，并利用模糊数学方法建立了堰塞湖综合风险评估模型；基于快速、方便获取的原则确定了危险性和易损性的影响因子，采用一级模糊评价方法评估危险性和易损性，采用二级模糊评价确定堰塞湖的综合风险等级。最后，针对地震等地质灾害可能导致形成的堰塞湖区，探讨了在资源有限情况下的应急处置决策。

7.2　堰塞湖溃决危险性评估

7.2.1　堰塞湖溃决危险性评估方法现状分析

堰塞坝在应急阶段和中长期阶段的溃决危险性评估对风险管理都非常重要（Korup and Tweed，2007；Crosta et al.，2011；Dufresne et al.，2018）。在无人为干扰的前提下，堰塞湖在自然溃决前通常会形成较大的库容，为了避免出现这种情况，绝大部分堰塞坝的溃决是在坝体形成初期通过应急处置或人工干预完成的（Zhong et al.，2020a），因此很难在这种情况下确定堰塞坝的自然寿命。此外，不同因素对溃决危险性的影响程度具有较大的不确定性，因此有必要探寻更加高效的堰塞湖危险性评估方法（Dong et al.，2011b；Yang et al.，2013；Fan et al.，2019b；Zheng et al.，2021）。

首先，对实际案例进行统计分析，对于预测堰塞坝的溃决危险性具有重要意义（Stefanelli et al.，2015；Zhang et al.，2016；Fan et al.，2020）。已有的溃决失稳快速评估指标主要基于地貌与水文等可量化的参数，但事实上，区域的地质与气候差异、滑坡类型对坝体稳定性的影响可能大于这些定量参数（Ermini and Casagli，2003；Korup，2004；

Weidinger，2011；Hermanns et al.，2011a；Oppikofer et al.，2020；Stefanelli et al.，2018）。其次，堰塞坝方量的准确程度也影响这些快速评估指标的评估结果。同时，这些快速评估指标只关注了地貌与水文参数，忽略了滑坡堰塞体物质条件对坝体稳定性的显著影响（Schuster，1986；Korup，2002；Weidinge，2011；Hermanns et al.，2011b；Korup and Wang，2015；Wang et al.，2016）。此外，其中一些快速评估指标可能不适用于在同一地点发生的多期堰塞坝（Liao et al.，2020）。例如，BI 指标为坝体体积与上游集雨面积之比，比值越大表明坝体越稳定。而同一位置的多期堰塞坝具有相同的集雨面积，这就导致体积相同、坝高不同的坝体也具有相同的 BI 值以及相同的稳定评价结果。然而该评价结果很可能并不恰当，较大坝高的坝体通常被视为具有更低的稳定性。同样，HDSI 指标也存在与 BI 指标类似的问题。

　　事实上，堰塞坝的物质组成与内部结构也在一定程度上控制着溃坝失稳状态（Costa and Schuster，1988；Fread，1988；Casagli et al.，2003；Ermini et al.，2006；Weidinger，2011；Chen et al.，2017；Kumar et al.，2019）。由于缺乏堰塞坝物质特征的相关资料，在量化表征坝体岩土性质方面存在诸多困难（Casagli et al.，2003），研究岩土参数对溃坝失稳的影响则受到了很大的制约。针对这个问题，Shen 等（2020）通过逻辑回归统计分析，提出了考虑地貌、水文和物质组成的堰塞坝稳定性快速预测方法，其他考虑了物质组成的堰塞湖稳定性快速预测方法主要是基于滑坡物质类型的定性评价（Weidinger，2011）。针对该问题，本节提出一种基于堰塞坝几何形状、颗粒级配和蓄水容量特性的溃决评估指标 MMI，为建立更有效的堰塞湖风险评估方法提供参考。

7.2.2　溃决评估指标 MMI 的研究方法

7.2.2.1　滑坡堆积体颗粒级配的统计与分析

　　物质组成对堰塞湖的短期和中期长期溃决危险性具有显著影响（Alexander，2010；Weidinger，2011；Fan et al.，2020）。颗粒级配是体现滑坡堆积体物质特性的最重要参数之一，很大程度影响着坝体的内部结构和渗透规律（Visher，1969；Meye et al.，1994；Gabet and Mudd，2006；Donato et al.，2009；Dunning and Armitage，2011；Zhou et al.，2019a）。堰塞坝是滑坡堆积体中的一种类型，在流过时，细颗粒含量大的坝体容易被侵蚀，而坝体颗粒较粗时的侵蚀过程相对缓慢（Alexander，2010；Weidinger，2011；Fan et al.，2020）。因此利用滑坡堆积体颗粒级配信息探索表征堰塞坝物质结构特性的参数具有一定的合理性和可行性。

　　本节通过对 83 个滑坡堆积体的颗粒级配进行分析，提出了表征堰塞坝物质组成特性的参数 K。其中，堰塞坝颗粒级配来自相关参考文献中，其他颗粒级配则从相关参考文献的级配曲线中读取，结果显示粒度分布（$d_5 \sim d_{95}$）为 $0.0005 \sim 27120$mm，符合堰塞坝的宽级配粒度特征（Casagli et al.，2003；Dunning and Armitage，2011；Davies and McSaveney，2011）。Cui 等（2009）按照物质组成类型，将堰塞坝分为土质、土夹块石、块石夹土和块石四种类型，并应用于汶川地震堰塞坝的初步风险评估。参考此方法，现将堰塞坝分为三种物质类型：当颗粒满足 $d_{30} \leqslant 2\text{mm}$ 且 $d_{60} \leqslant 30\text{mm}$ 时，称为土质型堰塞坝（s–d）；当颗粒满足 $d_{50} \geqslant 50\text{mm}$ 且 $d_{90} \geqslant 700\text{mm}$ 时，称为石质型堰塞坝（g&b–d）；当颗粒不属于以上两种情况时，称为土石混合型堰塞坝（s&g–d）。然后，采用 Rosin-Rammler-Sperling-Bennett（RRSB）分布和幂律分布两种统计函数对 83 组颗粒级配进行拟合分析，获取表征颗粒级配综合特征的参数 K。

1. 利用 RRSB 分布拟合

RRSB 分布的函数表达式如下（Osbaeck and Johansen，1989）：

$$R(d) = 100\exp\left[-\left(\frac{d}{d'}\right)^n\right] \tag{7.1}$$

通过自然对数变换，可写以 $\ln\{\ln[100/R(d)]\}$ 为 Y 轴、$\ln d$ 为 X 轴的线性函数：

$$\ln\{\ln[100/R(d)]\} = n\ln d - K_R \tag{7.2}$$

式中，d 为粒径；$R(d)$ 是粒径大于 d 的颗粒重量百分比；d' 为累积含量小于 63.2% 的粒径，代表颗粒的细度水平；n 为该线性函数的直线斜率，代表粒径分布离散程度；$K_R = nd'$ 为 Y 轴截距的绝对值。K_R 作为颗粒离散程度（n）和粒径（$d' = d_{63.2}$）的乘积，视为衡量堰塞坝颗粒级配综合性质的一个参数。

2. 利用幂律分布拟合

幂律分布的函数表达式如下（Tyler and Wheatcraft，1992）：

$$\frac{M(r_i < r)}{M_T} = \left(\frac{r}{r_{max}}\right)^{3-D} \tag{7.3}$$

通过自然对数变换，可表示为以 $\ln[M(r)]$ 为 Y 轴、$\ln r$ 为 X 轴的线性函数：

$$\ln[M(r)] = (3-D)\ln r - K_F \tag{7.4}$$

式中，r 或 r_i 为颗粒半径；r_{max} 为最大颗粒半径；$M(r_i < r)$ 为半径小于 r 的颗粒质量（体积）；M_T 为颗粒总质量（体积）；$M(r)$ 为半径小于 r 的颗粒百分比；$(3-D)$ 为该函数的直线斜率，D 为堆积体颗粒的统计常数，与颗粒组成和内部结构密切相关（Niazi et al.，2010）；$K_F = \ln100 - (3-D)\ln r_{max}$ 为 Y 轴截距的绝对值。K_F 作为颗粒统计常数（D）和最大颗粒半径（r_{max}）的函数，视为衡量堰塞坝颗粒级配综合性质的另一个参数。

7.2.2.2　堰塞湖关键参数统计与评估指标

本节共收集了 42 座来自世界不同国家的堰塞湖数据，包括坝体几何、库区水文、组成物质、粒径 d_{90}、K_R 与 K_F、泄流槽形式、寿命等关键信息。采用 Cui 等（2009）建议的堰塞坝物质组成分类方法，将 42 座堰塞坝分为四种类型，并应用于下文将出现的堰塞坝等级划分准则。其中，堰塞坝物质组成类型、d_{90}、K_R 和 K_F 是根据文献的定量、定性描述进行估算确定，其准确性主要取决于原始数据质量。值得注意的是，d_{90}、K_R 和 K_F 并非全部来自相同的滑坡堆积体，由于没能获取所有堰塞湖全部参数的准确数据，部分数据只能根据估计确定。

影响堰塞湖演变过程的因素众多。其中库容 V_L 和集雨面积 A_C 是重要的水文参数，但无论坝高是否相同，相同位置的堰塞湖的集雨面积是常量，因此这里选择库容作为影响参数。同时，坝高的增加和坝宽的减少会降低坝体抵抗冲刷的能力（Wassmer et al.，2004；

O'Connor and Beebee，2009；Alexander，2010），坝体体积的增大也有利于坝体稳定。其次，大粒径坝体通常具有更好的稳定性和更慢的溃决速度（Costa and Schuster，1988；Cui et al.，2009；Weidinger，2011）。尽管影响坝体稳定和溃决过程的代表粒径尚未完全了解（Smart，1984；Casagli et al.，2003；Zhong et al.，2021），但有研究表明，d_{90} 大于 1000mm 的堰塞坝往往具有较好的抗侵蚀性（Delaney and Evans，2011；Wang et al.，2012）。这里选择 d_{90} 作为堰塞湖危险性评价指标的代表粒径，并利用 K_F 和 K_R 量化表征堰塞坝的物质组成特性。在借鉴传统地貌指标的基础上，提出包含物质组成的新评估指标 MMI：

$$\mathrm{MMI} = K\lg\frac{H_D^2 V_L}{V_D W_D d_{90}} = K\lg(H_D^2 V) - K\lg(V_D W_D d_{90}) \tag{7.5}$$

式中，K 为 $1/K_R$ 或 K_F。

7.2.2.3 堰塞湖溃决危险性等级划分准则

MMI 评估指标认为，溃决洪水较小的堰塞湖具有低危险性（Miller et al.，2018）。事实上，稳定泄流、缓慢溃决的堰塞湖溃坝通常具有较小的决洪峰流量，对下游流域的破坏力也更弱，而坝体的溃决速度、溃决流量与坝体物质组成密切相关。另外，堰塞湖的寿命对抢险救灾至关重要，它决定了应急处置、应急避险等方案的制定与执行的可利用时间（Yang et al.，2010；Shen et al.，2020）。如果可利用时间超过 1 年，则在人为干预下的前提下避免发生灾难性溃决的概率就很高。这里将寿命大于 1 年的堰塞湖视为长期堰塞湖，寿命在 3 个月至 1 年的为中期堰塞湖，寿命小于 3 个月的为短期堰塞湖。同时，人工干预诱导溃决的堰塞湖寿命总是比自然溃决的短。最近有学者提出了一种新的堰塞坝失效概率计算方法（Oppikofer et al.，2020），将不同的失效概率范围视为不同的危险性等级。基于该观点，提出一个基于堰塞坝物质组成、寿命、泄流槽形式的堰塞湖危险性等级划分准则（表 7.1）。表中蓝色表示低危险性（Ⅳ），黄色表示中危险性（Ⅲ），橙色表示中高危险性（Ⅱ），红色表示高危险性（Ⅰ）。虽然地震（Fan et al.，2012a；Romeo et al.，2017）、气象条件变化（Hermanns et al.，2004b；Lacerda et al.，2004）和库岸滑坡（Hermanns et al.，2004a）等也可导致堰塞湖溃决，但由于这些因素都是不常见的特殊情况，这里不予考虑。

表 7.1 堰塞湖溃决风险等级划分准则

依据的因素		泄流槽类型					
		人工/自然	人工	自然	人工	自然	人工/自然
寿命	≥1 年	Ⅳ	Ⅳ	Ⅲ	Ⅲ	Ⅲ	Ⅱ
	3 个月~1 年	Ⅳ	Ⅲ	Ⅱ	Ⅱ	Ⅲ	Ⅱ
	1~3 个月	Ⅳ	Ⅲ	Ⅲ	Ⅱ	Ⅱ	Ⅰ
	<1 个月	Ⅳ	Ⅲ	Ⅱ	Ⅱ	Ⅰ	Ⅰ
坝体物质组成		块石	块石夹土		土夹块石		土质

7.2.3　溃决危险性评估方法

7.2.3.1　堰塞坝物质特性的表征参数 K

基于上述研究方法，本研究对白格堰塞坝、Lizzano 堰塞坝和御军门堰塞坝进行了分析，结果表明，RRSB 和幂律分布函数能较好地描述滑坡堆积体的颗粒级配。RRSB 分布的拟合曲线相关系数 R^2 为 0.84～1.00，大于 0.9 的占 93.98%；幂律分布的拟合曲线相关系数 R^2 为 0.75～1.00，大于 0.9 的占 90.40%。图 7.2 举例展现了土质为主型、土石混合型、块石为主型的 3 座堰塞坝颗粒级配拟合结果，两种分布的拟合结果均显示了较强的线性关系。其中，RRSB 分布拟合的 Y 坐标为 $\ln\{\ln[100/R(d)]\}$，X 坐标为 $\ln d$，截距绝对值为 K_R；幂律分布拟合的 Y 坐标为 $\ln[M(r)]$，X 坐标为 $\ln r$，截距绝对值为 K_F。

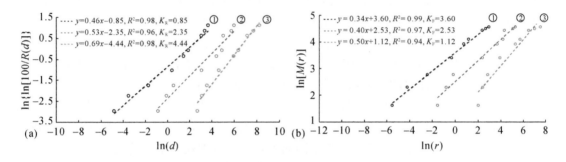

图 7.2　不同类型堰塞坝的颗粒级配拟合曲线

（a）采用 RRSB 分布函数得到的拟合曲线；（b）采用幂律分布函数得到的拟合曲线。其中①是来自白格堰塞坝，其属于土质为主堰塞坝（s-d）；②是来自 Lizzano 堰塞坝，其属于土石混合堰塞坝（s&g-d）；③是来自御军门（采样1）堰塞坝，其属于块石为主堰塞坝（g&b-d）

通过仔细观察，找到了参数 K_R、K_F 与滑坡堆积体颗粒级配间的有趣关系。如果把 K_R、K_F 划分为三个范围，总体上 K_R 与粒径大小呈正相关，K_F 呈负相关。在 22 组 s-d 类的堆积体颗粒级配中，有 19 组 K_R 值落在 [0.50,1.50]，有 19 组 K_F 值落在 [3.15，4.35]；在 49 组 s&g-d 类的堆积体颗粒级配中，有 40 组 K_R 值落在 (1.50，3.00]，有 45 组 K_F 值落在 [2.15，3.15)。在 12 组 g&b-d 类的堆积体颗粒级配中，有 12 组 K_R 值落在 [3.50，6.00]，有 9 组 K_F 值落在 [0.6，1.7]，如图 7.3 所示。这里将上述几个值域范围外的少数点视为特殊点，在后续的进一步分析中不予考虑。这些特殊点的一部分其实与上述的三类值域范围非常接近。表 7.2 汇总了三种类型堰塞坝与其对应的 K_R、K_F 值范围，并将应用于后面的危险性评估。

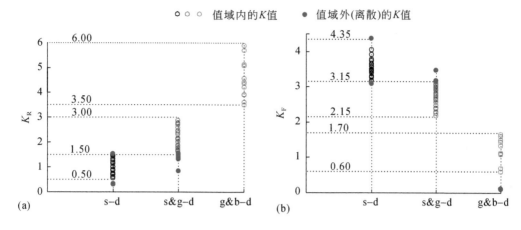

图7.3　83 组滑坡堆积体颗粒级配的 K 值分布情况

（a）K_R；（b）K_F

表7.2　不同类型堰塞坝对应的 K_R 和 K_F 值域范围

堰塞坝类型	粒径范围	特征参数 K	
		K_R	K_F
土质为主型（s-d）	$d_{30} \leqslant 2$mm & $d_{60} \leqslant 30$mm	[0.50, 1.50]	[3.15, 4.35]
土石混合型（s&g-d）	不在"s-d"和"g&b-d"范围	(1.5, 3.0]	[2.15, 3.15)
块石为主型（g&b-d）	$d_{30} \geqslant 50$mm & $d_{90} \geqslant 700$mm	[3.5, 6.0]	[0.60, 1.70]

　　在现阶段，尚无法定量描述每组颗粒级配与其 K_R 或 K_F 值之间的一一对应关系。针对某一类堰塞坝，并不是所有的 K_R 值都随着颗粒尺寸的增大而增大、K_F 值随着颗粒尺寸的增大而减小。图7.4 为 K_R 和 K_F 的三个值域与其相应的颗粒级配范围区域。无论 K_R 或

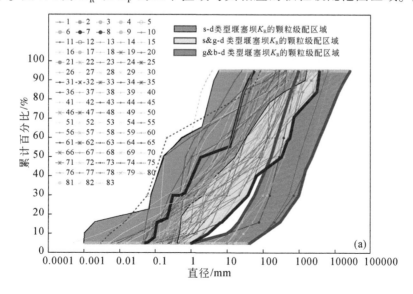

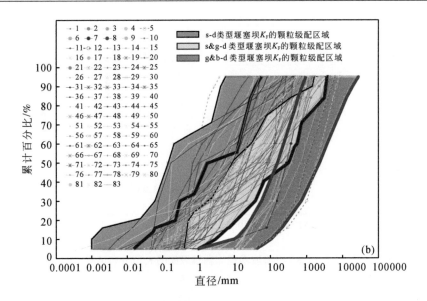

图 7.4　三种类型堰塞坝 K 值对应的颗粒级配区域

(a) K_R；(b) K_F；其中虚线代表特殊 K 值（不予考虑的值）对应的颗粒级配

K_F，三个区域间都有重叠部分，但占比相对较小。这里只提供了一个初步的粗略结论，但也许可为定量表征堰塞坝物质特性提供思路，让物质组成能够更广泛、更深入地体现于不同的堰塞湖风险评估方法中。

7.2.3.2　堰塞湖危险性评估模型

根据表 7.1 的危险性划分准则，本章将 42 座堰塞湖分为 4 个危险等级，然后计算每个堰塞湖的 $MMI_R(K=1/K_R)$ 和 $MMI_F(K=K_F)$，根据分类等级和 MMI 指标计算值，可得到不同危险等级堰塞湖对应的 MMI 界限范围：

$MMI_R < 0.4$，低危险性（Ⅳ级）

$0.4 \leqslant MMI_R < 1.1$，中危险性（Ⅲ级）

$1.1 \leqslant MMI_R < 2.0$，中高危险性（Ⅱ级）

$MMI_R \geqslant 2.0$，高危险性（Ⅰ级）

并且，

$MMI_F < 3.0$，低危险性（Ⅳ级）

$3.0 \leqslant MMI_F < 7.0$，中危险性（Ⅲ级）

$7.0 \leqslant MMI_F < 10.0$，中高危险性（Ⅱ级）

$MMI_F \geqslant 10.0$，高危险性（Ⅰ级）

图 7.5 给出了 42 座堰塞湖 MMI 指标值和危险性等级的详细信息。MMI_R 和 MMI_F 两个指标的评估结果比较接近。其中，采用 MMI_R 指标评估的 4 座堰塞湖 [图 7.5（a）中带外圆的图例] 和采用 MMI_F 指标评估的 6 座堰塞湖 [图 7.5（b）中带外圆的图例] 的危险性等级与根据表 7.3 划分准则得到的等级结果不一致。因此，MMI_R 和 MMI_F 的准确率分别为 90.48% 和 85.71%。

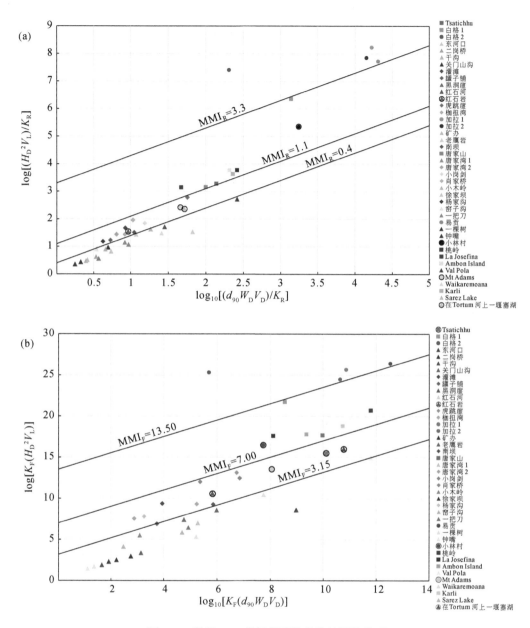

图 7.5　利用 MMI 指标得到的危险性评估模型

（a）MMI$_R$；（b）MMI$_F$

7.2.4　MMI 危险性评估指标的特点与不足

7.2.4.1　特征参数 *K* 尚待发展之处

粗颗粒堰塞坝比细颗粒堰塞坝通常具有更高的稳定性，粗颗粒构成的内部架构更有利于坝体排水和抵抗侵蚀（Dunning et al.，2006）。上述 83 组滑坡堆积体的颗粒级配均来自于滑坡堆积体某个部分，采样点并非均匀分布于整个坝体。事实上，除了颗粒尺寸外，颗粒尺寸的空间不均匀分布也会对坝体稳定性和溃决过程产生重要影响。例如，泄流槽周围的物质组成情况往往比坝体其他部位的更重要，因为其直接影响溃决速度与溃决规模。大块石有助于维持泄流槽的稳定，防止水流快速下切坝体（Plaza et al.，2011）。因此，尽管基于颗粒级配的特征参数 K 能够反映颗粒大小，并在一定程度上反映颗粒尺寸的分散程度、堆积体内部结构（Ni et al.，2011），但它不能反映整个坝体的颗粒分布。一般情况下，坝体在人工干预或自然溃决后，其内部物质组成与结构、岩土性质等才能够被部分获取。然而，我们总是希望在溃决前就可进行堰塞湖危险性与致灾程度的评估与预测，尽可能降低对社会和自然环境的破坏程度。

针对滑坡和堰塞坝物质组成进行现场调查，是了解坝体内部物质结构的最常用方法之一（Delgado et al.，2020）。振动波、地电、电磁技术或这些技术的综合应用是最常见的坝体内部结构探测技术（Fan et al.，2021）。内部坝体的各种不同物质相一定程度上取决于滑坡源体的结构、地层状况以及堆积范围的地貌条件，其中很多高速岩质滑坡堆积体还能较好地保留滑坡源体的地层状况（Abdrakhmatov and Strom，2006；Weidinger et al.，2014；Wang et al.，2016）。滑坡物质组成和岩土性质的调查结果可用于反演堰塞坝的物质结构和溃决危险性评估（Fan et al.，2021）。因此，应采用多种工程地球物理和岩土工程方法，勘探坝体内部、潜在堵江滑坡的物质与地质情况，提出一个综合表征坝体物质组成和结构特征的参数，将有助于提升溃决流量预测和风险评估的准确性。

7.2.4.2　MMI 指标与传统地貌指标的对比分析

Oppikofer 等（2020）基于来自挪威、安第斯山脉等不同国家与地区的堰塞湖地貌、水文等经验统计数据，提出了一种新的失稳溃决概率预测方法（以下称失稳概率法），计算公式如下：

$$p_f = \begin{cases} 0 & (\text{DBI} \leq \text{DBI}_{lower}) \\ \dfrac{\text{DBI} - \text{DBI}_{lower}}{\text{DBI}_{upper} - \text{DBI}_{lower}} & (\text{DBI}_{lower} < \text{DBI} < \text{DBI}_{upper}) \\ 1 & (\text{DBI} \geq \text{DBI}_{upper}) \end{cases} \tag{7.6}$$

式中，DBI_{lower} 为稳定不溃决堰塞坝的 DBI 下限值，DBI_{upper} 为失稳溃决坝体的 DBI 上限值。由于部分历史案例缺少集雨面积数据，因此图 7.6 只给出了 42 座堰塞湖中的 31 座堰塞湖的坝体积 V_D/坝高 H_D 与集雨面积 A_C 之间的关系。图 7.6 中，DBI_{upper} 为 4.976，最小 DBI 为 1.856，但不能视为 DBI_{lower}，因为从该图无法得到没有溃决坝体的最小 DBI 值。因此，仍使用 Oppikofer 等（2020）提出的 $\text{DBI}_{upper} = 5.0$ 和 $\text{DBI}_{lower} = 1.2$ 进行溃决失稳概率计算。与 MMI 指标方法相比，该失稳概率法的计算结果相对保守。如表 7.3 所示，MMI_R 的 4/31 或 MMI_F 的 3/31 等级为 Ⅰ级，而失稳概率法的 9/31 $p_f \geq 0.75$；MMI_R 和 MMI_F 的 5/31 等级 ≥ Ⅱ级，而失稳概率法的 25/31 $p_f \geq 0.50$；MMI_R 和 MMI_F 的 14/31 等级 ≥ Ⅲ级，而失稳概率法的 30/31 $p_f \geq 0.25$；MMI_R 和 MMI_F 的 31/31 等级 ≥ Ⅳ级，而失稳概率法的 31/31 $p_f \geq 0$。对于失稳概率法，存在失稳概率为 0.99 的堰塞湖却没有溃决，失稳概率为 0.48 的

堰塞湖在形成后约 1h 溃决；也存在失稳概率为 0.38 的堰塞湖逐渐溃决、失稳概率为 0.75 的几座堰塞湖也是逐渐溃决。

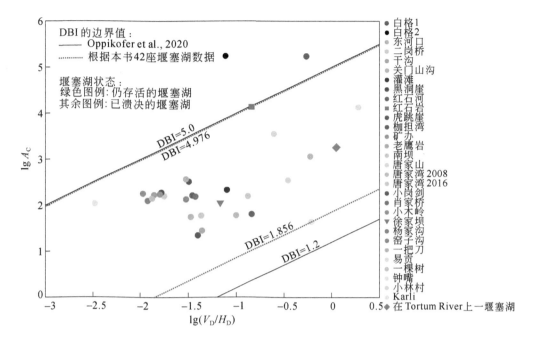

图 7.6 两个不同数据库的 DBI 界限值

表 7.3 MMI 方法和概率法的堰塞湖溃决危险性结果对比

序号	堰塞坝	溃决危险性等级		溃决失稳概率
		MMI_R	MMI_F	式 (7.6)
1	白格 1	3.221	13.22	1
2	白格 2	5.102	19.654	1
3	东河口	−0.287	−0.356	0.55
4	二岗桥	0.096	0.48	0.72
5	干沟	0.087	0.435	0.76
6	关门山沟	0.276	1.765	0.53
7	灌滩	0.748	5.438	0.59
8	黑洞崖	−0.005	0.237	0.75
9	红石河	0.505	4.080	0.38
10	红石岩（仍存在）	0.599	3.855	0.99
11	虎跳崖	1.123	7.298	0.41
12	柳担湾	0.355	2.391	0.65
13	矿办	0.099	0.495	0.75
14	老鹰岩	0.373	2.608	0.42
15	南坝	0.467	3.528	0.61
16	唐家山	0.85	6.111	0.78

序号	堰塞坝	溃决危险性等级		溃决失稳概率
		MMI_R	MMI_F	式 (7.6)
17	唐家湾 2008	0.232	1.738	0.42
18	唐家湾 2016	0.638	4.672	0.51
19	小岗剑	0.660	5.118	0.74
20	肖家桥	0.934	6.835	0.63
21	小木岭	0.241	2.503	0.80
22	徐家坝（仍存在）	0.093	0.330	0.52
23	杨家沟	0.390	2.842	0.74
24	窑子沟	0.368	1.989	0.64
25	一把刀	0.046	1.013	0.76
26	易贡	3.420	13.900	0.70
27	一棵树	0.119	0.445	0.74
28	钟嘴	0.109	0.404	0.87
29	小林村	2.111	9.164	0.48
30	Karli	1.002	6.305	0.17
31	在 Tortum 河上一堰塞湖（仍存在）	0.398	2.759	0.53

注：蓝色代表Ⅳ级或 $p_f = 0 \sim 0.25$；黄色代表Ⅲ级或 $p_f = 0.25 \sim 0.50$；橙色代表Ⅱ级或 $p_f = 0.50 \sim 0.75$；红色代表Ⅰ级或 $p_f = 0.75 \sim 1$。

两种方法之间差异的原因是显而易见的。MMI 指标评估方法考虑了坝体几何、物质组成、水文条件、寿命和泄流槽形式，而基于 DBI 的失稳概率方法只考虑了坝体几何、水文条件和堰塞湖演化结果（是否溃决）。通常情况下，坝体几何和水文条件相同的案例，如果坝体物质组成差异较大，堰塞湖的溃决危险性或溃决概率是不相同的。此外，文中统计的堰塞湖属于短寿命案例的半经验代表，因为 42 座堰塞湖中有 34 例是短寿命，只有 8 座属于长寿命。此外，42 个案例大概只占了全球堰塞湖数据库的 30% ~ 70%（Fan et al., 2020），而失稳概率方法包括了全球数据库中的大部分案例，当然其中包括了寿命达数千年的堰塞湖。可见，将数据库扩大到包括更多的全球案例，稳定不溃决案例的占比很可能会增加，也有助于获得属于该数据库的 DBI_{lower} 和 DBI_{upper} 值，并减少因为采用其他数据库的 DBI_{lower} 和 DBI_{upper} 而导致的误差。

7.2.4.3　MMI 指标的分析与讨论

MMI 指标考虑了堰塞坝颗粒尺寸对溃决危险性的影响，试图提出一种包含坝体几何形状、物质结构特征及水文条件的有效评估方法。其中因素的选取主要根据堰塞湖最新文献研究成果以及可利用的数据库数据。此外，在缺乏详细的坝体岩土参数情况下，MMI 指标仅考虑了坝体颗粒级配和粒径 d_{90}。然而，通常难以在堰塞坝形成后不久获得内部颗粒组成信息，因此在目前的技术手段下，MMI 指标可能不适用于应急阶段的快速评估（Fan et al., 2020），该指标的有效性尚需依赖坝体内部结构探测技术的进步与创新。

堰塞湖溃决危险性等级依据坝体物质组成、寿命和泄流槽类型进行划分（表 7.1）。

这里认为，在人为有效干预下，灾难性的溃决洪水事件在一年内可得到有效解决，影响区域的居民也拥有了足够的时间安全撤离，因此，寿命大于 1 年的堰塞湖被认为具有较低的溃决危险性。这个观点与挪威学者提出的不同，因为他们指出还需考虑 200 年一遇的洪水对堰塞湖的影响（Hermanns et al.，2013）。此外，如果大坝存在超过一年，其岩土工程性质可能会趋于稳定，这有利于坝体的整体稳定（Fan et al.，2020，2021）。同时，如果能够获取堰塞坝的溃决速度，那么溃决危险等级划分和评估的科学性和有效性将进一步提高。因此在今后开展的溃坝试验中，可考虑收集下泄洪水、残余坝体形态等溃决经验数据，并分析这些因素之间的时空关系。值得注意的是，上述 42 座堰塞湖对于短寿命案例具有一定的经验半代表性，但无法表征长寿命的堰塞湖案例，因此，MMI 指标适用于短期或中期寿命堰塞湖的溃决危险性评估。当然，尚需更多的数据对该方法进行验证和改进，届时将可在有限的时间和资源下进行更好的风险管理，对局部区域堰塞湖群的应急处置决策更尤为重要。

7.3　堰塞湖综合风险评估

堰塞湖可能会发生溃决并对下游社会、环境造成损害，其灾害风险由危险性和易损性共同决定。本节采用模糊方法对危险性和易损性分别进行评估，再根据两者的评定结果确定堰塞湖的综合风险，评估结果有助于更有针对性地制定应对措施。

对已发生的自然灾害数据进行统计分析是建立灾害预测、灾害评估等的一种重要方法（Abdulwahid et al.，2017）。基于汶川地震中形成的 8 个堰塞湖提出危险性评估方法，并选择其中由 3 个堰塞湖构成的串珠堰塞湖形成易损性评估方法，最后根据串珠堰塞湖中最下游一座堰塞湖的危险性和易损性评估结果，确定其风险评估等级。8 个滑坡堰塞湖的地理位置见图 7.7（a），其中 3 个串珠堰塞湖位于都江堰市上游的白沙河，从上游往下游分别是窑子沟、关门山沟、枷担湾堰塞湖［图 7.7（b）］。8 座堰塞湖的具体数据见表 7.4。

图 7.7　滑坡堰塞湖的地理位置

（a）■ 为 8 个堰塞坝的位置；（b） ≤ 为串珠堰塞坝的位置

表 7.4 8 个堰塞湖的基本参数

序号	滑坡堰塞湖名称	集雨面积 /km²	坝体体积 /10⁶m³	坝宽 /m	坝长 /m	坝高 /m	最大库容 /10⁶m³	物质组成类型
1	唐家山	3550	20.37	803	612	82.6	315	块石夹土
2	南坝	156.2	4	350	220	30	6.86	块石夹土
3	肖家桥	154.8	2.42	390	260	64	20	块石夹土
4	老鹰岩	27.2	4.7	1000	130	106	10.1	块石为主
5	小岗剑	258	2	300	250	62	11	块石夹土
6	关门山沟	56.3	2.7	500	230	80	3.7	块石为主
7	窑子沟	135.3	1.8	250	180	60	6.2	块石为主
8	枷担湾	164.5	2.1	400	200	60	6.1	块石夹土

7.3.1 评估模型的影响因子

7.3.1.1 危险性影响因子

若不考虑地震、降雨等外界干扰，影响堰塞湖溃决失稳的因子主要包括地貌和坝体物质组成两个方面。为了使评估模型具有较好的实用性，堰塞湖危险性评估影响因子的选择不仅要考虑因子的影响程度，而且需要考虑因子获取的难易程度。坝体物质结构性质是影响堰塞湖溃决危险性的一类控制因素（Chen et al.，2017；Chang and Zhang，2012；Casagli et al.，2003；Cao et al.，2011a；Cao et al.，2011b）。统计分析、模型试验等研究成果表明，堰塞坝几何形态对溃决规模和溃决过程也具有非常重要的影响（Korup，2004；刘磊等，2013），其中坝体长宽比是反映堰塞坝平面几何特征的重要参数。在现场调查 2008 年汶川地震堰塞坝过程中，发现长宽比大的堰塞坝较长宽比小的堰塞坝，通常具有更高的危险性（徐富刚，2016），这可能由于较小长度的坝体受到两侧山体明显的约束，以至于减缓了坝体侵蚀速率；另外，坝体宽度越大，水力坡降越小，越利于坝体稳定。坝高和库容对溃决危险性的影响在 7.2.2.2 节进行了介绍。这里选择坝体物质组成、坝高、库容和长宽比作为堰塞湖溃决危险性评估的 4 个影响因子。

7.3.1.2 易损性影响因子

易损性主要由受灾区域的社会和环境因子决定（Birkmann，2006）。然而，各种社会及环境因子对不同类型灾害的承受能力通常也各不相同。例如，旱灾对涉河建筑物的影响往往比洪水的影响小得多。因此，在堰塞湖风险评估中，易损性影响因子的选择主要根据因子对溃决洪水的响应情况确定。除人口和建筑设施外，河流地貌形态、人文景观以及珍贵物种等也容易遭受洪水破坏。借鉴王仁钟等（2006）关于人工大坝风险评价的影响因子研究成果，本节选择 4 个社会因子和 4 个环境因子作为易损性评估的因子。

面临突发、超量的堰塞湖溃决洪水，下游影响区域的人民生命安全是首要关注的对象。人对洪水敏感度高，适应性差，而区域的行政级别与人口密度、人口数量、政治与社会经济重要性通常是密切相关的。尽管行政级别高的区域对洪水可能具有更高的适应性，但在巨大的溃决洪水冲击淹没后，反而可能需要更多的时间和资金进行恢复重建。此外，公共设施、文物、珍贵物种也容易遭受洪水破坏，这些设施影响着人类生活、交通、军事等活动，其中文物和珍贵物种对文化、生态环境具有意义重大。因此，本节选择人口、行政区域、设施和文物及稀有物种作为下游影响区域易损性评估的 4 个社会因子。

除了考虑社会属性的因子外，易损性评估也应该考虑具有环境属性的因子。堰塞湖溃决后，下游河道会遭受洪水冲击淹没，可能导致岸坡崩塌、河流改道、河床抬升等改变河道地貌的现象，严重时会破坏河流生态平衡。此外，洪水冲击也会直接破坏生物栖息地、人文景观等。另外，若下游存在污染企业，被洪水破坏后可能导致污染扩散传播，对社会、环境造成长期且难以消除的影响，甚至威胁人的身心健康。因此，本节选择河流、生物栖息地、人文景观和污染企业作为易损性评估的 4 个环境影响因子。

7.3.2　评估模型基于的分析方法

对于堰塞湖危险性评估的影响因子，目前尚没有量化它们影响程度的标准（Chen et al., 2017）。虽然关于洪涝、气候等灾害影响区的易损性评估已经存在诸多研究成果（Karagiorgos et al., 2016；McDowell et al., 2016），但如何量化因子的易损性也仍是重点和难点（Adger, 2006）。多项研究结果表明，在开展滑坡危险性评估之前对可能的影响因子进行选择和权衡，有助于改善评估结果（Ayalew and Yamagishi, 2005；Ghosh et al., 2011）。针对该观点，选择层次分析法（AHP）对堰塞湖溃决危险性和易损性影响因子附权重值。层次分析法是一种多指标决策方法，在层次结构中，通过对各因子进行排序来评价它们的重要性（Saaty, 1990）。

确定了影响因子及其权重后，采用模糊数学的方法对堰塞湖溃决危险性、影响区域易损性以及灾害风险进行评估。模糊集理论将因子分类为 0 到 1 的隶属度，其中 0 表示没有隶属度，1 表示全隶属度，因子的隶属度可以根据隶属函数估计（Zadeh, 1965）。模糊集理论可用于解决紧急事件中的不确定或近似已知的复杂问题（Ross, 2005；Kritikos and Davies, 2015）。堰塞湖的风险由危险性和易损性影响因子决定，但这些因子对风险的影响程度是模糊的，目前还没形成普遍接受的量化标准；其次，堰塞坝破坏机制复杂，水沙互馈作用原理尚待完善，要定量分析多种因素之间的作用关系十分困难。可见，堰塞湖风险属于不确定的复杂问题，但仍可通过分析、模拟这些未被完全理解的事件，提出一些有益的建议（Güçlü et al., 2017）。这里采用模糊数学方法，分析影响因子与堰塞湖风险之间的不确定关系。如图 7.8 所示，风险评估需进行两级模糊计算，第一级确定危险性和易损性评估等级；基于第一级结果，第二级进行风险评估。

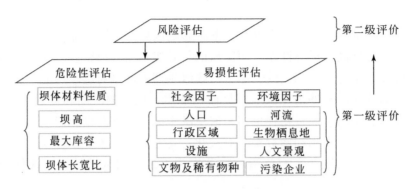

图 7.8　堰塞湖综合风险评估模型结构

7.3.2.1　危险性评估方法

对堰塞湖进行危险性评估可采用下述方法。

1）确定危险性的等级划分

将堰塞湖危险性等级划分为四级：Ⅰ（极高危）、Ⅱ（高危）、Ⅲ（中危）、Ⅳ（低危）。

2）确定影响因子的等级值域

与危险性等级划分相同，四个因子也分为Ⅰ、Ⅱ、Ⅲ、Ⅳ级（表7.5）。对于定性描述的坝体组成物质，需要转换为数值表达。在本模型中，土质为主（Ⅰ）、土夹块石（Ⅱ）、块石夹土（Ⅲ）、块石为主（Ⅳ）的赋值按照等差方法确定，分别是 1~0.75、0.75~0.5、0.5~0.25、0.25~0；对于其他三个数值量化的因子，直接取其数值进行计算。

表 7.5　危险性评估的四个影响因子的等级划分和等级值域

影响因子	各个因子的等级值域			
	Ⅰ	Ⅱ	Ⅲ	Ⅳ
坝体物质	土质为主 [1, 0.75)	土夹块石 [0.75, 0.5)	块石夹土 [0.5, 0.25)	块石为主 [0.25, 0)
坝高/m	(+∞, 70)	[70, 30)	[30, 15)	[15, 1)
最大库容/$10^6 m^3$	(+∞, 10)	[10, 5)	[5, 0.5)	[0.5, 0.01)
长宽比	[1, 0.67)	[0.67, 0.4)	[0.4, 0.25)	[0.25, 0)

3）确定影响因子的权重

表7.6列出了坝体物质组成、坝高、最大库容和坝体长宽比4个因子的构造判断矩阵 A，并据此求出了权向量 W，其每个因子的权重通过式（7.7）（Saaty，1990）确定：

$$w_i = \frac{1}{n} \sum_{j=1}^{n} \frac{a_{ij}}{\sum_{k=1}^{n} a_{kj}} \tag{7.7}$$

式中，w_i 为 i^{th} 个因子的权重，这里 $i=1, 2, 3, 4$；n 为因子的个数，这里 $n=4$；a_{ij} 和 a_{kj} 为矩阵 A 的元素。为了保证构造判断矩阵 A 在逻辑上可接受，需要进行一致性检验。采用

Saaty 根据经验提出的检验方法，若矩阵 A 的一致性比率 CR<0.1，则认为矩阵 A 在逻辑上可接受，否则调整矩阵 A 的元素取值，重新检验。在式（7.7）的基础上，CR 可以通过式（7.8）（Saaty，1990）确定：

$$\lambda_i = \frac{1}{n}\sum_{i=1}^{n}\frac{\sum_{j=1}^{n}a_{ij}w_j}{w_i} \tag{7.8}$$

$$CI = \frac{\lambda_1 - n}{n-1} \tag{7.9}$$

$$CR = \frac{CI}{RI} \tag{7.10}$$

式中，λ_1 为矩阵 A 的主特征值；CI 为矩阵 A 的一致性指标；RI 为根据 CI 查表确定的随机一致性指标。通过计算，CR 为 0.012，小于 0.1，构造的判断矩阵 A 满足一致性检验，据此确定的权向量 W 可接受。危险性四个影响因子的权重如表 7.6 最后一列所示。

表 7.6　堰塞湖危险性评估影响因子的构造判断矩阵 A 及权重

影响因子	坝体物质	坝高	最大库容	长宽比	W
坝体物质	1	3	2	4	0.466
坝高	1/3	1	1/2	2	0.161
最大库容	1/2	2	1	3	0.277
长宽比	1/4	1/2	1/3	1	0.096

其中，$\lambda_1 = 4.031$，CI=0.010，RI=0.89，CR=0.012

4）确定堰塞湖危险性等级

首先选择隶属函数，根据隶属函数计算每个因子在每个等级的隶属度。隶属函数选择《堰塞湖风险等级划分与应急处置技术规范》（SL/T 450—2021）（中华人民共和国水利部，2021）中采用的三角模糊数：

$$r_{in}(x_i) = \begin{cases} 0 & x_i > \alpha_n\,;x_i \leqslant \alpha_{n+2} \\[2mm] \dfrac{\alpha_n - x_i}{\alpha_n - \alpha_{n+1}} & \alpha_{n+1} \leqslant x_i \leqslant \alpha_n \\[2mm] \dfrac{x_i - \alpha_{n+2}}{\alpha_{n+1} - \alpha_{n+2}} & \alpha_{n+1} \leqslant x_i \leqslant \alpha_n \end{cases} \tag{7.11}$$

式中，n 为危险性等级（$n=1,2,3,4$）；$r_{in}(x_i)$ 为因子 i 对等级 n 的隶属度；x_i 为因子 i 的值；α_n 为等级值域的阈值。当 $x_i \geqslant \alpha_2$，则认为式（7.11）不再适用。例如，较大的坝高具有较高而不是更小的危险性，即对危险等级Ⅰ的隶属度应该更大，但根据式（7.11）的计算结果反而更小。因此，从安全的角度，当 $x_i \geqslant \alpha_2$ 时，$r_{in}(x_i)=1$，即对Ⅰ级的隶属度为 1，如图 7.9 所示。

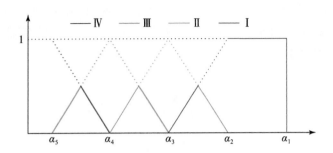

图 7.9　基于三角模糊数的隶属函数示意图

求出每个因子的每个等级隶属度，就可以确定判断矩阵 R：

$$R_{(m \times n)} = \begin{cases} r_{11} & r_{12} & r_{13} & r_{14} \\ r_{21} & r_{22} & r_{23} & r_{24} \\ r_{31} & r_{32} & r_{33} & r_{34} \\ r_{41} & r_{42} & r_{43} & r_{44} \end{cases} \tag{7.12}$$

根据权向量 W 和判断矩阵 R，确定模糊综合评价矩阵 B（Gong and Jin，2009）：

$$B = W \cdot R \tag{7.13}$$

最后根据最大隶属度原则确定堰塞湖的危险性等级：如果 $b_k = \max(b_1, b_2, b_3, b_4)$（$k = 1, 2, 3, 4$），则危险等级为 k 级。

重复上述的步骤，确定每一个堰塞湖的危险性等级。

7.3.2.2　易损性评估方法

易损性影响因子取决于潜在溃坝洪水下游影响区域内的社会与自然环境。因此，在进行易损性评估之前，首先要预测下游洪水演进过程，确定洪水影响范围，进而分析洪水影响范围内的影响因子特征与数值。首先可选用式（7.14）计算坝址溃决洪峰流量（李炜，2006）：

$$Q_{\max} = \frac{8}{27} \sqrt{g} \left(\frac{B_0}{b} \right)^{\frac{1}{4}} b (H_0)^{3/2} \tag{7.14}$$

式中，$Q_{\max}$ 为坝址的溃决洪峰，m^3/s；B_0 为坝长，m；b 为溃口宽度，m；H_0 为溃坝前的上游库水深，m；g 为重力加速度，$9.8 m/s^2$。溃决洪水在下游不同距离的峰值流量采用 Lister-Wan 方程（李炜，2006）计算：

$$Q_{LM} = \frac{W}{\dfrac{W}{Q_{\max}} + \dfrac{L}{vK}} \tag{7.15}$$

式中，L 为距离坝址的沿河路程，m；Q_{LM} 为距离坝址 L 处的河道断面峰值流量，m^3/s；W 为总库容，m^3；v 为河道断面在汛期的最大平均流速，m/s，对有记录的河流，v 可取最大测量值，否则，山区可取 3.0 ~ 5.0m/s，丘陵可取 2.0 ~ 3.0m/s，平原可取 1.0 ~ 2.0m/s；K 为经验系数，山区河流为 1.1 ~ 1.5，丘陵地区为 1.0，平原地区为 0.8 ~ 0.9。峰值流量到达距离坝址 L 位置的时间，可根据式（7.16）估算（李炜，2006）：

$$t_2 = k_2 \frac{L^{1.4}}{W^{0.2} (H_0)^{0.5} (h_{max})^{0.25}} \tag{7.16}$$

式中，t_2 为峰值流量达到距离坝址 L 位置的时间，s；k_2 为经验系数，可取 $0.8 \sim 1.2$；h_{max} 为峰值流量在该位置的平均水深，m。

确定了溃决洪水下游影响区域及影响因子的分布情况后，即可开始进行易损性评估计算，其步骤和方法与危险性评估的类似。

首先，确定易损性的等级划分。与危险性等级划分相同，易损性等级也划分为Ⅰ、Ⅱ、Ⅲ、Ⅳ级。其次，确定影响因子的等级值域。与危险性等级划分相同，8 个因子也分为Ⅰ、Ⅱ、Ⅲ、Ⅳ级（表 7.7）。对于定性描述因子，同样按等差方法确定，Ⅰ、Ⅱ、Ⅲ、Ⅳ级的取值范围分别是 $1 \sim 0.75$、$0.75 \sim 0.5$、$0.5 \sim 0.25$、$0.25 \sim 0$。

表 7.7　易损性评估的八个影响因子的等级划分、等级值域和权重

因子		权重	各个因子的等级值域			
			Ⅰ	Ⅱ	Ⅲ	Ⅳ
社会因子	人口/10^4	0.177	>10	$1 \sim 10$	$0.1 \sim 1$	<0.1
	行政区域	0.161	直辖市、省会、国都	一般城市	城镇	村
	设施	0.092	国家一级设施或非常重要的军事设备	省级设施或重要军事设备	市级设施或中等重要军事设备	一般设施或军事设备
	文物、珍稀动植物	0.102	世界级	国家级	省市级	县级及以下
环境因子	河流	0.148	容易改变	容易严重受损	主要河流局部破坏	一般河道局部破坏
	生物栖息地	0.092	世界稀有品种的生境	稀有品种的生境	一般稀有品种的生境	一般品种的生境
	人文景观	0.092	世界级	国家级	省级	市级及以下
	污染企业	0.135	核电站	大型或剧毒化工厂或大型农药工厂	中大型化工厂或农药厂	一般化工厂或农药厂

影响因子的权重参考王仁钟等（王仁钟等，2006）针对人工坝体溃决可能造成的社会和环境损害的评估标准确定。确定易损性等级的方法与步骤和危险性的相同。重复上述步骤，可确定每一个堰塞湖的易损性等级

7.3.2.3　综合风险评估

风险等级根据危险性和易损性的评估结果进行二级模糊评判确定。

首先，风险等级也划分为Ⅰ、Ⅱ、Ⅲ、Ⅳ级，危险性与易损性的权重系数分别取 0.56 与 0.44（孙研和王绍玉，2011），则因子权重向量 $W_2 = (0.56, 0.44)$。

其次，确定风险的判断矩阵 R_2。由危险性和易损性的综合评价矩阵 B_{11}、B_{12} 组成：

$$R_2 = (B_{11}, B_{12}) \tag{7.17}$$

其中危险性评价矩阵 $B_{11} = (b_{11}, b_{12}, b_{13}, b_{14})$，易损性评价矩阵 $B_{12} = (b_{21}, b_{22}, b_{23}, b_{24})$

最后，确定风险的综合评价矩阵 B_2：

$$B_2 = W_2 \cdot W_2 \qquad (7.18)$$

同样地，根据最大隶属度原则确定堰塞湖的风险等级。

重复上述步骤，确定每一个堰塞湖的风险等级。

7.3.3　结果与讨论

7.3.3.1　危险性评估结果

根据坝体物质组成和表 7.5 的等级值域，表 7.4 的第 1～8 个堰塞坝的坝体物质表征数值为 0.400、0.300、0.350、0.150、0.400、0.300、0.150 和 0.175。综合评价矩阵和危险性等级的分析结果如表 7.8 所示。其中，唐家山堰塞湖的危险等级为 I 级，老鹰岩和关门山沟 2 个为 III 级，南坝等其余 5 个为 II 级。虽然基于模糊数学方法可以得出堰塞湖的危险性评价结果，但确定各个影响因子的权重需要依赖分析人员的专业知识和经验，这些因子暂时无法实现完全量化。然而不可否认的是，正因为目前还没有形成规范性的评价方法，溃坝机理和演变过程尚有待进一步深入研究，因此专家、技术人员的判断和意见对于堰塞湖的危险性评估始终必不可少。

表 7.8　堰塞湖危险性评估结果

综合评价矩阵因素值	唐家山	南坝	肖家桥	老鹰岩	小岗剑	枷担湾	窑子沟	关门山沟
B_1	0.534	0.087	0.277	0.144	0.242	0.160	0.220	0.182
B_2	0.280	0.540	0.444	0.294	0.571	0.468	0.314	0.272
B_3	0.186	0.373	0.280	0.299	0.186	0.373	0.280	0.406
B_4	0	0	0	0.263	0	0	0.186	0.140
等级	I	II	II	III	II	II	II	III

7.3.3.2　易损性评估结果

关门山沟、窑子沟、枷担湾坝址相距较近，如果发生连溃，上游的关门山沟、窑子沟的溃决洪水对枷担湾的溃决洪峰流量影响较大。考虑到三个堰塞坝址之间为无人区，存在的易损性影响因子很少，因此易损性评估只针对枷担湾下游的洪水影响区域。计算了 5 种串珠堰塞湖溃决方案的枷担湾坝址洪峰流量，结果如表 7.9 所示。根据峰值流量在下游的演变过程（图 7.10），枷担湾坝址的峰值流量越大，靠近坝址下游河段的峰值流量减小得越快；越往下游，不同流量的减小速度都逐渐变慢并趋于相等。

表 7.9　串珠堰塞湖的 5 种溃决方案的洪水计算结果

位置	距离/km	峰值流量/(m³/s)					洪峰到达时间/h				
		方案 a	方案 b	方案 c	方案 d	方案 e	方案 a	方案 b	方案 c	方案 d	方案 e
关门山沟	0	21410	—	—	—	8660	0	—	—	—	0

续表

位置	距离/km	峰值流量/(m³/s)					洪峰到达时间/h				
		方案 a	方案 b	方案 c	方案 d	方案 e	方案 a	方案 b	方案 c	方案 d	方案 e
窑子沟	5.84	19670	—	4140	—	12240	0.2	—	0	—	0.23
枷担湾	8.64	24820	15900	11970	9200	16340	0.25	0	0.1	0	0.26
联合村	15.34	5190	4690	4320	3960	4720	0.4	0.18	0.23	0.22	0.46
虹口村	20.24	3280	3070	2910	2740	3080	0.65	0.48	0.48	0.61	0.6
虹口镇	24.34	2500	2380	2280	2180	2390	0.92	0.87	0.75	1.01	0.96
紫坪铺	39.54	1330	1300	1270	1230	1300	2.43	2.65	2.2	3.66	3.2

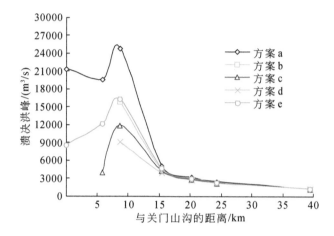

图 7.10　不同溃坝工况的下游洪水演进

方案 a：3 个坝体全溃，关门山沟全溃的洪水到达窑子沟坝址，与达窑子沟全溃的洪水一起奔向枷担湾坝址，然后再与枷担湾全溃的洪水一起奔往下游；方案 b：枷担湾全溃，其他两个坝体不溃决；方案 c：窑子沟 1/4 溃决+枷担湾 1/3 溃决；方案 d：枷担湾 1/2 溃决；方案 e：关门山沟 1/3 溃决+窑子沟 1/2 溃决+枷担湾 1/2 溃决。

表 7.9 的计算结果表明，5 种方案的洪水从枷担湾坝址到联合村、虹口镇和紫坪铺的历时都比较短，为 0.18~3.66h。溃决洪水可能会淹没紫坪铺镇，对人们安全、震后重建工程等构成威胁。结合实地调查结果，选择方案 e 的溃坝洪水影响范围进行易损性评估。方案 e 中，达到虹口镇和紫坪铺镇的洪峰流量超过 20 年一遇洪水，对渔场、电站、交通设施、军事设备的正常运行造成影响。

方案 e 的溃决洪水影响区域的易损性影响因子如表 7.10 所示，影响因子数值及评估结果见表 7.11，易损性等级为Ⅲ级。该评估方法假设影响区内的影响因子都会遭受一定的破坏，但相应洪水对每个因子的破坏程度没有确切的量化标准，即没有具体分析每个因子对潜在溃坝洪水的抵抗能力。如能量化衡量每个（类）因子在不同规模洪水的反映，将有效提高评估结果的精度。

表 7.10   方案 e 的溃决洪水影响区域的社会和环境属性因子情况

社会因子	环境因子
2 个镇、8 个村, 7409 人; 2 个电站, 1 座取水闸, 16 座桥梁, 0.17km² 渔场, 33.9km 通信电缆, 189 家农家乐; 10km 军事设施	旅游观光景点

表 7.11   串珠堰塞湖的易损性评估影响因子数值及评估结果

影响因子		因子数值	综合评价矩阵 B	易损性等级
社会属性	人口/10^4	0.741		
	行政区域	0.30		
	设施	0.30		
	文物、珍稀动植物	0.30	(0.018, 0.174, 0.612, 0.194)	Ⅲ
环境属性	河流	0.15		
	生物栖息地	0.55		
	人文景观	0.30		
	污染企业	0		

7.3.3.3   灾害风险评估

根据枷担湾堰塞湖的危险性及易损性评估结果，进行第二级模糊评价并确定枷担湾堰塞湖的风险等级。经过计算，风险评估的综合评价矩阵 $B_2 = (0.107, 0.366, 0.442, 0.026)$。根据最大隶属度原则，枷担湾堰塞湖的风险等级为Ⅲ级。

本节提出的堰塞湖综合风险评估方法，包括了堰塞湖的危险性和可能溃坝洪水影响区域的易损性评估，其中易损性影响因子除了人口、设施等社会因子，还考虑了与生态环境、文化有关的因子，反映了溃决洪水造成的损害。综合风险评估方法有助于在风险管理中合理分配资源，制定科学的治理、避险方案。

7.3.3.4   案例分析

采用滑坡堰塞湖综合风险评估方法对茂县滑坡堵江案例进行分析。2017 年 6 月 24 日，四川省茂县新磨村发生了 $2.344×10^7 m^3$ 的大型滑坡 [图 7.11 (a)]，形成了高危滑坡–碎屑流–堵江灾害链 (Su et al., 2017)。从图 7.11 (b) 可看到，部分滑坡堆积体进入河道，堵塞松坪沟，形成堰塞湖。由于滑入河道的堆积体方量不大，坝体高度较小，堵江后很快就发生自然溢流。为加大泄流量、避免库水雍高淹没上游沿岸居民住房，应急处置工作组采用机械开挖拓宽溢流道 [图 7.11 (c)]。根据无人机获取的三维影像数据，堰塞湖面积约为 $7.6×10^4 m^2$，坝长约 145m，坝宽约 1130m。现场调查结果显示，坝体物质以块石、砾石为主。基于前文提出的堰塞湖危险性评估方法，茂县滑坡堰塞湖的危险性等级为Ⅳ级，具体计算参数和计算结果见表 7.12。

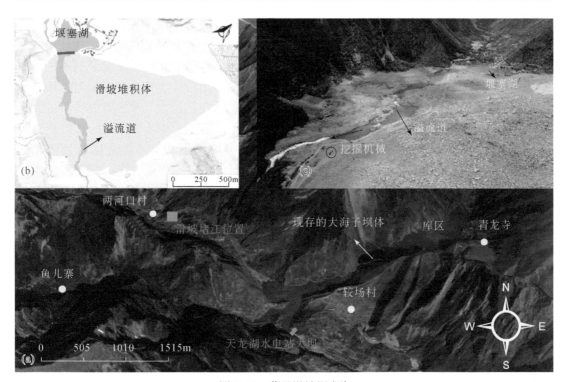

图 7.11　茂县滑坡堰塞湖

（a）滑坡位置；（b）滑坡堵江概况；（c）堰塞坝溢流道

表 7.12　茂县滑坡堰塞湖特征参数及危险性评估结果

坝体物质	坝高/m	最大库容/10^6m^3	坝体长宽比	模糊综合评价矩阵	危险性等级
0.15	1.50	0.076	0.13	(0, 0, 0.342, 0.658)	Ⅳ

针对茂县滑坡堰塞湖可能影响范围的易损性评估，只估算茂县滑坡堰塞湖的溃坝洪水，不叠加相邻岷江的叠溪大海子的可能溃决洪水，因为大海子经过 1933 年、1986 年和 1992 年几次溃决洪水的冲刷及 80 多年的固结，并经地质勘查分析，认为目前坝体具有很高的抗冲刷能力，稳定性较好，短期内不会发生溃坝（四川省水利水电勘测设计研究院，2000）。根据式（7.14）的计算结果可知，茂县滑坡堰塞坝 1/2 溃和全溃的坝址洪峰流量分别是 147m^3/s 和 247m^3/s；根据式（7.15）的计算结果可知，距离坝址 4.25km 的下游天龙湖水电站大坝的洪峰流量分别是 69m^3/s 和 77m^3/s，远小于 50 年一遇的设计洪峰流量 638m^3/s。可见，茂县堰塞湖的溃决洪水不会对下游造成损害，易损性等级为Ⅳ级。经第二级模糊计算，风险等级为Ⅳ级，分析结果与实际情况相符。

7.4　堰塞湖群的抢险处置决策分析

"5·12" 汶川地震使西南山区诸多流域上形成了几处甚至十几座堰塞湖，如石亭江流域 8 处、白沙河流域 3 处、绵远河流域 16 处、北川都坝河流域 10 处。在应急抢险期间，由于抢险资源和时间有限，无法对同一流域上所有堰塞湖进行彻底治理，只能优选一个或几个堰塞湖进行处置来使整个流域安全度汛。堰塞湖应急处置方案的优选问题往往牵涉到很多影响因素，如地质、水文、堰体稳定、施工难度等，各因素之间通常又具有不同的层次，因此在具体制定应急抢险和应急避险预案时面临诸多困难。本节主要是通过运用模糊一致矩阵的相关运算性质，提出了堰塞湖群在应急处置阶段多层次、多因素的决策方案优选实施方法，建立数学模型，同时借鉴了白沙河流域、石亭江流域堰塞湖的排险处置经验，确定模型中评价指标权重及评价因素权重比例，并应用于绵远河流域 16 座堰塞湖的应急处理工程的方案优选中。

7.4.1　模糊一致矩阵的概念及有关运算性质

模糊一致矩阵的中分传递性符合人们在通常情况下决策思维的心理特性，但往往决策过程考虑的因素不在同等层次上，无法量化比较，所以运用模糊矩阵作为一种特殊的模糊关系的合成运算将有效地解决此类问题。假设有 m 个模糊一致矩阵 $R^k = (r_{ij}^k)_{n \times n} (k = 1, 2, \cdots, m)$，取：

$$r_{ij} = \sum_{k=1}^{m} \omega_k r_{ij}^k \tag{7.19}$$

其中

$$\sum_{k=1}^{m} \omega_k = 1 \tag{7.20}$$

则称

$$R = (r_{ij})_{n \times n} \tag{7.21}$$

为 m 个矩阵 R^k 的综合，记为 $R = R^1 + R^2 + \cdots + R^m$。$m$ 个模糊一致矩阵为

$$R^k = (r_{ij})_{n \times n} (k = 1, 2, \cdots, m) \tag{7.22}$$

其仍然是模糊一致矩阵。

7.4.2　多层次、多因素决策方案的优选数学模型

7.4.2.1　多个因素决策方案优选方法

在多个堰塞湖群相互影响的基础上，假设已拟定了 n 个地震堰塞湖的应急处理决策方案 $A_i (i = 1, 2, \cdots, n)$ 构成堰塞湖群优选方案集，通常情况下，某个流域上有多少个堰塞湖就应该对应多少个堰塞湖的应急处理决策选择方案，则建立堰塞湖群应急处理多因素决策方案优选过程如下：

（1）建立模糊矩阵，考虑到这是 n 个方案在 m 个因素下的优选问题，故可以建立 m 个单因素模糊优先关系矩阵 $B^k = (b_{ij}^k)_{n \times n} (k = 1, 2, \cdots, m)$，其中 b_{ij}^k 称为在因素 O_k 下，A_i 对 A_j 的优先关系系数，为方便运算，其值为

$$b_{ij}^k = \begin{cases} 0 & \text{如果在因素 } O_k \text{ 下}, A_j \text{ 优于 } A_i \\ 0.5 & \text{如果在因素 } O_k \text{ 下}, A_j \text{ 与 } A_i \text{ 等优} \\ 1 & \text{如果在因素 } O_k \text{ 下}, A_j \text{ 差于 } A_i \end{cases} \quad (7.23)$$

（2）将 $B^k(k=1,2,\cdots,m)$ 改造成模糊一致矩阵：

$$R^k = (r_{ij}^k)_{n \times n} \quad (7.24)$$

式中，$r_{ij}^k = \dfrac{r_i^k - r_j^k}{2n} + 0.5$；$r_i^k = \displaystyle\sum_{l=1}^{n} b_{il}^k$，$r_{ij}^k$ 表示第 k 个因素在 n 个方案中的优先关系元素，可由以上公式推导得出，因为，对 $\forall l = 1, 2, \cdots, n$

$$r_{i1}^k - r_{1j}^k + 0.5 = r_{ij}^k \quad (7.25)$$

因此改造后的 R^k 为模糊一致矩阵。

（3）单个因素计算优度值，计算在因素 O_k 下方案 A_i 的优度值 S_i^k：

$$S_i^k = \frac{\bar{s}_i}{\displaystyle\sum_{l=1}^{n} \bar{s}_l} \quad (7.26)$$

其中 $\bar{s}_i = \left(\displaystyle\prod_{m=1}^{n} r_{im}^k\right)^{\frac{1}{n}}$。

继续计算综合优度值 S_i：

$$S_i = \sum_{k=1}^{m} \omega_k S_i^k \quad i = 1,2,\cdots,n \quad (7.27)$$

此方法适用于堰塞湖应急处理中各评价指标综合优度值的计算，得到各个方案在单个类别下各因素的优劣次序。

7.4.2.2　多层次、多因素决策方案优选方法

在实际堰塞湖应急决策时，因为它涉及许多因素，因素之间通常存在不同的隶属关系和类别，往往必须根据实际情况的评价因素分成几类。通过同一流域堰塞湖群应急治理工程的方案优化，可将堰塞湖应急处理决策分为 5 个分系统（表 7.13），再分为 12 因素进行评估（表 7.14）。根据系统可分性原理，优化的所有因素应该考虑根据其属性划分成若干子系统，各子系统根据多因素决策方法得到优度值，并在高一层次上，对优度值加以综合，获得总体优度值，从而得到优劣次序，其数学表达式见式（7.28）。

表 7.13　影响程度评分等级量化

影响程度	评分等级	影响程度	评分等级
严重影响	4.0	微弱影响	1.0
中度影响	3.0	无影响	0
轻度影响	2.0		

表 7.14　采用专家评价法标准进行打分

堰塞湖风险评价因子	打分
暴雨及洪水 C_1	$f_1 = 3.8$
工程区域地质 C_2	$f_2 = 2.4$
堰体物理几何参数 C_3	$f_3 = 3.7$
堰体渗流稳定性因素 C_4	$f_4 = 3.4$
堰顶漫顶抗冲刷因素 C_5	$f_5 = 2.8$
堰体安全抗滑稳定性因素 C_6	$f_6 = 2.3$
堰体物理力学参数 C_7	$f_7 = 3.3$
堰体物质组成 C_8	$f_8 = 3.1$
库区地灾危害性因素 C_9	$f_9 = 2.8$
堰体附近边坡稳定性因素 C_{10}	$f_{10} = 2.9$
溃决影响人口因素 C_{11}	$f_{11} = 3.6$
溃决影响经济社会因素 C_{12}	$f_{12} = 3.1$

假设有 n 个方案 $A_i(i=1,2,\cdots,n)$，有 m 个因素构成优选因素集。

（1）分系统中第 k 个假设包含有 p 个因素，其相应权重分别为 $_k\omega_1,_k\omega_2,\cdots,_k\omega_p$，且满足 $\sum_{i=1}^{p} {}_k\omega_i = 1$，在第 k 个分系统下 n 个方案的优度值 $_kS_i(i=1,2,\cdots,n,k=1,2,\cdots,m)$；

（2）同理，可求出 n 个方案在高一层次上的总体优度值 T_i：

$$T_i = \sum_{k=1}^{m} \psi_k \ _kS_{ii=1,2,\cdots,n} \tag{7.28}$$

决策方案优选提供的理论依据是依赖 T_i 所得值得出方案的优劣次序的数值结果。

7.4.3　堰塞湖应急处置的系统分层与权重分配

7.4.3.1　系统分层

汶川地震形成了 113 座堰塞湖，通过对其中已经过应急处理的 28 座中高危堰塞湖的基本资料进行复核，选比出对同流域堰塞湖应急处理工程的 15 个影响因素，并可将 15 个影响因素归为 4 个方面（区域水文地质评价指标、堰塞湖稳定性评价指标、溃坝影响评价指标、技术经济评价指标），即 4 个分系统，如表 7.15 所示。

表 7.15　系统分层与权重分配

第一层		第二层	
评价指标	权重	评价因素	权重
区域水文地质评价指标（P_1）	0.15	集雨面积（P_1^1）	0.60
		堰塞体上下游河道两岸边坡灾害发育状况（P_2^1）	0.40

第一层		第二层	
评价指标	权重	评价因素	权重
堰塞湖稳定性评价指标（P_2）	0.5	堰塞湖规模/×10⁴ m³（P_1^2）	0.20
		物质组成（P_2^2）	0.20
		堰体高度/m（P_3^2）	0.10
		堰体高长比（P_4^2）	0.10
		常年洪水/（m³/s）（P_5^2）（五年一遇）	0.05
		堰塞体左右岸边坡稳定性（P_6^2）	0.05
		堰塞体上下游边坡安全性（P_7^2）	0.05
		堰体渗流破坏（P_8^2）	0.10
		堰顶过流冲刷破坏（P_9^2）	0.15
溃坝影响评价指标（P_3）	0.2	风险人口数/×10⁴ 人（P_1^3）	0.50
		公共设施破坏性（P_2^3）	0.50
技术经济评价指标（P_4）	0.15	施工难度（P_1^4）	0.70
		预计投资/×10⁴ 元（P_2^4）	0.30

注：对于同流域各方案中相似度很高的评价因素可删减，简化计算过程。支流上多于一个堰塞湖的方案优选时可适当提高其在整个流域的优选次序。

7.4.3.2　权重分配

在借鉴白沙河流域（3 座堰塞湖）、石亭江流域（8 座堰塞湖）、北川都坝河流域（10 座堰塞湖）排险处置成功经验的基础上，将三个流域的各方案评价因素指标值分别代入数学模型中，根据专家组对各堰塞湖应急治理方案的判定结果，利用反推法和比较法计算出数学模型中的权重分配，具体内容如表 7.15 所示。

7.4.4　绵远河流域堰塞湖群应急处置方案优选

四川省绵竹市绵远河形成了 16 处堰塞湖，堰塞体体积及河道淤积总量可达 $5×10^7$ m³ 以上，蓄满后总水量可达到 $2×10^7$ m³ 以上，河道两岸垮塌严重，泥石流频发，溃决影响人口达 $8.6×10^4$ 人，严重制约下游地区（德茂高速公路等）的恢复重建工作，同时汛期临近，各堰塞湖间又相互影响，构成堰塞湖群（图 7.12），排险难度大，汛前无法对所有堰塞湖进行排险，所以就必须对绵远河流域 16 座堰塞湖的应急处理工程进行方案优选。

现有徐家坝、长河坝、钟嘴、杨家沟等 16 个应急处理方案，堰塞湖治理工程方案评价因素指标值如表 7.16 所示。有些评价因素为越大越优型（如集雨面积、堰体高度、堰体渗流破坏等），另外有些评价因素为越小越优型（如治理时的施工难度、预计工程投资等）。以区域水文地质评价分系统中集雨面积、堰塞体上下游河道两岸边坡灾害发育状况 2 个评价指标为例进行工程应急处理方案优选，其计算如下所示。

图 7.12　绵远河堰塞湖位置分布图

1）堰塞湖以上集雨面积

建立优先关系矩阵：

$$
B_1^1 =
\begin{bmatrix}
0.5 & 0 & 0 & 0 & 0 & 0 & 0 & 0 & 0 & 0 & 0 & 1 & 0 & 0 & 1 & 0 \\
1 & 0.5 & 0 & 0 & 0 & 0 & 0 & 0 & 0 & 0 & 0 & 1 & 0 & 0 & 1 & 0 \\
1 & 1 & 0.5 & 0 & 0 & 0 & 0 & 0 & 0 & 0 & 0 & 1 & 0 & 0 & 1 & 0 \\
1 & 1 & 1 & 0.5 & 0 & 0 & 0 & 0 & 0 & 0 & 0 & 1 & 0 & 0 & 1 & 0 \\
1 & 1 & 1 & 1 & 0.5 & 0 & 0 & 0 & 0 & 0 & 0 & 1 & 0 & 0 & 1 & 0 \\
1 & 1 & 1 & 1 & 1 & 0.5 & 0 & 0 & 0 & 0 & 0 & 1 & 0 & 0 & 1 & 0 \\
1 & 1 & 1 & 1 & 1 & 1 & 0.5 & 0 & 0 & 0 & 0 & 1 & 0 & 0 & 1 & 0 \\
1 & 1 & 1 & 1 & 1 & 1 & 1 & 0.5 & 0 & 0 & 0 & 1 & 0 & 0 & 1 & 0 \\
1 & 1 & 1 & 1 & 1 & 1 & 1 & 1 & 0.5 & 0 & 0 & 1 & 0 & 0 & 1 & 0 \\
1 & 1 & 1 & 1 & 1 & 1 & 1 & 1 & 1 & 0.5 & 0 & 1 & 0 & 0 & 1 & 0 \\
1 & 1 & 1 & 1 & 1 & 1 & 1 & 1 & 1 & 1 & 0.5 & 1 & 0 & 0 & 1 & 0 \\
0 & 0 & 0 & 0 & 0 & 0 & 0 & 0 & 0 & 0 & 0 & 0.5 & 0 & 0 & 1 & 0 \\
1 & 1 & 1 & 1 & 1 & 1 & 1 & 1 & 1 & 1 & 1 & 1 & 0.5 & 0 & 1 & 0 \\
1 & 1 & 1 & 1 & 1 & 1 & 1 & 1 & 1 & 1 & 1 & 1 & 1 & 0.5 & 1 & 0 \\
0 & 0 & 0 & 0 & 0 & 0 & 0 & 0 & 0 & 0 & 0 & 0 & 0 & 0 & 0.5 & 0 \\
1 & 1 & 1 & 1 & 1 & 1 & 1 & 1 & 1 & 1 & 1 & 1 & 1 & 1 & 1 & 0.5
\end{bmatrix}
$$

表 7.16　堰塞湖治理工程方案评价因素指标值

方案	区域水文地质评价指标		堰塞湖稳定性评价指标									溃坝影响评价指标		技术经济评价指标	
	集雨面积 P_1^1 /km²	堰塞体上下游河道两岸边坡灾害发育状况 P_2^1	堰塞湖规模 P_1^2 /×10⁴ m³	物质组成 P_2^2	堰体高度 P_3^2 /m	堰体高长比 P_4^2	常年洪水 P_5^2 /(m³/s)	堰塞体左右岸边坡稳定性 P_6^2	堰塞体上下游边坡安全性 P_7^2	堰体渗流破坏 P_8^2	堰顶过流冲刷破坏 P_9^2	风险人口数 P_1^3 /×10⁴ 人	公共设施破坏性 P_2^3	施工难度 P_1^4	预计投资 P_2^4 /×10⁴ 元
徐家坝	64.1	较发育	980	以大块石为主	110	0.12	331	较好	稳定	弱	无	8.6	严重	高	1703
长河坝	101	较完整	10	大块石土	40	0.21	420	较好	稳定	无	较强	8.6	轻微	高	154
钟嘴	107	较完整	20	大块石土	30	0.24	437	较好	不稳定	中等	无	8.6	一般	高	142
杨家沟	115	较发育	85	碎石土	50	0.28	458	差	不稳定	无	强	8.6	严重	中等	191
滴水岩	124	发育	30	大块石土	38	0.26	482	一般	不稳定	无	较强	8.6	较严重	高	42
一棵树	142	发育	30	大块石土	25	0.25	528	一般	稳定	中等	弱	8.6	较严重	高	237
二岗桥	160	发育	70	碎石土	50	0.2	571	一般	不稳定	无	较强	8.6	严重	高	652
干沟	170	较发育	40	大块石含土	32	0.32	595	较好	稳定	无	较强	8.6	较严重	中等	249
一岗桥	174	较发育	60	大块石含土	35	0.23	604	较好	不稳定	无	中等	8.6	较严重	中等	450
小木岭	181	发育	23	碎石土	30	0.2	620	较差	稳定	无	较强	8.6	较严重	中等	130
伐木厂	184	较发育	0	塑性结构	20	6	625	较好	不稳定	无	弱	8.6	一般	较低	50
打靶场	43.8	较发育	30	以大块石为主	40	0.25	232	好	稳定	无	弱	8.6	一般	较高	300
黑洞崖	192	发育	600	碎石土	60	0.22	645	较差	稳定	无	强	8.6	严重	较高	3078
小岗剑	330	较发育	1200	碎石土	80	0.25	926	较差	不稳定	无	强	8	严重	中等	1500
小天池	35.2	较发育	70	以大块石为主	35	0.18	278	一般	稳定	无	弱	8	一般	中等	800
一把刀	372	发育	200	碎石土	50	0.23	1003	较差	不稳定	无	较强	8	较严重	中等	1000

将 B_1^1 改造可得模糊一致矩阵：

$$R_1^1 = \begin{bmatrix}
0.500 & 0.469 & 0.438 & 0.406 & 0.375 & 0.344 & 0.313 & 0.281 & 0.250 & 0.219 & 0.188 & 0.531 & 0.156 & 0.125 & 0.563 & 0.094 \\
0.531 & 0.500 & 0.469 & 0.438 & 0.406 & 0.375 & 0.344 & 0.313 & 0.281 & 0.250 & 0.219 & 0.563 & 0.188 & 0.156 & 0.609 & 0.125 \\
0.563 & 0.531 & 0.500 & 0.469 & 0.438 & 0.406 & 0.375 & 0.344 & 0.313 & 0.281 & 0.250 & 0.594 & 0.219 & 0.188 & 0.625 & 0.156 \\
0.594 & 0.563 & 0.531 & 0.500 & 0.469 & 0.438 & 0.406 & 0.375 & 0.344 & 0.313 & 0.281 & 0.625 & 0.250 & 0.219 & 0.656 & 0.188 \\
0.625 & 0.594 & 0.563 & 0.531 & 0.500 & 0.469 & 0.438 & 0.406 & 0.375 & 0.344 & 0.313 & 0.656 & 0.281 & 0.250 & 0.688 & 0.219 \\
0.656 & 0.625 & 0.594 & 0.563 & 0.531 & 0.500 & 0.469 & 0.438 & 0.406 & 0.375 & 0.344 & 0.688 & 0.313 & 0.281 & 0.719 & 0.250 \\
0.688 & 0.656 & 0.625 & 0.594 & 0.563 & 0.531 & 0.500 & 0.469 & 0.438 & 0.406 & 0.375 & 0.719 & 0.344 & 0.313 & 0.750 & 0.281 \\
0.719 & 0.688 & 0.656 & 0.625 & 0.594 & 0.563 & 0.531 & 0.500 & 0.469 & 0.438 & 0.406 & 0.750 & 0.375 & 0.344 & 0.781 & 0.313 \\
0.750 & 0.719 & 0.688 & 0.656 & 0.625 & 0.594 & 0.563 & 0.531 & 0.500 & 0.469 & 0.438 & 0.781 & 0.406 & 0.375 & 0.813 & 0.344 \\
0.781 & 0.750 & 0.719 & 0.688 & 0.656 & 0.625 & 0.594 & 0.563 & 0.531 & 0.500 & 0.469 & 0.813 & 0.438 & 0.406 & 0.844 & 0.375 \\
0.813 & 0.781 & 0.750 & 0.719 & 0.688 & 0.656 & 0.625 & 0.594 & 0.563 & 0.531 & 0.500 & 0.844 & 0.469 & 0.438 & 0.875 & 0.406 \\
0.469 & 0.438 & 0.406 & 0.375 & 0.344 & 0.313 & 0.281 & 0.250 & 0.219 & 0.188 & 0.156 & 0.500 & 0.125 & 0.094 & 0.531 & 0.063 \\
0.844 & 0.813 & 0.781 & 0.750 & 0.719 & 0.688 & 0.656 & 0.625 & 0.594 & 0.563 & 0.531 & 0.875 & 0.500 & 0.469 & 0.906 & 0.438 \\
0.875 & 0.844 & 0.813 & 0.781 & 0.750 & 0.719 & 0.688 & 0.656 & 0.625 & 0.594 & 0.563 & 0.906 & 0.531 & 0.500 & 0.938 & 0.469 \\
0.438 & 0.406 & 0.375 & 0.344 & 0.313 & 0.281 & 0.250 & 0.219 & 0.188 & 0.156 & 0.125 & 0.469 & 0.094 & 0.063 & 0.500 & 0.031 \\
0.906 & 0.875 & 0.844 & 0.813 & 0.781 & 0.750 & 0.719 & 0.688 & 0.656 & 0.625 & 0.594 & 0.938 & 0.563 & 0.531 & 0.969 & 0.500
\end{bmatrix}$$

计算单因素优度值，得

$$S_1^1 = 0.038 \quad S_2^1 = 0.043 \quad S_3^1 = 0.048 \quad S_4^1 = 0.052 \quad S_5^1 = 0.056 \quad S_6^1 = 0.061 \quad S_7^1 = 0.065$$

$$S_8^1 = 0.069 \quad S_9^1 = 0.074 \quad S_{10}^1 = 0.078 \quad S_{11}^1 = 0.082 \quad S_{12}^1 = 0.033 \quad S_{13}^1 = 0.086 \quad S_{14}^1 = 0.091$$

$$S_{15}^1 = 0.028 \quad S_{16}^1 = 0.095$$

2）堰塞体上下游河道两岸边坡灾害发育状况

优先关系矩阵为

$$B_2^2 = \begin{bmatrix}
0.5 & 1 & 1 & 0 & 0 & 0 & 0 & 0.5 & 0.5 & 0 & 0.5 & 0.5 & 0 & 0 & 0.5 & 0 \\
0 & 0.5 & 0.5 & 0 & 0 & 0 & 0 & 0 & 0 & 0 & 0 & 0 & 0 & 0 & 0 & 0 \\
0 & 0.5 & 0.5 & 0 & 0 & 0 & 0 & 0 & 0 & 0 & 0 & 0 & 0 & 0 & 0 & 0 \\
1 & 1 & 1 & 0.5 & 1 & 1 & 1 & 1 & 1 & 1 & 1 & 1 & 1 & 0.5 & 1 & 1 \\
1 & 1 & 1 & 0 & 0.5 & 0.5 & 0.5 & 1 & 1 & 0.5 & 1 & 1 & 0.5 & 0 & 1 & 0.5 \\
1 & 1 & 1 & 0 & 0.5 & 0.5 & 0.5 & 1 & 1 & 0.5 & 1 & 1 & 0.5 & 0 & 1 & 0.5 \\
1 & 1 & 1 & 0 & 0.5 & 0.5 & 0.5 & 1 & 1 & 0.5 & 1 & 1 & 0.5 & 0 & 1 & 0.5 \\
0.5 & 1 & 1 & 0 & 0 & 0 & 0 & 0.5 & 0.5 & 0 & 0.5 & 0.5 & 0 & 0 & 0.5 & 0 \\
0.5 & 1 & 1 & 0 & 0 & 0 & 0 & 0.5 & 0.5 & 0 & 0.5 & 0.5 & 0 & 0 & 0.5 & 0 \\
1 & 1 & 1 & 0 & 0.5 & 0.5 & 0.5 & 1 & 1 & 0.5 & 1 & 1 & 0.5 & 0 & 1 & 0.5 \\
0.5 & 1 & 1 & 0 & 0 & 0 & 0 & 0.5 & 0.5 & 0 & 0.5 & 0.5 & 0 & 0 & 0.5 & 0 \\
0.5 & 1 & 1 & 0 & 0 & 0 & 0 & 0.5 & 0.5 & 0 & 0.5 & 0.5 & 0 & 0 & 0.5 & 0 \\
1 & 1 & 1 & 0 & 0.5 & 0.5 & 0.5 & 1 & 1 & 0.5 & 1 & 1 & 0.5 & 0 & 1 & 0.5 \\
1 & 1 & 1 & 0.5 & 1 & 1 & 1 & 1 & 1 & 1 & 1 & 1 & 1 & 0.5 & 1 & 1 \\
0.5 & 1 & 1 & 0 & 0 & 0 & 0 & 0.5 & 0.5 & 0 & 0.5 & 0.5 & 0 & 0 & 0.5 & 0 \\
1 & 1 & 1 & 0 & 0.5 & 0.5 & 0.5 & 1 & 1 & 0.5 & 1 & 1 & 0.5 & 0 & 1 & 0.5
\end{bmatrix}$$

改造可得模糊一致矩阵

$$
R_2^2 =
\begin{bmatrix}
0.500 & 0.625 & 0.625 & 0.188 & 0.313 & 0.313 & 0.313 & 0.500 & 0.500 & 0.313 & 0.500 & 0.500 & 0.313 & 0.188 & 0.500 & 0.313 \\
0.375 & 0.500 & 0.500 & 0.063 & 0.188 & 0.188 & 0.188 & 0.375 & 0.375 & 0.188 & 0.375 & 0.375 & 0.188 & 0.063 & 0.531 & 0.188 \\
0.375 & 0.500 & 0.500 & 0.063 & 0.188 & 0.188 & 0.188 & 0.375 & 0.375 & 0.188 & 0.375 & 0.375 & 0.188 & 0.063 & 0.375 & 0.188 \\
0.813 & 0.938 & 0.938 & 0.500 & 0.625 & 0.625 & 0.625 & 0.813 & 0.813 & 0.625 & 0.813 & 0.813 & 0.625 & 0.500 & 0.813 & 0.625 \\
0.688 & 0.813 & 0.813 & 0.375 & 0.500 & 0.500 & 0.500 & 0.688 & 0.688 & 0.500 & 0.688 & 0.688 & 0.500 & 0.375 & 0.688 & 0.500 \\
0.688 & 0.813 & 0.813 & 0.375 & 0.500 & 0.500 & 0.500 & 0.688 & 0.688 & 0.500 & 0.688 & 0.688 & 0.500 & 0.375 & 0.688 & 0.500 \\
0.688 & 0.813 & 0.813 & 0.375 & 0.500 & 0.500 & 0.500 & 0.688 & 0.688 & 0.500 & 0.688 & 0.688 & 0.500 & 0.375 & 0.688 & 0.500 \\
0.500 & 0.625 & 0.625 & 0.188 & 0.313 & 0.313 & 0.313 & 0.500 & 0.500 & 0.313 & 0.500 & 0.500 & 0.313 & 0.188 & 0.500 & 0.313 \\
0.500 & 0.625 & 0.625 & 0.188 & 0.313 & 0.313 & 0.313 & 0.500 & 0.500 & 0.313 & 0.500 & 0.500 & 0.313 & 0.188 & 0.500 & 0.313 \\
0.688 & 0.813 & 0.813 & 0.375 & 0.500 & 0.500 & 0.500 & 0.688 & 0.688 & 0.500 & 0.688 & 0.688 & 0.50 & 0.375 & 0.688 & 0.500 \\
0.500 & 0.625 & 0.625 & 0.188 & 0.313 & 0.313 & 0.313 & 0.500 & 0.500 & 0.313 & 0.500 & 0.500 & 0.313 & 0.188 & 0.500 & 0.313 \\
0.500 & 0.625 & 0.625 & 0.188 & 0.313 & 0.313 & 0.313 & 0.500 & 0.500 & 0.313 & 0.500 & 0.500 & 0.313 & 0.188 & 0.500 & 0.313 \\
0.688 & 0.813 & 0.813 & 0.375 & 0.500 & 0.500 & 0.500 & 0.688 & 0.688 & 0.500 & 0.688 & 0.688 & 0.500 & 0.375 & 0.688 & 0.500 \\
0.813 & 0.938 & 0.938 & 0.500 & 0.625 & 0.625 & 0.625 & 0.813 & 0.813 & 0.625 & 0.813 & 0.813 & 0.625 & 0.500 & 0.813 & 0.625 \\
0.500 & 0.625 & 0.625 & 0.188 & 0.313 & 0.313 & 0.313 & 0.500 & 0.500 & 0.313 & 0.500 & 0.500 & 0.313 & 0.188 & 0.500 & 0.313 \\
0.688 & 0.813 & 0.813 & 0.375 & 0.500 & 0.500 & 0.500 & 0.688 & 0.688 & 0.500 & 0.688 & 0.688 & 0.500 & 0.375 & 0.688 & 0.500
\end{bmatrix}
$$

计算得各工程方案单因素优度值分别为

$S_1^2 = 0.050$　　$S_2^2 = 0.032$　　$S_3^2 = 0.031$　　$S_4^2 = 0.092$　　$S_5^2 = 0.076$　　$S_6^2 = 0.076$　　$S_7^2 = 0.076$

$S_8^2 = 0.050$　　$S_9^2 = 0.050$　　$S_{10}^2 = 0.076$　　$S_{11}^2 = 0.050$　　$S_{12}^2 = 0.050$　　$S_{13}^2 = 0.076$

$S_{14}^2 = 0.092$　　$S_{15}^2 = 0.050$　　$S_{16}^2 = 0.076$

综合以上 2 个因素可以得到区域水文地质评价指标优度值，见表 7.17。

表 7.17　各工程方案区域水文地质评价结果

方案	集雨面积优度值	堰塞体上下游河道两岸边坡灾害发育状况优度值	区域水文地质评价指标优度值
权重	0.60	0.40	
徐家坝	0.038	0.050	0.043
长河坝	0.043	0.032	0.039
钟嘴	0.048	0.031	0.041
杨家沟	0.052	0.092	0.068
滴水岩	0.056	0.076	0.064
一棵树	0.061	0.076	0.067
二岗桥	0.065	0.076	0.069
干沟	0.069	0.050	0.062
一岗桥	0.074	0.050	0.064
小木岭	0.078	0.076	0.077
伐木厂	0.082	0.050	0.069
打靶场	0.033	0.050	0.040

方案	集雨面积优度值	堰塞体上下游河道两岸边坡灾害发育状况优度值	区域水文地质评价指标优度值
黑洞崖	0.086	0.076	0.082
小岗剑	0.091	0.092	0.091
小天池	0.028	0.050	0.037
一把刀	0.095	0.076	0.087

　　同理计算出其他 3 个分系统的优度值，再计算出堰塞湖综合评价总体优度值，得出优劣（表 7.18）。根据下表所示，对绵远河上 16 座堰塞湖的应急处置工程进行了优选排序，成果已被认可，由武警水电部队根据优选结果进行排险方案实施，由于汛期来临，2009 年汛前主要对其中排名前三位的堰塞湖–小岗剑堰塞湖、黑洞崖堰塞湖、杨家沟堰塞湖进行了排险处置，以有限的资源及时降低流域堰塞湖群的溃决风险，经过汛期考验，全流域 16 座堰塞湖无一发生溃坝险情。

表 7.18　各工程方案评价结果

工程名称	区域水文地质评价指标优度值	堰塞湖稳定性评价指标优度值	溃坝影响评价指标优度值	技术经济评价指标优度值	综合评价优度值	评价名次
权重	0.15	0.50	0.20	0.15		
徐家坝	0.043	0.058	0.077	0.056	0.0590	11
长河坝	0.039	0.053	0.049	0.045	0.0489	16
钟嘴	0.041	0.051	0.055	0.042	0.0489	15
杨家沟	0.068	0.078	0.077	0.070	0.0753	**3**
滴水岩	0.064	0.062	0.066	0.037	0.0593	10
一棵树	0.067	0.056	0.066	0.046	0.0580	12
二岗桥	0.069	0.069	0.077	0.051	0.0679	5
干沟	0.062	0.061	0.066	0.072	0.0638	7
一岗桥	0.064	0.060	0.066	0.075	0.0637	8
小木岭	0.077	0.059	0.066	0.066	0.0642	6
伐木厂	0.069	0.059	0.055	0.076	0.0624	9
打靶场	0.040	0.049	0.055	0.060	0.0504	13
黑洞崖	0.082	0.077	0.077	0.069	0.0766	**2**
小岗剑	0.091	0.083	0.061	0.080	0.0794	**1**
小天池	0.037	0.050	0.039	0.077	0.0498	14
一把刀	0.087	0.075	0.049	0.079	0.0723	4

三座堰塞湖排险前后对比，见图7.13～图7.15。

(a)2008年7月12日堰顶　　　　　　　　　(b)2009年6月1日堰顶

图7.13　小岗剑堰塞湖前后对比

(a)2008年12月4日下游面　　　　　　　　(b)2009年6月1日堰顶

图7.14　黑洞崖堰塞湖前后对比

(a)2009年3月20日堰顶及湖区　　　　　　(b)2009年6月1日堰顶及湖区

图7.15　杨家沟堰塞湖前后对比

7.5　本 章 小 结

本章针对堰塞湖溃决危险性、堰塞湖灾害风险及堰塞湖群应急处置决策展开研究与讨论。

　　首先，在滑坡堆积体颗粒级配统计分析基础上，提出了表征堆积体物质特征的参数 K_R 和 K_F，用不同的参数值描述不同类型堰塞坝的材料特性；通过分析堰塞湖溃决影响因素，建立了考虑堰塞坝物质组成的 MMI 堰塞湖溃决评估指标，同时提出堰塞湖溃决危险性的等级划分准则；接着利用 42 座实际堰塞湖关键参数，获得了堰塞湖溃决风险评估模型。然后，结合 2008 年汶川地震形成的 8 个滑坡堰塞湖，采用模糊数学方法提出了滑坡堰塞湖综合风险评估模型，包括第一级的危险性评估和下游影响区易损性评估和第二级的综合风险评估，通过实例分析验证了该综合风险评估模型的合理性。最后提出了堰塞湖群的应急处置决策优选方法，通过对汶川地震中绵远河上形成的 16 座堰塞湖分析，提出了应急处置工程优先顺序，成果被采用并获得了较好的防灾减灾效果：2009 年汛前对其中排名前三位的堰塞湖进行了排险处置，以有限的资源及时降低了风险，确保了全流域 16 座堰塞湖无一发生溃坝险情，保证了下游人民生命财产的安全。

第8章　滑坡堰塞湖应急处置

8.1　概　　述

滑坡堰塞湖灾害主要发生于人迹罕至的山区流域和高山峡谷，通常具有较强的突发性和不确定性，目前要实现事先预防仍存在很大困难。因此针对滑坡堰塞湖灾害的防治，以灾害发生后的应急处置、应急避险以及灾后重建为主。根据滑坡堰塞湖灾害的演化过程，可分为早期、中期、晚期三个阶段。其中，早期是灾害的积累阶段，其破坏性较低、历时较长，主要包括边坡的岩体劣化、缓慢变形或局部失稳等现象；中期是灾害的发育阶段，包括地震、降雨或人工扰动诱发的山体崩塌、滑坡，以及后续的滑坡堵江、蓄水等过程；晚期则指堰塞体完成蓄水后发生溢流和溃决过程，其中堰塞体的溃决过程会在极短时间内将库区内储蓄的大量水能释放，具有极大的突发性和破坏性。

滑坡堰塞湖灾害形成初期，其破坏性还未形成或较小，该阶段的防灾处理具有投入少、成果显著的特点。这个阶段主要是避免滑坡堵江的发生，可行的措施是利用地理信息系统（GIS）、全球卫星定位（GPS）和遥感（RS）等技术，从大范围的角度来观察、识别未来某段时间内可能发生滑坡的区域，并通过一定的方法来监测和预测该滑坡的运动过，进而采取针对性地处理措施，包括岩体加固（避免滑坡的发生）、山体预爆除（预先爆破除去部分松散体，避免完全堵江）等。中期是堰塞湖灾害控制的主要阶段，该阶段滑坡堰塞湖灾害已形成，此时需要探明滑坡堵江的原因、性质、可能的后果，因地制宜地制定减灾方案。该阶段的主要目标是降低库区水位，避免短时间内溃坝，降低溃口单位下泄流量、流速，避免滑坡堰塞湖灾害进入晚期。一旦滑坡堰塞湖进入了晚期并且洪水泄流过程不可控，那么需要尽快转移下游人员和重要设施以避免损失。表 8.1 为汶川地震诱发的部分堰塞湖处理方案及效果。

表8.1　汶川地震中部分堰塞湖的处理方案

类型	名称	堰塞湖险情	处理方案	处理效果
高危	唐家山	坝高 82.5m、长 803m、宽 611m，面积为 $3 \times 10^5 m^2$，由石头和风化土组成，是历史上面积最大、危险最大地震湖	人工开挖导流槽，最大达 6680m^3/s，库区水位迅速下降	冲毁下游苦竹坝、新街村、岩羊滩 3 处中危堰塞湖、北川白果树低危堰塞湖，使其险情消除
	文家坝	长 800m、宽 50m、高 30m，下游南坝镇是平武交通枢纽	开挖一条长约 500m 的导流明渠	泄洪槽由 10m 拓宽到 120m，流量 2000m^3/s，后险情消除
	小岗剑上	坝高 63m、长 105m、宽 173m，堰体含石量仅 30% 左右，威胁下游汉旺、绵竹城区	坝体中央炸出一条宽 25m、深 13m 的引水槽	流量 3000m^3/s，持续约 10min，450m 河堤决堤，后险情消除

类型	名称	堰塞湖险情	处理方案	处理效果
中危	唐家湾	坝高30m，宽300m，由松散碎石组成，稳定性较差	开挖泄流槽	排泄库容为 $2\times10^6\mathrm{m}^3$，降低水位5m，险情消除
	罐滩	坝高60m，长120m，宽200m，方量为 $1.4\times10^6\mathrm{m}^3$，湖容约为 $1\times10^7\mathrm{m}^3$，威胁 4.21×10^4 人	泄洪疏导	险情消除
	马鞍石	坝高67.6m，长950m，宽270m，库容为 $1.15\times10^6\mathrm{m}^3$	采取爆破和水切割相结合导流泄洪	流量达到2200m³/s，险情消除
低危	木瓜坪	坝高15m，长20m，宽100m，体积为 $6\times10^4\mathrm{m}^3$	爆破排险	险情消除
	黑洞崖	蓄水量为 $3\times10^6\mathrm{m}^3$	自然冲开缺口，危险程度大大降低	险情消除
	干河口	坝高10m，蓄水量为 $5\times10^5\mathrm{m}^3$	对下游不构成威胁，无工程措施	险情消除

本章在实际堰塞湖应急治理经验的基础上，结合室内试验、数值模拟、理论分析等研究成果，首先对堰塞湖应急处置措施进行归纳分类。其次，堰塞湖的处置时间和资源通常都比较紧缺，因此针对堰塞坝几何形态和物质组成特征、下游防洪能力，提出加速泄流和保护泄流的泄流槽设计与开挖技术。最后本章介绍了2019金沙江白格堰塞湖的应急处置和应急监测案例。

8.2 滑坡堰塞湖应急处置方法

滑坡堰塞湖应急处置的基本原则是根据具体地形地质环境条件，迅速制定一套操作简单但又快速有效的措施；在较短的时间内，最大可能地降低和排出堰塞湖内拦蓄的大量湖水，保证堰塞湖的整体稳定与安全，确保施工人员和下游群众的生命安全（Chang and Zhang，2010）。根据堰塞湖坝高与库容、物质组成、危险等级等的不同，常用的处置方式有开挖泄流槽、开挖引水泄流隧洞、爆破拆除、临时加固、非工程应急避险措施等。值得注意的是，在实际工程中为满足应急抢险的需要，往往会采用多种处置技术相结合的方式来尽快排除险情。

8.2.1 工程措施

8.2.1.1 开挖泄流槽

开挖泄流槽是指对于坝体、库容较大的堰塞湖，自然条件无法过流，为降低风险，在堰塞坝顶垭口位置开挖出满足设计过流要求的泄流明渠，以此降低堰塞湖水位，并利用水流自身的冲蚀能力自然扩展泄流渠，实现堰塞坝体的逐步溃决或稳定，最终达到排除险情的目的。泄流槽是最常见的堰塞湖处理方式，开挖方式可以是人工开挖或爆破开挖，当水位到达泄流槽底部时即可引导库水下泄，实现降低最大库水高度、相应的降低最大下泄流量的目的。如 2000 年，易贡滑坡堰塞湖发生后，武警部队通过 33 天奋战，开挖土石方 $1.353 \times 10^6 \mathrm{m}^3$，形成导流渠，降低过水高程 24.1m，降低拦蓄库水 $2 \times 10^9 \mathrm{m}^3$，最大限度地降低了堰塞湖灾害损失（无人员伤亡）。

在泄流槽设计开挖时应充分考虑堰塞湖所处的地质地形条件、堰塞坝物质结构特性、湖水位等情况，充分考虑泄流槽的过流能力，选取适合的开口位置、大小、横断面形状。为防止下泄水流过快掏刷和溯源侵蚀，确保堰塞坝能安全稳定地泄流，需要在泄流槽进口和出口要进行适当防护，尤其是对于以土质或土含大块石为主的堰塞坝。由于堰塞体的物质组成结构较为松散，增长过快的下泄流量可能导致整个堰塞坝在短时间内溃决。因此，对于自身稳定性差且抗冲刷能力弱的堰塞坝，应尽早开展引水泄流工作，避免堰塞坝在溢流过程中受剧烈冲刷而整体溃决。图 8.1 是常见的泄流槽开挖方法。

图 8.1　常见的泄流槽开挖方法

8.2.1.2　开挖引水泄流隧洞

对于地形条件和堰塞坝稳定性较好的情况，可考虑永久保留坝体，采用开挖引水泄流隧洞的处置方式。但这种方式对地形地质条件要求高，工期长，需要大型机械设备，一般适用于堰塞湖初期险情已排除的情况。如唐家山堰塞湖在初期险情处置完成后，考虑到右岸存在大水沟，并且存在坡面爆发泥石流的可能性，因此在左岸突出的山脊上修建了引水泄流隧洞。一旦遭遇大规模泥石流淤堵，隧洞可为上游来水提供下泄通道，减缓库水上升速度，保证坝址下游的防洪安全。

对于有已建工程可利用，能够在较短时间内实现快速泄流过水的情况，也可采用引水泄流隧洞处置技术，或作为应急抢险的辅助手段。例如，红石岩堰塞坝正处于红石岩水电站上游拦水坝和下游发电厂房之间，因此在红石岩水电站厂房下游侧新建了长 278m 的隧洞，与原有引水隧洞相接，形成堰塞湖的应急引水泄流隧洞（图 8.2）。该措施控制了上游水位的上涨速度，从而为群众紧急避险和实施工程应急排险争取到时间（刘宁，2014）。

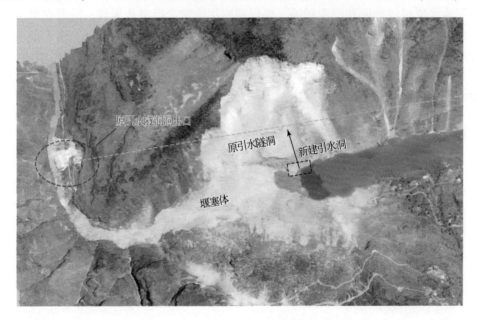

图 8.2　红石岩堰塞湖引水泄流隧洞示意图

8.2.1.3　爆破拆除

堰塞坝通常具有较多的大块石，坝体渗流难以控制；另外，大型工程机械进场作业也存在较大的困难，不利于在短时间内开挖形成泄流槽。此时，可采取逐层爆破拆除的方式降低局部坝高，进而减低坝前水位、排除风险。该方式尤其适用于高山峡谷、交通不便的区域，同时以块石、大块石为主的崩塌型堰塞坝。采用爆破拆除时务必要做好下游的预警避险方案（梁向前等，2009）。

汶川地震中形成的老虎嘴堰塞湖为典型的崩塌型堰塞湖，崩塌体物质来源于原公路内侧相对高 20~300m 的山体，坝体表面堆积物以粒径为 20~200cm 的颗粒居多，其中可见近百吨的巨石。堰塞坝形成后迫使岷江河道向右切入坡体内 67m 之多，临时路基随时有被冲毁的风险，而大型施工机械又难以到达坝址开展工作。在这种危急的情况下，采用了爆破方式对堰塞坝进行拆除处理（图 8.3）（赵升等，2009）。

图 8.3　老虎嘴堰塞湖大块石爆破拆除示意图

8.2.1.4　临时加固

对于上游来水量不大、堰塞坝物质以块石为主、结构比较稳定的崩塌型堰塞湖，其风险等级一般较低。开挖泄流槽需较长的施工工期，费用也比较高。在条件允许的情况下，可采用护坡、黏土防渗、加固注浆等临时加固手段，使堰塞体加固成坝，同时辅以水泵抽水、倒虹吸管等方法来降低库水位。

2009 年重庆武隆鸡尾山发生了大规模岩体崩塌，堵塞了乌江支流的石梁河，形成堰塞湖。鸡尾山堰塞湖的坝体高 100 多米，坝体方量达 $1.2 \times 10^5 \mathrm{m}^3$，但其蓄水量不大，只有 $4.9 \times 10^5 \mathrm{m}^3$。在全面安全监测的情况下，选择加固成坝的应急处置方式。在堰塞坝的迎水面进行了黏性土防渗处理，同时布置 8 台日抽水总量达 $4 \times 10^4 \mathrm{m}^3$ 的水泵进行抽水，有效降低了坝前水位，最终达到排除险情的目的（邓宏艳等，2011）。

8.2.2　非工程措施

堰塞湖的应急抢险工程措施需要一定的时间和条件，但滑坡堰塞湖所在区域多为山洪暴雨多发地区，尤其在汛期，上游来水量大、水位上涨快；同时，堰塞湖在应急泄流时，冲刷侵蚀、渗透破坏等风险很大，容易发生不可控的溃决风险；另外周边地质环境在经历极端事件（强地震、强降雨）后，较脆弱，极易引发滑坡、崩塌等二次灾害。上述问题在复杂环境下难以完全考虑，因此除了工程措施以外，需要考虑非工程措施以降低不可控因素带来的不利影响。总体来说，非工程措施在应急抢险阶段显得尤为重要，应当贯穿于堰塞湖应急处置的整个过程。

非工程措施主要是指在堰塞湖应急处置过程中采取遥感测量、勘探、观测等多种手段，监测上游水情、堰前水位，堰塞坝的侵蚀冲刷、变形和渗流，以及堰塞坝两岸边坡的稳定，形成堰塞湖的监测预警预报系统，并制定相应的应急避险预案。

对存在溃决危险的堰塞湖，应尽快制定和落实下游人员安全撤离转移的预案，包括堰塞湖溃决程度、影响的区域、人员疏散方案、疏散位置及相应措施，并在下游布置警示标牌，建立预警播报系统，为人员紧急疏散提供引导。在非工作措施执行过程中，要确定组织形式，明确责任人，一旦有险情征兆，及时向下游发布预警，确保人员安全疏散撤离并得到妥善临时安置，确保人员生命安全（宋胜武，2009）。

8.3　应急泄流槽设计

堰塞湖的应急处理，应按照"科学、安全、主动、快速"的原则进行处置，在较短的时间内，最大可能地降低和排出堰塞湖内拦蓄的大量湖水，保证堰塞湖的稳定与安全。表8.2统计了西南地区12座不同性状的典型堰塞湖应急处置方法。由表8.2可知，开挖泄流槽是堰塞湖应急处置最最常用的方法，尤其对于高危、极高危的大型堰塞湖。如唐家山、红石岩、文家坝等高危堰塞湖均采用了这种处置方式。

表8.2　中国西南地区近年来典型堰塞湖应急处置方法

堰塞湖	地点	河流	坝高/m	最大库容/m³	危险等级	工程应急处理措施
"11·3"白格	西藏江达 四川白玉	金沙江	96	7.5×10^8	极高危	开挖泄流槽+后续残留坝体部分挖除
加拉	西藏米林	雅鲁藏布江	79	4.9×10^8	极高危	自溃
唐家山	四川北川	通口河	82~124	3.02×10^8	极高危	开挖泄流槽
红石岩	云南鲁甸	牛栏江	83~96	2.60×10^8	极高危	开挖泄流槽+泄流隧洞
文家坝	四川平武	石坎河	20~50	5.00×10^7	高危	开挖泄流槽
肖家桥	四川安县	茶坪河	57~67	2.00×10^7	高危	开挖泄流槽
石板沟	四川青川	清江河	70~80	1.00×10^7	高危	开挖泄流槽
灌滩	四川安县	凯江	60	1.00×10^7	中危	降低坝高、疏通河道
红石河	四川青川	红石河	50	3.00×10^6	中危	开挖泄流槽
火石沟	四川崇州	文井江	120	1.50×10^6	低危	爆破泄流
鸡尾山	重庆	石梁河	>100	4.90×10^5	低危	坝体加固+排水

在实际工程抢险过程中，堰塞坝形成机理以及所处的地形地质条件各有差异，致使坝体的表面形态、物质组成、结构特点各不相同，泄流槽的开口位置、大小、形状的确定很大程度上要依靠专家的现场调查和经验判断。然而，灾害现场往往情况复杂，一方面，短时间内难以全面掌握堰塞坝的特性，造成设计偏差；另一方面，应急抢险时间宝贵，大范围的现场调查会制约应急抢险时间。因此，选择有效合理的应急处理方式对于堰塞湖的抢险工作至关重要。

8.3.1　堰塞湖引流泄水的关键问题

泄流槽作为应急抢险最常用的工程措施，应尽可能在短时间、小开挖量的情况下完成通水过流，并利用水流自身的冲蚀能力扩展泄流槽，降低堰塞湖水位，实现堰塞坝体逐步溃决和安全泄洪，达到排除险情的目的。对于已经溢流的堰塞坝，泄流槽的进水口位置和纵向线路已基本确定，因为水流自身寻找的天然路径往往是最优的，其关键是横断面的设计。对于完全人工开挖形成的泄流槽，面临 3 个关键问题。

（1）进水口位置的确定。进水口是泄流槽的首部，决定了库水何时开始下泄，因此通常选择坝顶高程最低的垭口作为泄流槽的进水口，多位于坝顶两岸（对于高速滑坡堰塞坝，垭口一般在滑坡一侧；对于低速滑坡堰塞坝，垭口通常在对岸）。可见，依靠一定的技术手段快速寻找垭口位置是解决该问题的关键（特别对于坝顶横河向长度较大的堰塞坝）。

（2）横断面的选择。泄流槽横断面形式的选择直接关系到堰塞湖的泄水过流能力。受时间和施工条件限制，选取的泄水断面形式应尽可能在较小的开挖量下，具有一定的初始过流能力，提前降低库水位；也能在水流作用下不断深切拓宽，加快水位降低速度；同时还需防止后期流量失控、冲刷过大而导致溃坝。横断面设计主要根据具体的地质、地形等条件，如坝体物质组成与压实程度、坝体宽度。对于物质松散、横河向长度较大的情况，宜选择宽浅式断面；对于块石为主、横河向长度较小的情况，可选择窄深式断面。断面大小可按流域多年平均洪水设计（Zhou et al.，2013）。

（3）纵断面的选择。泄流槽的路径走向和坡降变化是影响坝体安全泄洪的另一主要因素，与横断面相辅相成。唐家山堰塞湖在应急治理初期，于渠身中上游处开挖了一条左侧支流，增大流量和降低水位的效果非常有限；沿着右岸自然形成的凹陷沟渠开挖的短直泄流槽，在去除参杂的大块石后，泄水流量在 2h 后显著增大，最后完成唐家山安全泄洪的任务。泄流槽路径走向对过流能力影响很大，通过堰塞湖应急治理实践形成以下基本认识：即使在坝体上开挖若干条槽子，水流最终仍只沿自身选择的最合理的路径奔流而下，这也是一般只需要开挖一条泄流槽的原因。坡降大小直接影响流量大小和坝体冲蚀，泄流槽进口至出口的整个坡降变化要平稳过度，其设计原则与横断面相似（Yang et al.，2010）。

8.3.2　点云数据的获取及处理

滑坡堰塞坝的表面形态对泄流槽设计至关重要。如前所述，泄流槽应布置在堰塞坝地形较低处，并依地势借助水流的自然下泄冲刷，逐步扩展泄流槽，以减少土石方开挖量，加快施工速度，增大泄流能力，力争在尽可能短的时间内排除险情。故只有在准确获取堰塞坝三维地形信息的前提下，充分认识堰塞坝表面形态及物质组成，才能做出合理的泄流槽位置设计。以往堰塞湖应急抢险使用雷达航测或遥感数据得到的堰塞坝三维地形数据精度有限，尤其是设计中最关注的高程方向精度，一般只能精确到米级，不能有效反映堰塞坝表面地势起伏（坡降）的情况，需要抢险人员前往堰塞坝进行现场踏勘。而堰塞坝主要由滑坡崩塌堵塞河道形成，物质组成复杂，结构稳定性难以判断，岸坡时有飞石滚落，现场踏勘具有一定危险性。因此，如何通过远程非接触式测量技术，高精度地获取堰塞坝及周围环境的三维空间信息（尤其是高程信息）显得尤为重要。

三维激光扫描技术又称"实景复制"技术，是测绘领域继 GPS 空间定位系统之后又一项测绘技术的新突破。作为一种精细化测绘的技术手段，三维激光扫描技术采用非接触主动测量的方式，能够高精度（毫米级）、高密度（点云间距 5 ~ 10mm）、快速（10min/次）地获取扫描对象空间信息，且高程方向测量精度也完全不受限制，非常适合用于野外小区域地形的精确测绘与建模。

在堰塞湖应急抢险处置中，可以通过三维激光扫描技术，获取堰塞坝表面的高精度三维空间信息。使用长距离三维激光扫描仪（最远可达 6km），选取安全、通视条件好的位置，分多站扫描获取整个堰塞坝及周围环境的三维空间点云数据；通过点云拼接技术，将各站扫描点云拼合成一幅完整的堰塞坝表面三维点云模型，并通过坐标转换将堰塞坝三维模型转换为大地坐标；进一步地，通过点云三维重建技术建立堰塞坝及周围环境的高精度 DEM 三维模型。

8.3.3　堰塞湖引流泄水方案制定及优化

在理想条件下，水流总是沿坡降最陡的方向流动，这也是堰塞坝泄流槽设计的关键所在。因此，可通过模拟水流在堰塞坝上的流动状态，利用水流的流动轨迹，寻找最优的泄水路径。基于堰塞坝高精度 DEM 三维模型，采用 D8 算法，提出一种新型堰塞湖泄流槽设计及优化技术。

D8 算法是一种基于 DEM 三维模型的流域水系提取方法，其根据水沿斜坡最陡的方向流动的原理，遍历 DEM 中的全部栅格单元，并将所有的栅格作为中心栅格，计算中心栅格与周围 8 个相邻栅格之间的坡降，取坡降最大的两个栅格间的连线作为中心栅格的水流方向，进而提取出 DEM 中的水系河网。在堰塞坝 DEM 三维模型中，为搜索到泄流快、工程量省的最优泄流槽位置，运用此算法将三维激光扫描获得的堰塞坝 DEM 三维模型视为一个小流域，模拟水流在该流域的流动状态，根据水流流动轨迹，提取出从堰塞坝上游到下游的"河道"，此"河道"即为最优的泄流槽位置。但此算法提取的"河道"曲线形状不规则，部分位置的"河道"曲线曲率过大，存在转角较大的情况，不符合实际工程设计中泄流槽的水力学原理，不能直接作为实际设计的泄流槽位置。因此，基于所提取的"河道"，使用分段线性插值曲线拟合"河道"，以使泄流槽尽量顺直为原则，用线性插值曲线代替提取的"河道"，将分段线性插值曲线作为泄流槽轴线，既能保证泄流顺畅、工程量较少，又方便泄流槽的实际施工。

此外，以上述分段插值曲线为泄流槽轴线，根据实际地质地形条件、堰塞坝堆积物材料类型、上游水文情势等情况，分别设计不同的泄流槽底宽、进口高程；依据设计断面的底宽和高，计算出水力最佳断面时的横断面坡比；在堰塞坝 DEM 三维模型中生成泄流槽模型，提取其土石方开挖量，并计算出泄流能力，进行方案比选。实施时根据实际施工能力、水情及其他险情适时动态调整。

8.3.4　实例分析

为验证提出的新型泄流槽设计及优化技术在堰塞湖应急处置中应用的可行性,以鲁甸红石岩堰塞湖为例进行相关分析。如图 8.4 所示,红石岩堰塞坝呈马鞍形,两侧高、中间低,堰顶鞍部高程为 1222m,堰塞坝高 83～96m,堆积物总方量达 $1.7×10^7m^3$,湖内水位高出下游河道 70 多米,汇水面积达 $1.2×10^4km^2$,最大回水长度约为 25km,总库容约为 $2.6×10^8m^3$,属大型堰塞湖。根据国家相关标准规范,红石岩堰塞湖危险级别为极高危险级,风险等级为 I 级,是最高等级和最高危险的堰塞湖(刘宁,2014)。

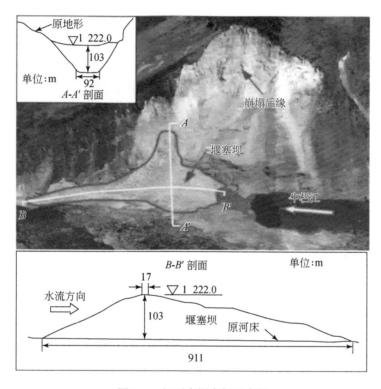

图 8.4　红石岩堰塞坝示意图

采用 RIEGLVZ-2000 三维激光扫描仪,共分 13 站扫描获取红石岩堰塞湖及周边的三维空间点云数据,通过对三维点云数据的除噪、拼接、配准、三维重建等一系列操作后,建立堰塞坝的 DEM 三维模型。采用新型堰塞湖泄流槽设计及优化技术,对应急处置的泄流槽开挖设计进行模拟分析,具体实施步骤如下。

(1)模拟水流状态,获取最佳泄流路径。将堰塞坝区域看成 1 个小型流域,采用 D8 算法模拟水流在堰塞坝 DEM 三维模型中的流动情况,提取水流流动轨迹,根据汇水情况提取堰塞坝流域内的"河道",如图 8.5(a)所示。"河道"全长 1019.29m,上游起点高程 1184.27m,下游终点高程 1124.76m。

(2)设计泄流槽中心线。对提取的"河道"用分段线性插值曲线进行拟合,拟合线

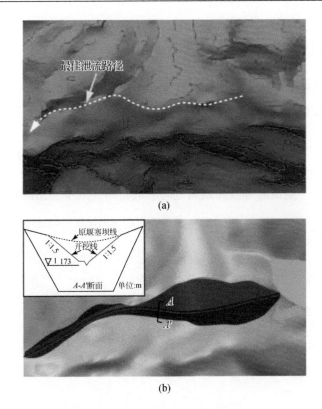

图 8.5　红石岩堰塞湖引水泄流隧洞示意图

(a) 最佳泄流路径模拟；(b) 泄流槽模型

段共 3 段，第 1 段长 256.55m，第 2 段长 229.79m，第 3 段长 399.92m。

（3）选择泄流槽横断面形状。根据三维激光扫描得到的点云数据，识别堰塞坝堆积物表面块体的粒径分布情况。粒径在 0.5m 以上的约占 50%，粒径为 0.02～0.50m 的约占 35%；堆积物较均匀且细颗粒较多，选择宽坦型泄流槽。

（4）设计泄流槽。输入泄流槽进口高程 1185.27m，底宽 10m，第 1 段纵坡降 3%，第 2 段纵坡降 12%，第 3 段纵坡降 8%，水力最优断面边坡坡降为 1∶1.78。结合施工实际，取坡降为 1∶1.5，生成梯形断面泄流槽；进一步地，在梯形断面泄流槽底部设计一个三角形断面，三角形断面上顶宽取 5m，高取 3m；最后，在堰塞坝模型中生成复式三角形断面泄流槽模型 ［图 8.5 (b)］。

将本试验结果与红石岩现场应急处置采用的泄流槽对比分析，发现实际采用的泄流槽中心线位置、断面体型与本试验结果较为接近。本方法能够快速确定泄流槽开口位置、最佳泄水路径，且其更符合水力学原理，在堰塞湖应急处置中具有一定优势。

8.4　堰塞坝流道调控技术

堰塞湖应急开挖泄流时，下泄流量的控制是整个项目的关键所在，下泄流量过大，超过下游河道行洪能力时，极有可能会给下游的村庄、城镇造成洪涝灾害；下泄流量过小，则无法借助水流的冲刷能力拓宽泄流槽，达不到预期的泄流效果。因此，根据堰塞坝体形和结构稳定状态选择合理的泄流模式和开挖断面，并通过适当的工程措施控制下泄流量具有重要的现实和科学意义。

8.4.1　加速泄流措施

当堰塞湖下泄流量达不到预期效果时，需要通过人工干预加速泄流。加速泄流的措施应结合实际情况、因地制宜地开展。对于初始过流量很小，无法达到预期效果，而堰塞坝体整体稳定性较好的情况，可以通过对泄流槽适当加深拓宽来增大初始过流，但应注意加深拓宽时的施工安全，切不可操之过急，触发堰塞坝的快速瞬溃。当泄流槽内存在较大块石阻碍水流冲刷侵蚀流道，或者堰塞湖面的漂浮物堵塞进水口阻碍进水时，应通过工程措施及时挖除或爆除大块石，加快水力下蚀作用，并通过打捞或采用外力分解漂浮物，解除障碍。

2008 年唐家山堰塞湖应急抢险初期，在堰塞坝右岸自然形成的凹陷沟渠处开挖形成短直泄流槽，在最开始泄流的 2 天内，由于进入泄流槽的水量较小，且受到下游大块石的阻滞作用，水流冲蚀作用得不到充分发挥，泄流效果很不理想。而上游来水不断增加，堰塞湖水位不断上升，导致堰塞湖整体溃决的风险急剧增加。后经会商后决定采用"消阻扩容"加速泄流技术：移除关键部位的大块石等阻滞结构体，改善过流特性，诱导冲蚀扩容，加大安全泄流量（图 8.6）。在采用 82 式无后坐力炮对泄流槽内阻滞的巨石进行爆破清障，并陆续通过机械开挖和小规模爆破处置技术扩宽加深泄流槽后（陈晓清等，2010），泄水流量在 2h 后显著增大，水力冲刷侵蚀作用逐渐得到充分发挥，最后完成唐家山安全泄洪的任务。

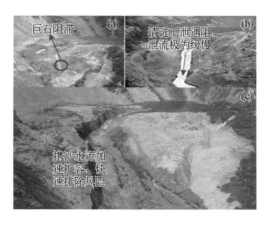

图 8.6　"消阻扩容"加速泄流（唐家山堰塞湖）

当泄流槽无法满足泄流要求时可以考虑通过增加其他泄流措施来加快泄流，如充分利用已有的泄流通道或增加开挖泄流隧洞（图 8.7）。在红石岩堰塞湖应急抢险阶段，除了采用泄流槽技术外，还基于已有的泄水隧洞，修建了一条堰塞湖的应急引水泄流隧洞。两种措施结合，既达到了排除险情的目的，还充分发挥了堰塞湖的经济效益。

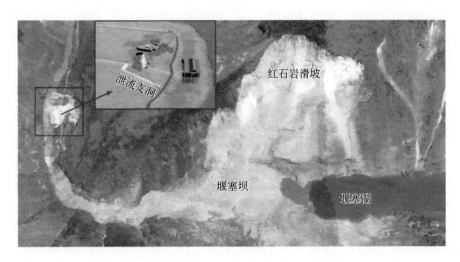

图 8.7　通过开挖泄流支洞实现加速泄流（红石岩堰塞湖）

当单条泄流槽无法满足泄流要求，且短时间内难以开展其他泄流措施时，如在堰塞坝上有其他洼地或者凹槽可利用，且堰塞湖水位上升较慢，有足够施工时间和施工场地，可以考虑增加开挖新的泄流槽来加快泄流。但是增加新泄流槽的方式会增加较大的开挖量，且效果并不一定理想，应结合实际情况谨慎选择。在 2008 年唐家山堰塞湖应急处置时，为了加快泄流，在已经开挖形成右岸泄流槽的情况下，又在堰塞坝左岸的天然凹槽处开辟了一条新的泄流通道，但实践证明泄流效果的增加并不明显。

8.4.2　保护性泄流措施

在泄流槽开挖成型后，应做好防冲保护，防止泄流冲刷侵蚀过快而发生瞬溃。泄流槽的进、出口位置冲蚀速度的控制对整体泄流平稳性的影响至关重要。因此通常可以通过在进、出口位置增设钢丝笼、大块石等防冲设施来减缓水流冲蚀的速度，当冲蚀速度过快时，甚至可以借鉴水电工程导截流措施，向泄流沟床内抛掷一定的人工结构（如混凝土块、钢丝笼甚至大块石），以增强沟床的抗冲能力，减缓下切速度（陈晓清等，2010）。

对于主要由碎石或泥土等组成、结构较松散、稳定性较差的堰塞坝，其抗冲刷能力往往较弱，泄流速度的控制则需更加谨慎。这种堰塞坝泄流槽不宜深挖，通常都选用宽坦形断面，以保证在泄流量相同的情况小，尽量减小泄水速度，降低泄水冲刷侵蚀的能力。如2000 年西藏易贡滑坡形成的堰塞湖，其坝体物质组成中 70% 以上为细粒土，抗冲稳定性极差，应急处置过程中虽然采用了宽坦形泄流槽，开挖断面宽 150m，深 24.1m，且做了很多防护措施，但泄流冲刷、侵蚀速度仍然较快，最大泄流速度达 $1.22 \times 10^5 \mathrm{m}^3/\mathrm{s}$，对下游部分地区造成了一定的洪涝灾害。

因此，针对主要由碎石土和少量块石组成、抗冲刷侵蚀能力较差的堰塞坝，可以通过将泄流槽优化为"双渠连通"保护泄流结构的方式，进一步减低泄流冲蚀的速度，确保泄流安全。如图 8.8 所示，"双渠连通"保护泄流结构通过在宽坦形泄流槽中间预留天然"闸墩"分流，既可减少开挖量，又能增加抗冲刷体，减缓口门区下降速度，从而有效控制下泄流量，确保泄水安全。

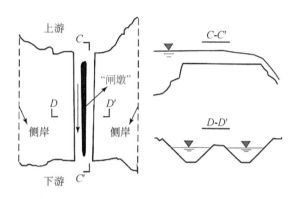

图 8.8　"双渠连通"保护泄流结构

8.5　金沙江白格滑坡堰塞湖 2019 年应急治理

白格滑坡位于西藏自治区江达县波罗乡白格村与四川省白玉县绒盖乡则巴村交界处金沙江右岸，上距西藏江达县波罗乡 15km，下距四川白玉县盖玉乡叶巴滩水电站 54km。白格滑坡在 2019 年 10 月和 11 月连续发生滑坡堵江事件，虽然经过人工干预后形成泄流槽使堰塞湖提前泄水，但其溃决后形成超万年一遇的洪水淹没了下游的迪庆、丽江等城镇，直接经济损失超过 70 亿元。白格堰塞湖的主要特点是连续两次滑坡堵江，虽然第二次滑坡虽然方量较小，但是其堆积部位刚好位于第一次滑坡堵江后天然形成的泄流道，导致第二次形成堰塞湖。在堰塞湖形成后，四川省水利厅迅速组织了应急抢险工作，通过人工开挖泄流槽的形式对堰塞湖进行泄流，成功解除了堰塞湖溃决风险。

至 2020 年汛前，白格堰塞体右岸山体仍残存有大规模滑坡体，并且其滑坡残留体上部分山体开裂，随着冰雪消融，降雨增加，在雪水或雨水的浸润作用下，随时有再次垮塌堵塞金沙江形成堰塞湖的可能性，从而危及下游沿江人民生命财产安全。因此，进入主汛期后堰塞河段安全度汛形势将更加严峻，应及早对该河段右岸残留滑坡体进行处置，确保一旦发生再次堰塞堵塞河段后，金沙江水流从设置的应急通道过流，从而在一定程度上减小堰塞湖对下游在建电站、重要基础设施以及沿江两岸人民生命财产的威胁。针对该情况，四川省和西藏自治区在白格堰塞体（四川境）和滑坡残留体（西藏境）开展了 2019 年汛前的应急治理工作，其中拟在 6 月初至 7 月初完成对白格滑坡堆积体（即堰塞残留体）的开挖。由于白格滑坡残留体持续变形，存在崩塌落石等灾害，因此需要进行施工前的模拟评估以及施工期的监测预警，以优化施工方案、保证开挖施工的顺利安全实施。

8.5.1　金沙江白格堰塞湖灾害

据历史卫星影像及地灾调查成果，早在 1966 年，滑坡中部有明显拉裂缝和小规模滑塌等变形迹象，但滑坡后缘未见明显下错台坎。在 2011 年滑坡后缘已形成基本贯通的拉裂面，中部滑塌规模较 1966 年显著增大。滑坡区岩体的变形过程至少经历了 50 余年，长期蠕滑变形使得整个斜坡体支离破碎［图 8.9（a）］。

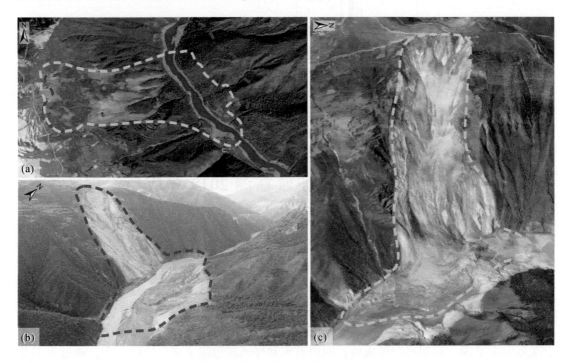

图 8.9　滑坡前后堰塞堆积影像图

（a）滑坡前 2018 年 2 月 28 日 Google earth 影像；（b）第一次滑坡后 2018 年 10 月 12 日无人机影像；（c）第二次滑坡后 2018 年 11 月 5 日无人机影像

2018 年 10 月 11 日上午 7 时 20 分，滑坡区岩土体整体失稳，发生大规模高位滑坡（以下简称"10·11"滑坡），阻断金沙江干流，形成堰塞坝，堰塞湖蓄水量约为 $2.9 \times 1.05 \times 10^6 \mathrm{m}^3$，滑坡失稳岩土体体积约 $1 \times 10^7 \mathrm{m}^3$［图 8.9（b）］。滑体高位高速下滑后，进入金沙江，形成的堰塞坝沿河谷方向长约 1100m，垂直河流方向宽约 500m，堰塞坝超出原始江面最大高度约为 85m。12 日 17 时 15 分堰塞湖水漫坝后开始自然泄流，13 日险情得以解除。

2018 年 11 月 3 日，在第一次滑坡的滑源区后缘岩土体再次发生失稳破坏（以下简称"11·3"滑坡），并再次堵塞金沙江。滑坡发生在第一次滑坡后缘形成的不稳定区，主滑区总体积为 $2 \times 10^6 \sim 3 \times 10^6 \mathrm{m}^3$，失稳岩土体沿途铲刮破碎岩体，形成碎屑流，并再次堵塞金沙江［图 8.9（c）］。为最大程度降低风险，相关部门采用人工开挖导流槽的方式主动降低堰塞湖水位，泄洪溃决形成新的河道将堰塞体一分为二。右岸滑床坡脚残留滑体规模较小，大部分残留堰塞体（简称残留体）主要堆积于左岸山体坡脚及漫滩部位。残留体北东侧依托高山斜坡地形，南西侧紧临金沙江。平面顺河呈条带状分布（图 8.10），上游略窄，中下游大致等宽。顺河长度为 742~851m，宽度为 220~330m。残留体中上游堰顶较高，下游堰顶最低，相对高差约 30m，最大堆积高度约 113m。上游迎水面平均坡比为 1∶1.3，下游面平均坡比为 1∶3.0，临江侧平均坡比为 1∶1.2。堆积最大厚度约为 85m，堆积方量为 $7×10^6~8×10^6 m^3$。

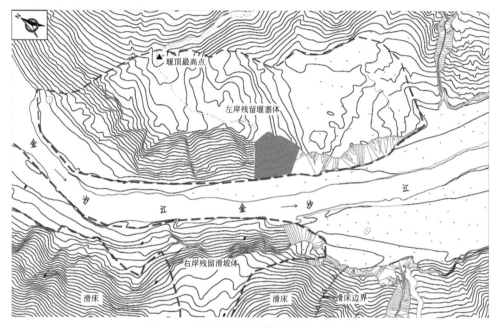

图 8.10　左岸堰塞残留体分布位置平面图

据现场观察，左岸残留堆积体表面覆盖有一层橙黄色–棕黄色的黏土层，有明显被涌浪冲刷的痕迹。上部物质组成为碎石土夹块石，土石比大致为 7∶3。粗颗粒（孤块碎石）含量在 30% 左右，细颗粒（粒径小于 2mm）含量占 70%，其中黏粒含量为 5%~8%；堰塞体下部粗颗粒（块碎石）含量有所增加，占 30%~40%，细颗粒（粒径小于 2mm）含量占 70%~60%，其中黏粒含量为 3%~5%。土中少见架空现象（图 8.11）。

图 8.11　残留体坡壁出露块碎石土断面

8.5.2　滑坡再次堵江风险评估

斜坡失稳后的滑坡动力过程非常复杂，尤其是特大型高位滑坡，在运动过程中可能会产生强烈的冲击破碎和沿程侵蚀铲刮现象，导致滑坡运动性态的改变和堆积方量的增大，而水的存在会加剧滑坡沿程侵蚀铲刮作用以及导致运动性态向流态化转变而造成更远的运动距离和更广的致灾范围。本节基于离散元算法模拟白格右岸边坡再次发生滑坡时的运动过程和堆积分布特征。

根据地形地貌、GNSS 获取的变形特征以及滑坡残留体裂纹的开展情况，可将白格滑坡残留体分为图 8.12 所示 K_1、K_2、K_3 3 个大区。

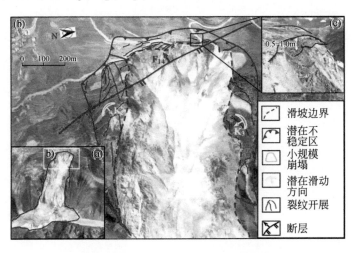

图 8.12　白格滑坡残留体分区示意图

K_1 区分布于滑源区后部，呈带状分布，南北向长约 650m，东西向最宽处约 70m，高程为 3605～3725m，方量约为 $1.2×10^5 m^3$。区内拉张裂缝发育，可见数十条，延伸方向与临空面近于平行或小角度斜交，前缘集中发育，间距为 1～3m，单条连续裂缝可见长度一般为 10～30m，最长近 320m；裂缝呈上宽下窄楔形张开，可见宽度一般为 5～20cm，最大宽度为 30～50cm；靠近临空面侧裂缝内外侧错台明显，下错高度一般为 10～30cm，最大为 40～80cm。

K_2 区位于滑坡下游侧边坡，呈顺坡向条带"长耳"状分布，上宽下窄。顺临空坡向长度为 880m，后缘高程为 3738m，中部高程为 3670m 处最宽为 250m，下部高程为 3250m。高差约为 480m，推测变形深度为 50～100m，方量约为 $1×10^6 m^3$。变形迹象多集中在顶部的错台和乡村道路，以及滑源区右侧边界的临空面附近。坡面横向及纵向拉裂缝发育，台坎错台明显，前缘可见下错高差 10～30m。

K_3 区位于滑床上游侧边坡，呈条带状分布，顺坡长约 760m，宽 60～176m，推测深约为 30～100m，顶部高程为 3725m，下部高程为 3363m，相对高差约为 360m。估计方量约为 $1.2×10^6 m^3$。其顶部受到主滑体牵引，已经发生了较大面积的变形，变形台坎处出露碎粉状的绿色蛇纹岩, 岩体破碎, 风化强烈。受左侧临空面影响, K_3 区上游边界附近发育顺临空坡向的长大剪切裂缝, 可见道路被错断, 错距为 13m 左右, 地表延伸长度达 340m。该裂隙左侧与临空面之间发育多条横向张拉下错裂缝。

数值模拟的模型区域主要包括右岸滑坡残留体, 金沙江河道以及施工区域, 如图 8.13所示。

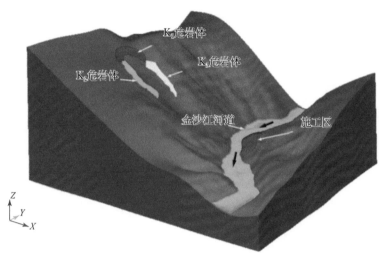

图 8.13　离散元模型

模型本构采用 Hertz-Mindlin 黏结模型, 该模型允许颗粒间存在黏结, 颗粒黏结能抵抗切向和正向运动, 当剪应力达到最大的正向和切向剪切应力强度, 颗粒黏结断裂。在颗粒运动过程中的碰撞与挤压均可使颗粒黏结发生破坏和导致颗粒分离, 但颗粒本身不产生变形。其控制方程如下:

$$\delta F_n = -v_n S_n A \delta t \tag{8.1}$$

$$\delta F_t = -v_t S_t A \delta t \tag{8.2}$$

$$\delta M_n = -w_n S_t J \delta t \tag{8.3}$$

$$\delta M_t = -w_t S_n \frac{J}{2} \delta t \tag{8.4}$$

颗粒黏结强度临界方程满足以下条件:

正应力:
$$\sigma_{max} < -\frac{F_n}{A} + \frac{2M_t}{J} R_B \tag{8.5}$$

剪应力:
$$\tau_{max} < -\frac{F_t}{A} + \frac{M_n}{J} R_B \tag{8.6}$$

式中, F_n、F_t 分别为正向与法向正应力; M_n、M_t 分别为正向与切向转动力矩; S_n、S_t 分别为正向与切向刚度系数; v_n、v_t 分别为正向与法向线速度; w_n、w_t 分别为正向与法向角速度; δt 为时间步长; R_B 为黏结半径。

该本构模型赋予颗粒间有连接作用, 当颗粒间的碰撞强度超过了连接强度, 则颗粒将相互分离, 该本构模型能较好的适用滑坡碎屑流在运动过程中与基岩的碰撞过程以及碎屑流内部块体的相互挤压和碰撞过程, 模型参数如表 8.3 所示。

表 8.3　材料参数建议取值

危岩体密度/（kg/m³）	泊松比	剪切模量/Pa	约束系数	静摩擦系数	滚动摩擦系数	黏结临界抗剪强度/Pa	黏结半径/m
2400	0.25	10^9	0.5	0.5	0.05	10^8	0.5

此次模拟中 K_1、K_2、K_3 危岩体的总填充颗粒数量为 100000 个，颗粒粒径 0.5m。此外，基岩与施工区域采用刚体模型，不产生弹性变形。

K_1、K_2、K_3 危岩体失稳启动后的运动速度演化如图 8.14 所示。

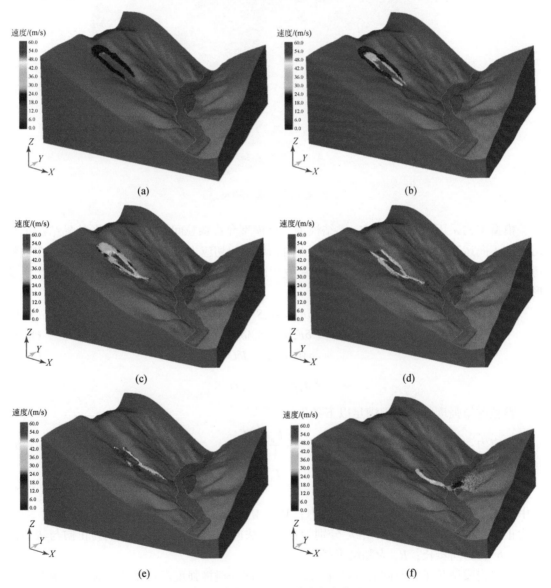

图 8.14　大方量滑坡运动速度演化过程

（a）$t=6$s；（b）$t=11$s；（c）$t=16$s；（d）$t=21$s；（e）$t=26$s；（f）$t=41$s

从模拟结果可以看到，当 K1、K2、K3 危岩体同时失稳时，三部分危岩体形成的碎屑流逐渐向中间汇集并发生剧烈的碰撞，当 $t=26$ 时碎屑流已经进入金沙江河道，由于 K1、K2、K3 危岩体方量较大，大部分碎屑流向沿对岸爬升，对施工区造成较大的影响，同时在碎屑流进入稳定阶段后，碎屑流堆积区域几乎占据整个河道，将导致河道的堵塞。

8.5.3　应急处置工程措施

滑坡-堰塞湖应急处置的基本原则是根据具体地形地质环境条件，迅速制定一套操作简单但又快速有效的措施，在较短的时间内，最大可能的降低和排出堰塞湖内拦蓄的大量湖水，保证堰塞湖的稳定与安全，确保施工人员和下游群众生命安全。根据堰塞湖坝高库容、物质组成、危险等级等的不同，常用的处置方式有开挖泄流槽、开挖引水泄流隧洞、爆破拆除、临时加固、非工程应急避险措施等。值得注意的是，在实际工程中为了应急抢险的需要，往往会采用工程措施与非工程措施多种处置技术相结合的方式，尽快排除险情。

根据现场施工条件，综合考虑采用人工开挖来拓宽堰塞体的过流面积，确保即使发生第三次滑坡后该区域仍有较强的行洪能力，不至于再次形成堰塞湖。

根据金沙江河段的水文成果，汛期 10 年洪水重现期的流量为 4600m³/s，堰塞体残体河段对应水位为 2909.1（上游端）~2906.6m（下游端），为保证开挖期间的施工安全，开挖底高程应不低于 2910.0m，并以此确定开挖方案的最低高程。因此暂定了 3 个总体方案：①开挖底高程 2910.0m；②开挖底高程 2920.0m；③开挖底高程 2930.0m。

根据施工进场时间、现场施工条件、预计施工强度等综合因素考虑下，具体方案应根据汛期到达时间以及现场施工进度灵活安排，初步暂定开挖底高程为 2910.0m，在此基础上拟定了 3 个具体方案，其方案描述如下。

（1）方案①：将左岸堰塞体残体 2910 高程以上的残体全部挖除，其内侧开挖至原左岸边坡的边界。

（2）方案②：将左岸滑槽正面的堰塞体在 2910 高程以上的残体全部清除，其余部分按照河道走势将 2910 高程以上部分进行清除。

（3）方案③：在堰塞体临河侧预留岩坎，在堰塞体左侧预留过流通道，过流通道根据最小开挖宽度要求及剩余空间确定为 15.0m，过流通道的底高程为 2910m，过流通道的左侧开挖至原左岸边坡。其工程量及投资估算见表 8.4 示。

表 8.4　2910 高程各方案工程量及投资估算表

工程量	方案①	方案②	方案③
开挖工程量/$\times 10^4$	653.8	445.6	409.6
开挖投资/万元	23223	15827	14547

施工队伍于 2019 年 6 月初进场，于 2019 年 7 月 12 日完成施工。此时开挖底高程达

2915.0m，高于预定高程5.0m，应急处置成功将堰塞残留体的最大过流宽度从317m提高至420m（图8.15）。

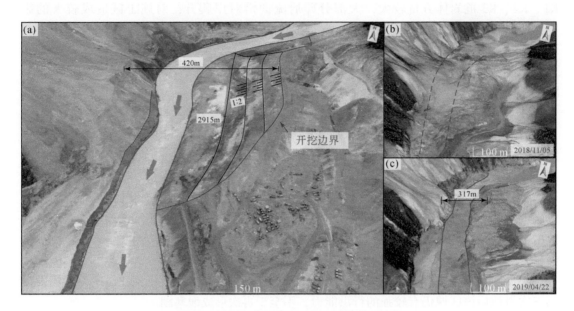

图8.15　2019年应急处置前后的堰塞体对比

（a）应急处置完成后；（b）第二次堰塞湖溃决前；（c）应急处置完成前

8.5.4　应急处置非工程措施

非工程措施主要是指在堰塞湖应急处置过程中采取遥感测量、勘探、观测等多种手段，监测上游水情，堰前水位，堰塞体侵蚀冲刷、变形和渗流情况，以及堰塞体两岸边坡的稳定情况，建立监测预警预报系统。堰塞湖所在区域多为山洪暴雨多发地区，尤其是在汛期，上游来水量大，水位上涨快，而应急抢险工程措施需要一定的时间和条件；同时堰塞湖在应急泄流时，冲刷侵蚀、渗透破坏等风险很大；另外周边地质环境在经历极端事件（强地震、强降雨）后，也较脆弱，极易引发二次灾害。因此非工程措施在应急抢险阶段显得尤为重要，应当贯穿于堰塞湖应急处置整个过程。对于应急治理阶段的施工安全，应采用稳定可靠的、具有较快采集速度和分析速度的监测手段来保证应急处置施工区的安全，应在发生二次滑坡、滚石崩塌等灾害前进行实时预警。

本次监测主要基于三维激光扫描以及地基合成孔径雷达进行数据采集，利用专用数据分析处理软件进行数据分析，并对监测结果存储备份长期储存，具体包括以下几点。

（1）利用VZ-2000i三维激光扫描仪对滑坡体进行定期扫描，结合现场踏勘情况，采用移动式扫描测站的布设方式，沿抢险公路共布置8个监测点，如图8.16所示。

（2）采用FAST GB-SAR对边坡进行24h连续观测，并在K_1、K_2和K_3各区选择多个固定或随机测点进行变形分析，如图8.17所示。

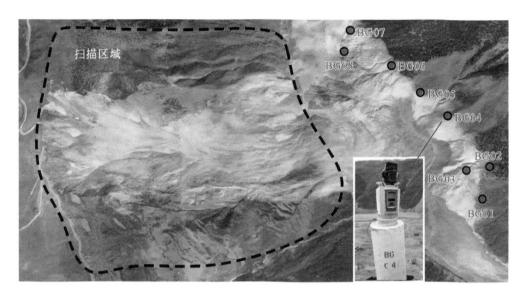

图 8.16　滑坡体测站设置示意图

图 8.17　地基合成孔径雷达布置示意图

1. 三维激光扫描监测成果

　　以 2019 年 6 月 20 日获取的扫描数据为基准，每间隔 3 天扫描获取一次边坡点云数据。基于最短距离（SD）算法，采用点到面的方式计算残留边坡的变形情况，即通过将 6 月 20 号获取的基准数据构建为滑坡残留体的高精度三维模型，然后采用预处理后的后续各期边坡点云数据与基准三维模型做空间比对分析，计算白格滑坡残留边坡的整体三维变形演化情况，其结果如 8.18 所示。

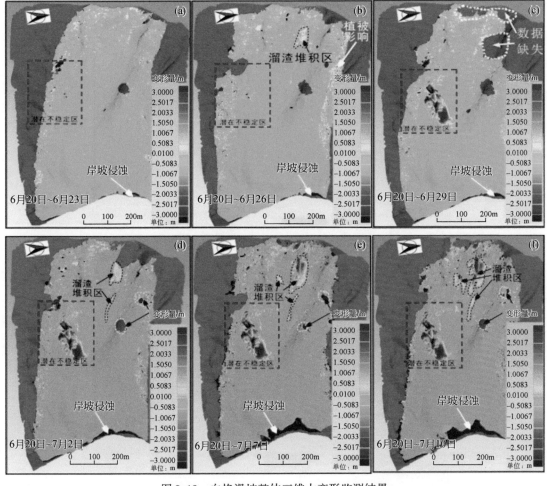

图 8.18　白格滑坡整体三维大变形监测结果

　　图 8.18 中蓝色为负值，表示向坡内变形或者剥落、侵蚀等，红色表示向坡外变形或堆积等。由于地形遮挡、植被、扫描角度等影响，获取的扫描数据中存在部分缺失，但不影响整体变形趋势的分析；此外，滑坡面外部存在大量植被，对监测精度影响很大，因此本次分析只考虑滑坡面内（岩土体裸露）的数据。由图 8.18 可知残留边坡不存在整体大变形的趋势，整体上处于稳定状态，边坡大规模整体失稳概率很小。

　　但是滑坡面内存在两个变化明显较大的区域，一处位于滑坡顶部，以朝向坡外的正变形为主，数值较大，且呈明显条带状，结合现场情况分析，该处变化主要是由边坡顶部清坡、排截水等施工引起的溜渣导致的，为溜渣堆积区。该区域对边坡整体稳定性影响不大，但从数值上看松散堆积物越来越厚，最厚处超过 3m，且分布在较高高程，在强降雨作用下，可能诱发山洪泥石流，对下部施工区造成一定影响，因此应该引起注意，尽量减小顶部施工的溜渣。

　　另一处位于 K_2 区中下部，为潜在不稳定区。该区域变形范围较大，且存在随时间加剧演化的趋势，为了分析分析其三维变形演化情况，获取了该区域的高分率三维变形云图

（图 8.19）。由图 8.19 可知该区域从 6 月 20 日开始出现剥落破坏现象，刚开始破坏深度和面积均较小，之后剥落范围逐渐沿高程方向扩展，深度也逐渐加深，并堆积在底部；7 月 2 日以后，剥落区开始向上游侧方向扩展，但上游侧剥落深度不大。潜在不稳定区最大延伸高度超过 80m，宽度为 20～40m，深度为 0.5～4m；下部堆积区最大厚度为 5m 左右，体积为 500m³ 左右。

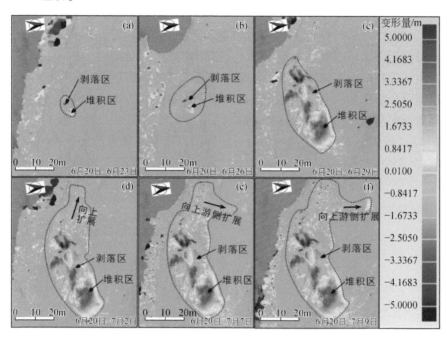

图 8.19　潜在不稳定区的高分率三维变形云图

2. 地基合成孔径雷达监测成果

地基合成孔径雷达监测时间段为 2019 年 6 月 2 日 18 时至 2019 年 7 月 10 日 18 时，整体变形分析结果如图 8.20 所示。从图 8.20 中可以看出 15 天边坡累积整体变形在 100mm

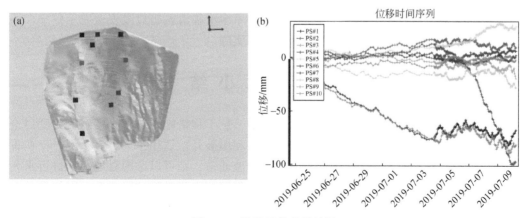

图 8.20　边坡整体监测结果

（a）监测点分布图；（b）典型变形曲线示意图

以内，每天平均变形量不超过 10mm，整体处于稳定状态。K_1 区变形以负向（向坡外）为主，主要集中在中部和下游与 K_2 区交界处附近；K_2 区变形很大，连续几天出现陡降，该区域岩体剥落、掉块现象十分明显，为滑坡残留体的主要潜在不稳定区；K_3 区变形也以负变形（向坡外）为主，变形量较小，累积变形量不超过 50mm，为欠稳定区；沟道堆积区变形也较大，主要以堆积为主，推测可能是边坡表面细小颗粒在风、雨等外界侵蚀以及对岸坡顶甩渣引起的。

其中 K_2 区整体变形很活跃，主要集中在 K_2 区下部沟槽附近，该区域表层已发生岩体剥落现象，降雨后该区域有明显水流带动土石流动的痕迹，如图 8.21 所示。沟槽边壁上方的长条形错动带目前变形较小，推断暂时未和其下部的沟槽边壁一起运动。从现场勘测和监测数据综合分析认为大变形主要是下部沟槽附近表面岩土体在降雨、强光照和风力作用下，局部破坏剥落。另外，K_2 区变形离散性很大，各个测点差异性较大，推测可能是 K_2 区裂缝发育，被切割成一个个块体，且各块体间存在错动现象。

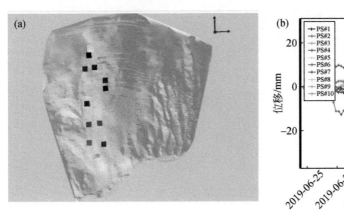
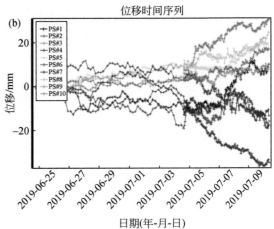

图 8.21　K_2 区监测结果

(a) K_2 区监测点分布图；(b) K_2 典型变形曲线示意图

整个监测期间共向现场管理和施工单位发布了多次临滑预警以及安全警示信息，保障了金沙江白格堰塞湖应急治理施工的安全和顺利实施。

8.6　本　章　小　结

本章介绍了滑坡堰塞湖的主要应急处置方法，从工程措施和非工程措施的角度讨论了各类应急处置方法的必要性和优缺点，其中人工和爆破开挖适用于无过流条件、存在重大隐患、需要快速处置的堰塞湖；而如果有临时过流通道，则可以考虑对堰塞湖进行永久性加固改造。在堰塞湖应急处置过程中，需要始终强调非工程措施的重要性，以便保证应急处置施工安全，并且为下游人员安全撤离和转移提供监测预警。此外，本章还基于堰塞坝高精度 DEM 三维模型，采用 D8 算法，提出一种新型堰塞湖泄流槽设计及优化技术，可以为科学选取进水口位置以及确定横纵断面尺寸提供指导。另外，针对堰塞坝泄流道在泄流过程中的形态和结构稳定性，本章还介绍了加速泄流措施与保护性泄流措施，可以在在快速泄流的基础上提高泄流过程的可控性，避免过大的泄流洪水对下游村镇造成洪涝灾害。最后，本章还介绍了金沙江白格滑坡堰塞湖 2019 年应急治理过程，包括了潜在的滑坡堵江风险分析、应急开挖工程的方案拟定、以及非工程措施在整个应急处置过程中所起到的重要作用和良好效果。

参 考 文 献

蔡耀军，栾约生，杨启贵，等．2019. 金沙江白格堰塞体结构形态与溃决特征研究．人民长江，50（3）：15-22.

曹永涛，高航，夏修杰．2010. 堰塞湖坝体处理及溃决模拟试验研究．人民黄河，32（12）：205-206.

柴贺军，刘汉超，张倬元．1995. 一九三三年叠溪地震滑坡堵江事件及其环境效应．地质灾害与环境保护，6（1）：7-17.

柴贺军，刘汉超，张倬元．1996. 滑坡堵江的基本条件．地质灾害与环境保护，7（1）：41-46.

柴贺军，刘汉超，张倬元．1998. 中国滑坡堵江的类型及其特点．成都理工学院学报，25（3）：411-416.

柴贺军，刘汉超，张倬元．2000. 大型崩滑堵江事件及其环境效应研究综述．地质科技情报，19（2）：87-90.

陈华勇，崔鹏，唐金波，等．2013. 堵塞坝溃决对上游来流及堵塞模式的响应．水利学报，44（10）：1148-1157.

陈宁生，第宝锋，李战鲁，等．2008. "5·12"汶川地震龙门山风景区地震次生山地灾害特征与处理．山地学报，26（3）：272-275.

陈生水，陈祖煜，钟启明．2019. 土石坝和堰塞坝溃决机理与溃坝数学模型研究进展．水利水电技术，50（8）：27-36.

陈晓清，崔鹏，赵万玉，等．2010. "5·12"汶川地震堰塞湖应急处置措施的讨论——以唐家山堰塞湖为例．山地学报，28（3）：350-358.

程冰．20005. 格子Boltzmann方法在洪水演进中的应用．武汉：华中科技大学．

程尊兰，党超，刘晶晶，等．2007. 藏东南部泥石流堵河试验研究．地学前缘，14（6）：181-187.

崔鹏，韩用顺，陈晓清．2009. 汶川地震堰塞湖分布规律与风险评估．四川大学学报（工程科学版），41（3）：35-42.

崔银祥，聂德新，刘惠军．2005. 通过三维渗流计算评价某滑坡坝渗透稳定性．水土保持研究，12（2）：98-100.

戴荣尧，王群．1983. 溃坝最大流量的研究．水利学报，14（2）：13-21.

邓宏艳，孔纪名，王成华．2011. 不同成因类型堰塞湖的应急处置措施比较．山地学报，29（4）：505-510.

冯超．2013. 黑龙江五大连池火山苔藓植物多样性及分类学研究．内蒙古：内蒙古大学．

郝书敏．1984. 自溃坝模型试验方法初步探讨．水利工程管理论文集，北京：中国水利学会工程管理专业委员会．

何秉顺，王玉杰，魏建军，等．2010. 四川地震灾区14座堰塞湖现场查勘分析．中国防汛抗旱，20（3）：36-42.

何学仁．2009. 安县老鹰岩堰塞湖应急排险处置总结．//．汶川大地震工程震害调查分析与研究，1044-1047.

侯江．2010. 中国西部科学院叠溪地震调查及其著述《四川叠溪地震调查记》．四川地震，（2）：37-40.

胡慧欣．2017. 五大连池火山堰塞湖表层沉积物中细菌多样性及其同环境因子的关系．大庆：黑龙江八一农垦大学．

胡四一，谭维炎．1995. 无结构网格二维浅水流动数值模拟．水科学进展，6（1）：1-9.

胡卸文，黄润秋，施裕兵，等．2009．唐家山滑坡堵江机制及堰塞坝溃坝模式分析．岩石力学与工程学报，28（1）：181-189．

黄润秋．2007．20世纪以来中国的大型滑坡及其发生机制．岩石力学与工程学报，26（3）：433-454．

黄润秋，王士天，张倬元，等．2001．中国西南地壳浅表层动力学过程及其工程环境效应研究．成都：四川大学出版社．

蒋先刚，吴雷．2019．不同底床坡度下的堰塞坝溃决过程研究．岩石力学与工程学报，38（S1）：3008-3014．

蒋先刚，崔鹏，王兆印，等．2016．堰塞坝溃口下切过程试验研究．四川大学学报（工程科学版），48（4）：38-44．

金兴平．2018．"两江"流域堰塞湖应急处置工作的回顾与思考．湖北武汉：堰塞湖应急处置技术研讨会．

金兴平．2019．金沙江雅鲁藏布江堰塞湖应急处置回顾与思考．人民长江，50（3）：5-9．

孔纪名，阿发友，邓宏艳，等．2010．基于滑坡成因的汶川地震堰塞湖分类及典型实例分析．四川大学学报（工程科学版），42（5）：44-51．

匡尚富．1994．斜面崩塌引起的天然坝形成机理和形状预测．泥沙研究，19（3）：50-59．

匡尚富．1995．汇流部泥石流的特性和淤积过程的研究．泥沙研究，20（1）：1-15．

李彬，郭志学，陈日东，等．2015．变坡陡比降河道强输沙下泥沙淤积与水位激增的试验研究．泥沙研究，40（3）：63-68．

李崇标．2009．南坝堰塞湖工程地质特性．//．汶川大地震工程震害调查分析与研究，1087-1090．

李乾坤．2011．金沙江寨子村滑坡及其堰塞湖沉积．昆明：昆明理工大学．

李炜．2006．水力计算手册．北京：水利水电出版社．

李相南．2017．土石坝溃决冲刷与洪水演进研究．北京：中国水利水电科学研究院．

梁军．2009．地震堰塞湖的形成及其治理方法．成都：纪念汶川地震一周年——抗震减灾专题学术讨论会．

梁军．2012．"5·12"地震堰塞湖处置综述．四川水利，（1）：2-10．

梁向前，崔亦昊，魏迎奇．2009．工程爆破在堰塞湖处理中的应用及实例．水力发电，35（10）：88-90．

林秉南，龚振瀛，王连祥．1980．突泄坝址过程线简化分析．清华大学学报（自然科学版），20（1）：17-31．

刘邦晓，朱兴华，郭剑，等．2020．不同沟床坡度堰塞坝溃口下切过程试验研究．长江科学院院报，37（12）：63-70．

刘翠容，杜翠．2014．泥石流局部阻塞大河的特点及判据研究．重庆交通大学学报（自然科学版），33（1）：79-84．

刘杰，颜婷，周传兴，等．2019．初始含水率及人工干预对堰塞坝溃决影响试验研究．重庆交通大学学报（自然科学版），38（3）：64-71．

刘磊，钟德钰，张红武，等．2013．堰塞坝漫顶溃决试验分析与模型模拟．清华大学学报（自然科学版），53（4）：583-588．

刘宁．2000．科学制定西藏易贡滑坡堵江减灾预案．中国水利，18（7）：37-38．

刘宁．2008a．唐家山堰塞湖应急处置与减灾管理工程．中国工程科学，10（12）：67-72．

刘宁．2008b．巨型滑坡堵江堰塞湖处置的技术认知．中国水利，26（16）：1-7．

刘宁．2014．红石岩堰塞湖排险处置与统筹管理．中国工程科学，16（10）：39-46．

刘宁，蒋乃明，杨启贵，等．2000．易贡巨型滑坡堵江灾害抢险处理方案研究．人民长江，31（9）：10-12．

刘宁，程尊兰，崔鹏，等．2013．堰塞湖及其风险控制．北京：科学出版社．

罗利环，黄尔，吕文翠，等．2010．堰塞坝溃坝洪水影响因素试验．水利水电科技进展，30（5）：1-4．

罗伟韬 . 2014. 基于离散元方法的堰塞体堆积性质研究 . 北京：清华大学 .

马利平，侯精明，张大伟，等 . 2019. 耦合溃口演变的二维洪水演进数值模型研究 . 水利学报，50（10）：1253-1267.

马学强，邹俊 . 等 . 2008. 绵远河流域上游堰塞湖应急排险施工 . 水利水电技术，39（8）：46-49.

绵阳市水利规划设计研究院 . 2008. 北川羌族自治县虎跳崖堰塞湖安全性评价报告 . 绵阳：设计报告 .

年廷凯，吴昊，郑德凤，等 . 2018. 堰塞坝稳定性评价方法及灾害链效应研究进展 . 岩石力学与工程学报，37（8）：25-41.

牛志攀，许唯临，张建民，等 . 2009. 堰塞湖冲刷及溃决试验研究 . 四川大学学报（工程科学版），41（3）：90-95.

庞林祥，崔明 . 2018. 崩塌型堰塞坝形成条件与过程研究 . 水利水电快报，（6）：1-4.

庞林祥，莫大源，李爱华 . 2016. 滑坡型堰塞坝的形成条件与过程分析 . 人民长江，47（11）：94-97.

彭铭，蒋明子 . 2017. 滑坡涌浪作用下堰塞坝稳定性研究 . 北京：2017 年中国地球科学联合学术年会 .

乔路，杨兴国，周宏伟，等 . 2009. 模糊层次分析法的堰塞湖危险度判定—以杨家沟堰塞湖危险度综合评价为例 . 人民长江，40（22）：51-53.

饶学建，唐孝良 . 2008. 唐家湾、红岩孙家院子、罐子铺三处梯级堰塞湖处理 . 水利水电技术，39（8）：33-35.

人俊 . 1979. 马斯京根法——河道洪水演算的线性有限差解 . 华东水利学院学报，7（1）：44-56.

石振明，李建可，鹿存亮，等 . 2010. 堰塞湖坝体稳定性研究现状及展望 . 工程地质学报，18（5）：657-663.

石振明，熊永峰，彭铭，等 . 2016a. 堰塞湖溃坝快速定量风险评估方法——以 2014 年鲁甸地震形成的红石岩堰塞湖为例 . 水利学报，47（6）：742-751.

石振明，郑鸿超，彭铭，等 . 2016b. 考虑不同泄流槽方案的堰塞坝溃决机理分析——以唐家山堰塞坝为例 . 工程地质学报，24（5）：741-751.

仕超 . 2010. 四川地震灾区 14 座堰塞湖现场查勘分析 . 中国防汛抗旱，20（3）：36-42.

四川大学工程设计研究院 . 2009a. 绵竹市绵远河堰塞湖应急处理方案 . 成都：设计报告 .

四川大学工程设计研究院 . 2009b. 四川省都江堰市白沙河无人区堰塞湖安全性评价报告 . 成都：设计报告 .

四川省水利水电勘测设计研究院 . 2000. 大海子堰塞坝的稳定性评价 . 成都：设计报告 .

宋利祥 . 2012. 溃坝洪水数学模型及水动力学特性研究 . 武汉：华中科技大学 .

宋胜武 . 2009. 汶川大地震工程震害调查分析与研究 . 北京：科学出版社 .

孙研，王绍玉 . 2011. 基于自然和社会属性的堰塞湖风险评估 . 四川大学学报（工程科学版），43（S1）：24-28.

唐川，黄润秋，黄达，等 . 2006. 金沙江美姑河牛牛坝水电站库区泥石流对工程影响分析 . 工程地质学报，14（2）：145-151.

王道正，陈晓清，罗志刚，等 . 2016. 不同颗粒级配条件下堰塞坝溃决特征试验研究 . 防灾减灾工程学报，36（5）：143-149.

王光谦，傅旭东，李铁建，等 . 2008. 汶川地震灾区堰塞湖应急处置中的计算分析 . 中国水土保持科学，6（5）：1-6.

王嘉松，倪汉根，金生，等 . 1998. 用 TVD 显隐格式模拟一维溃坝洪水的演进与反射 . 水利学报，5（5）：8-12.

王兰生，杨立铮，李天斌，2000. 四川岷江叠溪较场地震滑坡及环境保护 . 地质灾害与环境保护，11（3）：195-199.

王仁钟，李雷，盛金保 . 2006. 水库大坝的社会与环境风险标准研究 . 安全与环境学报，6（1）：8-11.

王珊，梁彬锐，王占军．2013．极端天气气候事件对大坝的致灾影响分析．中国农村水利水电，（1）：102-104.

王洋海，顾声龙，赵杰．2017．基于 DEM 的滑坡堆积堰塞湖过程数值研究．结构工程师，33（4）：105-110.

王叶，周伟，马刚，等．2017．堰塞体形成全过程的连续离散耦合数值模拟．中国农村水利水电，（9）：156-163.

王运生，苟富刚，陈宁，等．2011．平武县石坎河汶川地震灾害链的成生条件研究．西宁：2011 年全国工程地质学术年会.

伍超，冉洪兴，郑红玲，等．1996．雅砻江唐古栋垮山堵江溃决洪水过程研究．水动力学研究与进展，11（6）：646-652.

伍超，吴持恭．1988．求解任意决口断面溃坝水力特性的形态参数分离法．水利学报，19（9）：10-18.

谢任之．1982．溃坝坝址流量计算．水利水运工程学报，（1）：43-58.

谢任之．1989．溃坝水力学．济南：山东科学技术出版社.

徐富刚．2016．滑坡堰塞湖形成与灾害链演化过程研究．成都：四川大学.

徐富刚，杨兴国，周家文．2015．堰塞坝漫顶破坏溃口演变机制及试验研究．重庆交通大学学报，34（6）：79-83.

许栋，徐彬，David PAyet，等．2016．基于 GPU 并行计算的浅水波运动数值模拟．计算力学学报，33（1）：114-121.

许强，郑光，李为乐，等．2018．2018 年 10 月和 11 月金沙江白格两次滑坡–堰塞堵江事件分析研究．工程地质学报，26（6）：129-146.

严容．2006．岷江上游崩滑堵江次生灾害及环境效应研究．成都：四川大学.

严祖文，魏迎奇，蔡红．2009．堰塞坝渗透稳定性评估．长江科学院院报，26（10）：122-125.

晏鄂川，张倬元，刘汉超，等．2003．中国崩滑堵江事件及其环境效应研究．地球学报，24（z1）：205-209.

杨武承．1984．引冲式自溃坝口门形成时间的试验及规律．水利水电技术，（7）：21-25.

杨兴国，周宏伟，周家文．2009．四川省绵竹市绵远河堰塞湖应急处理及综合治理措施研究．成都：四川大学.

叶华林．2018．基于堰塞坝几何形态的数理统计对其稳定性影响研究．成都：西南交通大学.

易志坚，黄润秋，吴海燕，等．2016．唐古栋滑坡成因机制研究．工程地质学报，24（6）：1072-1079.

岳志远．2010．自然坝体溃决机理与水沙动力学过程．武汉：武汉大学.

曾秀梅．2011．汶川地震次生山地灾害的经济社会影响研究．曲阜：曲阜师范大学.

张红武，刘磊，钟德钰，等．2015．堰塞湖溃决模型设计方法及其验证．人民黄河，（4）：1-5.

张金山，谢洪．2008．岷江上游泥石流堵河可能性的经验公式判别．长江流域资源与环境，17（4）：651-655.

张婧，曹叔尤，杨奉广，等．2010．堰塞坝泄流冲刷试验研究．四川大学学报（工程科学版），42（5）：191-196.

张明，殷跃平，吴树仁，等．2010．高速远程滑坡–碎屑流运动机理研究发展现状与展望．工程地质学报，18（6）：805-817.

赵人俊．1979．马斯京根法——河道洪水演算的线性有限差解．华东水利学院学报，1979（001）：000.

赵升，郑明新，王全才．2009．汶川地震引起的老虎嘴山体崩塌形成机理与治理方案分析．隧道建设，29（2）：243-245.

赵天龙，陈生水，王俊杰，等．2016．堰塞坝漫顶溃坝离心模型试验研究．岩土工程学报，38（11）：

1965-1972.

赵谢平, 梁瑞驹. 1994. 基于特征河长法的概念性流域地貌汇流模型. 河海大学学报, 22 (5): 108-110.

赵鑫. 2009. 新疆克孜河泥石流堵坝及溃决分析. 乌鲁木齐: 新疆农业大学.

中华人民共和国国家发展和改革委员会. 2006. DL/T 5355-2006 水利水电工程土工试验规程. 北京: 电力行业标准.

中华人民共和国水利部. 2009. SL450-2009 堰塞湖风险等级划分标准. 北京: 中国水利水电出版社.

中华人民共和国住房和城乡建设部, 国家质量监督检验检疫总局. 2012. GB/T 50805-2012 城市防洪工程设计规范. 北京: 中国计划出版社.

周必凡. 1991. 泥石流防治指南. 北京: 科学出版社.

周家文, 杨兴国, 李洪涛, 等. 2009. 汶川大地震都江堰市白沙河堰塞湖工程地质力学分析. 四川大学学报 (工程科学版), 41 (3): 102-108.

周振华. 2018. 泥石流中的超孔隙水压力及其形成机理. 昆明: 昆明理工大学.

Abdrakhmatov K, Strom A. 2006. Dissected rockslide and rock avalanche deposits//Shan, Tien (Ed.), Landslides from Massive Rock Slope Failure. Springer, Kyrgyzstan: 551-570.

Abdulwahid W M, Pradhan B. 2017. Landslide vulnerability and risk assessment for multi-hazard scenarios using airborne laser scanning data (LiDAR). Landslides, 14 (3): 1057-1076.

Ackers P, White W R. 1973. Sediment transport: new approach and analysis. Journal of the Hydraulics Division, 99 (11): 2041-2060.

Adduce C, Sciortino G, Proietti S. 2011. Gravity currents produced by lock exchanges: experiments and simulations with a two-layer shallow-water model with entrainment. Journal of Hydraulic Engineering, 138 (2): 111-121.

Adger W N. 2006. Vulnerability. Global Environmental Change, 16 (3): 268-281.

Ajmani K, Ng W F, Liou M S. 1994. Preconditioned conjugate gradient methods for Navier-stokes equations. Journal of Computational Physics, 110 (1): 68-81.

Alcrudo F, Garcia-Navarro P. 1993. A high-resolution Godunove-type scheme in finite volumes for the 2D shallow water equations. International Journal for Numerical Methods in Fluids, 16: 489-505.

Alexander S. 2010. Landslide dams in Central Asia region. Journal of the Japan Landslide Society, 47 (6): 309-324.

Alford D, Cunha S F, Ives J D. 2000. Lake Sarez, Pamir Mountains, Tajikistan: mountain hazards and development assistance. Mountain Research and Development, 20 (1): 20-24.

Amaral S, Viseu T, Ferreira R. 2019. Experimental methods for local-scale characterization of hydro-morphodynamic dam breach processes. Breach detection, 3D reconstruction, flow kinematics and spatial surface velocimetry. Flow Measurement and Instrumentation, 70: 101658.

Ancey C, Iverson R M, Rentschler M, et al. 2008. An exact solution for ideal dam-break floods on steep slopes. Water Resources Research, 44 (1): W01430.

Annandale G W. 2006. Scour Technology — Mechanics and Engineering Practice. New York: McGraw-Hill.

Attari M, Hosseini S M. 2019. A simple innovative method for calibration of Manning's roughness coefficient in rivers using a similarity concept. Journal of Hydrology, 575, 810-823.

Ayalew L, Yamagishi H. 2005. The application of GIS-based logistic regression for landslide susceptibility mapping in the Kakuda-Yahiko Mountains, Central Japan. Geomorphology, 65 (1-2): 15-31.

Baker C J. 1980. Theoretical approach to prediction of local scour around bridge piers. Journal of Hydraulic Research, 18 (1), 1-12.

Baker V R. 1996. Hypotheses and geomorphological reasoning//Rhoads B L, Thorn C E, The scientific nature of geomorphology. New York: Wiley.

Balmforth N J, Von Hardenberg J, Provenzale A, et al. 2008. Dam breaking by wave- induced erosional incision. Journal of Geophysical Research: Earth Surface, 113: F01020.

Basharat M, Rohn J, Ehret D, et al. 2012. Lithological and structural control of Hattian Bala rock avalanche triggered by the Kashmir earthquake 2005, sub- Himalayas, northern Pakistan. Journal of Earth Science, 23 (2): 213-224.

Beetham R D, McSaveney M J, Read S A L. 2002. Four extremely large landslides in New Zealand//First European Conference on Landslides, June 24-26, Prague, Czech Republic.

Bellos C V, Soulis J V, Sakkas J G. 1992. Experimental investigation of two- dimensional dam- break induced flows. Advances in Water Resources, 14 (1): 31-41.

Birkmann J. 2006. Measuring vulnerability to promote disaster- resilient societies: Conceptual frameworks and definitions//Measuring vulnerability to natural hazards. Towards disaster resilient societies, 1: 9-54.

Boriech K. 1998. CADAM: Mathematical modeling of dam-break erosion caused by overtopping//Munich meeting, Munich, Germay, October 8-9.

Bowman E T, Take W A, Rait K L, et al. 2012. Physical models of rock avalanche spreading behaviour with dynamic fragmentation. Canadian Geotechnical Journal, 49 (4): 460-476.

Braun A, Cuomo S, Petrosino S, et al. 2018. Numerical SPH analysis of debris flow run- out and related river damming scenarios for a local case study in SW China. Landslides, 15 (3): 535-550.

Bridge J S, Bennett S J. 1992. A model for the entrainment and transport of sediment grains of mixed sizes, shapes, and densities. Water Resources Research, 28 (2): 337-363.

Bromhead E N, Coppola L, Rendell H M. 1997. Field reconnaissance of valley blocking landslide dams in the Piave and Cordevole catchments. Journal of the Geological Society of China, 39 (4): 373-389.

Brooks N. 2003. Vulnerability, risk and adaptation: A conceptual framework. Tyndall Centre for Climate Change Research Working Paper, 38 (38): 1-16.

Canuti P, Casagli N, Ermini L. 1998. Inventory of landslide dams in the Northern Apennine as a model for induced flood hazard forecasting//Managing Hydro- Geological Disasters in a Vulnerable Environment, CNR-GNDCI and UNESCO IHP, Perugia, pp. 189-202.

Cao Z X, Pender G, Wallis S, et al. 2004. Computational dam- break hydraulics over erodible sediment bed. Journal of Hydraulic Engineering, 130 (7): 689-703.

Cao Z X, Yue Z Y, Pender G. 2011a. Landslide dam failure and flood hydraulics. Part I: experimental investigation. Natural hazards, 59 (2): 1003-1019.

Cao Z X, Yue Z Y, Pender G. 2011b. Landslide dam failure and flood hydraulics. Part II: coupled mathematical modelling. Natural Hazards, 59 (2): 1021-1045.

Cao Z, Yue Z. Pender G. 2011c. Flood hydraulics due to cascade landslide dam failure. Journal of Flood Risk Management, 4 (2): 104-114.

Casagli N, Ermini L, 1999. Geomorphic analysis of landslide dams in the Northern Apennine. Transactions of the Japanese Geomorphological Union, 20 (3): 219-249.

Casagli N, Ermini L, Rosati G. 2003. Determining grain size distribution of the material composing landslide dams in the Northern Apennines: sampling and processing methods. Engineering Geology, 69 (1-2): 83-97.

Cencetti C, Fredduzzi A, Marchesini I, et al. 2006. Some considerations about the simulation of breach channel erosion on landslide dams. Computational Geosciences, 10: 201-219.

Cepeda J, Chávez J A, Martínez C C. 2010. Procedure for the selection of runout model parameters from landslide back- analyses: application to the Metropolitan Area of San Salvador, El Salvador. Landslides, 7 (2): 105-116.

Chang D S, Zhang L M. 2010. Simulation of the erosion process of landslide dams due to overtopping considering variations in soil erodibility along depth. Natural Hazards and Earth System Sciences, 10 (4): 933-946.

Chang D S, Zhang L M, Xu Y, et al. 2011. Field testing of erodibility of two landslide dams triggered by the 12 May Wenchuan earthquake. Landslides, 8 (3): 321-332.

Chen C., Zhang L. M., Xiao T., et al. 2020. Barrier lake bursting and flood routing in the Yarlung Tsangpo Grand Canyon in October 2018. Journal of Hydrology, 583: 124603.

Chen C Y, Chang J M. 2016. Landslide dam formation susceptibility analysis based on geomorphic features. Landslides, 13 (5): 1019-1033.

Chen H X, Zhang L M, Chang D S, et al. 2012. Mechanisms and runout characteristics of the rainfall- triggered debris flow in Xiaojiagou in Sichuan Province, China. Natural Hazards, 62 (3): 1037-1057.

Chen M L, Wu G J, Gan B R, et al. 2018. Physical and compaction properties of granular materials with artificial grading behind the particle size distributions. Advances in Materials Science and Engineering, Volume 2018, Article ID 8093571.

Chen R F, Chang K J, Angelier J, et al. 2006. Topographical changes revealed by high- resolution airborne LiDAR data: The 1999 Tsaoling landslide induced by the Chi- Chi earthquake. Engineering Geology, 88 (3-4): 160-172.

Chen S C, Hsu C L, Wu T Y, et al. 2011. Landslide dams induced by typhoon Morakot and risk assessment//5th International Conference on Debris Flow Hazards Mitigation: Mechanics, Prediction and Assessment, Padua, Italy, pp. 653-660.

Chen S C, Lin T W, Chen C Y. 2015. Modeling of natural dam failure modes and downstream riverbed morphological changes with different dam materials in a flume test. Engineering Geology, 188: 148-158.

Chen X Q, Cui P, You Y, et al. 2017. Dam- break risk analysis of the Attabad landslide dam in Pakistan and emergency countermeasures. Landslides, 14 (2): 675-683.

Chen Z, Ma L, Yu S, et al. 2015. Back Analysis of the Draining Process of the Tangjiashan Barrier Lake. Journal of Hydraulic Engineering, 141 (4): 05014011.

Chigira M, Wang W N, Furuya T, et al. 2003. Geological causes and geomorphological precursors of the Tsaoling landslide triggered by the 1999 Chi-Chi earthquake, Taiwan. Engineering Geology, 68 (3-4): 259-273.

Clague J J, Evans S G. 1994. Formation and failure of natural dams in the Canadian Cordillera//Geological Survey of Canada Bulletin, 464 pp.

Costa P J M. 2016. Sediment Transport, Encyclopedia of Estuaries. Netherlands.

Costa J E, Schuster R L. 1988. The formation and failure of natural dams. Geological Society of America Bulletin, 100 (7): 1054-1068.

Costa J E, Schuster R L. 1991. Documented historical landslide dams from around the world. United states department of the interior geological survey, open-file report: 91-239.

Cristofano E A. 1965. Method of computing erosion rate for failure of earth- fill dams. Denver: U. S. Dept. of the Interior, Bureau of Reclamation, Engineering and Research Center.

Crosta G B, Chen H, Lee C F. 2004. Replay of the 1987 Val Pola landslide, Italian alps. Geomorphology, 60 (1-2): 127-146.

Crosta G B, Frattini P, Fusi N. 2007. Fragmentation in the Val Pola rock avalanche, Italian alps. Journal of Geophysical Research: Earth Surface, 112: F01006.

Crosta G B, Calvetti F, Imposimato S, et al. 2001. Granular flows and numerical modelling of landslides. Report of DAMOCLES project, pp. 16-36.

Crosta G B, Frattini P, Fusi N, et al. 2011. Formation, characterization and modeling of the Val Pola rock-avalanche dam (Italy). Natural and artificial rockslide dams. Springer, Berlin, Heidelberg, pp. 347-368.

Crosta G B, De Blasio F V, Locatelli M, et al. 2015. Landslides falling onto a shallow erodible substrate or water layer: an experimental and numerical approach. IOP Conference Series: Earth and Environmental Science. IOP Publishing, 26 (1): 012004.

Cui P, Zhu Y Y, Han Y S, et al. 2009. The 12 May Wenchuan earthquake-induced landslide lakes: distribution and preliminary risk evaluation. Landslides, 6 (3): 209-223.

Dai F C, Lee C F, Deng J H, et al. 2005. The 1786 earthquake-triggered landslide dam and subsequent dam-break flood on the Dadu River, southwestern China. Geomorphology, 65 (3-4): 205-221.

Davies T R, McSaveney M J. 2004. Dynamic fragmentation in landslides: application to natural dam stability. Abstract volume, NATO Advanced Research Workshop: Security of Natural and Artificial Rockslide Dams.

Davies T R, McSaveney M J. 2009. The role of rock fragmentation in the motion of large landslides. Engineering Geology, 109 (1-2): 67-79.

Davies T R, McSaveney M J. 2011. Rock-avalanche size and runout-implications for landslide dams//Evans S., Hermanns R., Strom A., Scarascia-Mugnozza G. (eds) Natural and artificial rockslide dams, Springer, Berlin, Heidelberg. Lecture Notes in Earth Sciences, 133: 441-462.

De Blasio F V, Crosta G B. 2014. Simple physical model for the fragmentation of rock avalanches. Acta Mechanica, 225 (1): 243-252.

Delaney K B, Evans S G. 2011. Rockslide Dams in the Northwest Himalayas (Pakistan, India) and the Adjacent Pamir Mountains (Afghanistan, Tajikistan), Central Asia. In Natural and artificial rockslide dams, Springer, Berlin, Heidelberg, pp. 205-242.

Delaney K B, Evans S G. 2015. The 2000 Yigong landslide (Tibetan plateau), rockslide-dammed lake and outburst flood: Review, remote sensing analysis, and process modelling. Geomorphology, 246: 377-393.

Delgado F, Zerathe S, Audin L, et al. 2020. Giant landslide triggerings and paleoprecipitations in the Central Western Andes: The aricota rockslide dam (South Peru). Geomorphology, 350: 106932.

Dey S, Ali S Z. 2017. Mechanics of sediment transport: Particle scale of entrainment to continuum scale of bedload flux. Journal of Engineering Mechanics, 143 (11): 04017127.

Dhital M R, Rijal M L, Bajracharya S R. 2016. Landslide dams and their hazard after the 25 April 2015 Gorkha Earthquake in Central Nepal. Lowland Technol. Int. 18 (2), 129-140 Saga University.

DoX K, Regmi R K, Nguyen H P T, et al. 2017. Study on the formation and geometries of rainfall-induced landslide dams. KSCE Journal of Civil Engineering, 21 (5): 1657-1667.

Donato S V, Reinhardt E G, Boyce J I, et al. 2009. Particle-size distribution of inferred tsunami deposits in Sur Lagoon, Sultanate of Oman. Marine Geology, 257 (1-4): 54-64.

Dong J J, Tung YH, Chen CC, et al. 2009. Discriminant analysis of the geomorphic characteristics and stability of landslide dams. Geomorphology, 110 (3-4): 162-171.

Dong J J, Li Y S, Kuo C Y, et al. 2011a. The formation and breach of a short-lived landslide dam at Hsiaolin village, Taiwan—part I: post-event reconstruction of dam geometry. Engineering Geology, 123 (1-2): 40-59.

Dong J J, Tung Y H, Chen C C, et al. 2011b. Logistic regression model for predicting the failure probability of a landslide dam. Engineering Geology, 117 (1-2): 52-61.

Dressler R F. 1952. Hydraulic resistance effect upon the dam-break functions. Journal of Research of the National Bureau of Standards, 49 (3): 217-225.

Dufresne A, Ostermann M, Preusser F. 2018. River-damming, late-Quaternary rockslides in the Ötz Valley region (Tyrol, Austria). Geomorphology, 310: 153-167.

Duman T Y. 2009. The largest landslide dam in Turkey: Tortum landslide. Engineering Geology, 104 (1-2): 66-79.

Dunning S A. 2004. Rock avalanches in high mountains. PhD thesis. University of Bedfordshire.

Dunning S A, Armitage P J. 2011. The grain-size distribution of rock-avalanche deposits: implications for natural dam stability. Natural and artificial rockslide dams. Springer, Berlin, Heidelberg, pp. 479-498.

Dunning S A, Petley D N, Rosser N J. 2005. The morphology and sedimentology of valley confined rock-avalanche deposits and their effect on potential dam hazard. In: Proceedings of the International Conference on Landslide Risk Management, Edited by O. Hungr, R. Fell, R. Couture, and E. Eberhardt. Taylor Francis, Balkema, London, pp. 691-701.

Dunning S A, Rosser N J, Petley D N, et al. 2006. Formation and failure of the Tsatichhu landslide dam, Bhutan. Landslides, 3 (2): 107-113.

Dunning S A, Mitchell W A, Rosser N J, et al. 2007. The Hattian Bala rock avalanche and associated landslides triggered by the Kashmir Earthquake of 8 October 2005. Engineering Geology, 93 (3-4): 130-144.

Dupont E, Dewals B J, Archambeau D, et al. 2007. Experimental and numerical study of the breaching of an embankment dam. In: Proceedings of the 3200 IAHR Biennial Congress, vol. 1, pp. 339-348.

Ermini L, Casagli N. 2003. Prediction of the behaviour of landslide dams using a geomorphological dimensionless index, Earth Surface Processes and Landforms: The Journal of the British Geomorphological Research Group, 28 (1): 31-47.

Ermini L, Casagli N, Farina P. 2006. Landslide dams: analysis of case histories and new perspectives from the application of remote sensing monitoring techniques to hazard and risk assessment. Italian Journal of Engineering Geology and Environment, Special Issue 1: 45-52.

Evans S G, Hermanns R L, Strom A, et al. 2011. Natural and artificial rockslide dams. Springer Science & Business Media, Berlin, Heidelberg.

Fan X M, Tang C X, Van Westen C J, et al. 2012a. Simulating dam-breach flood scenarios of the Tangjiashan landslide dam induced by the Wenchuan Earthquake. Natural Hazards and Earth System Sciences, 12 (10): 3031-3044.

Fan X M, van Westen C J, Xu Q, et al. 2012b. Analysis of landslide dams induced by the 2008 Wenchuan earthquake. Journal of Asian Earth Sciences, 57: 25-37.

Fan X M, Rossiter D G, van Westen C J, et al. 2014. Empirical prediction of coseismic landslide dam formation. Earth Surface Processes and Landforms, 39 (14): 1913-1926.

Fan X M, Zhan W W, Dong X J, et al. 2018. Analyzing successive landslide dam formation by different triggering mechanisms: The case of the Tangjiawan landslide, Sichuan, China. Engineering Geology, 243: 128-144.

Fan X M, Scaringi G, Korup O, et al. 2019. Earthquake-Induced Chains of Geologic Hazards: Patterns, Mechanisms, and Impacts. Reviews of Geophysics, 57 (2): 421-503.

Fan X M, Xu Q, Alonso-Rodriguez A, et al. 2019. Successive landsliding and damming of the Jinsha River in eastern Tibet, China: prime investigation, early warning, and emergency response. Landslides, 16 (5): 1003-1020.

Fan X M, Dufresne A, Siva Subramanian S, et al. 2020. The formation and impact of landslide dams-State of the art. Earth-Science Reviews, 203: 103116.

Fan X M, Dufresne A, Whiteley J, et al. 2021. Recent technological and methodological advances for the investigation of landslide dams. Earth-Science Reviews, 218: 103646.

Fell R, Corominas J, Bonnard C, et al. 2008. Guidelines for landslide susceptibility, hazard and risk zoning for land-use planning. Engineering Geology, 102 (3-4): 99-111.

Fennema R J, Ghaudhry M H. 1987. Simulation of one-dimensional dam-break flows. Journal of Hydraulic Research, 25 (1): 41-51.

Ferrer C. 1999. Represamientos y rupturas de embalses naturales (lagunas de obstrución) como efectos cosísmicos: Algunos ejemplos en los Andes venezolanos. Revista Geográfica Venezolana, 40 (1): 109-121.

Frazao S S, Zech Y. 2002. Dam break in channels with 90° bend. Journal of Hydraulic Engineering, 128 (11): 956-968.

Fread D L. 1984a. A breach erosion model for earthen dams. National Weather Service (NWS) Report, NOAA, Silver Spring, MA.

Fread D L. 1984b. DAMBRK: The NWS Dam Break Flood Forecasting Model. National Weather Service (NWS) Report, NOAA, SilverSpring, MA.

Fread D L. 1988. BREACH, an erosion model for earthen dam failures. Hydrologic Research Laboratory, National Weather Service, NOAA.

Fread D L, Lewis J M. 1998. NWS Fldwav Model. Hydrologic Research Laboratory, Office of Hydrology, National Weather Service, NOAA.

Fukuda T, Sasaki Y, Wakizaka Y. 2003. The Development of Sallow Landslide Simulation System (Geoinforum-2003 Annual Meeting Abstracts). Geological Data Processing, 14: 138-141.

Gabet E J, Mudd S M. 2006. The mobilization of debris flows from shallow landslides. Geomorphology, 74 (1-4): 207-218.

Garcia R, Kahawita RA. 1986. Numerical solution of the St. Venant equations with the MacCormack Finite differences scheme. International Journal for Numerical Methods in Fluids, 6: 507-527.

Gariano S L, Guzzetti F. 2016. Landslides in a changing climate. Earth-Science Reviews, 162, 227-252.

Gessler J. 1970. Self-stabilizing tendencies of alluvial channels. Journal of the Waterways, Harbors and Coastal Engineering Division, 96 (2): 235-249.

Ghosh S, Carranza E J M, van Westen C J, et al. 2011. Selecting and weighting spatial predictors for empirical modeling of landslide susceptibility in the Darjeeling Himalayas (India). Geomorphology, 131 (1-2): 35-56.

Giacomini A, Buzzi O, Renard B, et al. 2009. Experimental studies on fragmentation of rock falls on impact with rock surfaces. International Journal of Rock Mechanics and Mining Sciences, 46 (4): 708-715.

Gong L, Jin C. 2009. Fuzzy comprehensive evaluation for carrying capacity of regional water resources. Water Resources Management, 23 (12): 2505-2513.

Gregoretti C, Maltauro A, Lanzoni S. 2010. Laboratory experiments on the failure of coarse homogeneous sediment natural dams on a sloping bed. Journal of Hydraulic Engineering, 136 (11): 868-879.

Güçlü Y S, Subyani A M, Şen Z. 2017. Regional fuzzy chain model for evapotranspiration estimation. Journal of Hydrology, 544: 233-241.

Hancox G T, McSaveney M J, Manville V R, et al. 2005. The October 1999 Mt Adams rock avalanche and subsequent landslide dam-break flood and effects in Poerua river, Westland, New Zealand. New Zealand

Journal of Geology and Geophysics, 48 (4): 683-705.

Handson S J, Robinson K M, Cook K R. 2001. Predication of headcut migration using a terministic approach. Transaction of ASAE, 44 (3): 525-531.

Hanson G J, Simon A. 2001. Erodibility of cohesive streambeds in the loess area of the midwestern USA. Hydrological Processes, 15 (1): 23-38.

Hanson G, Cook K, Temple D. 2002. Research results of large-scale embankment overtopping breach tests. In: Proceedings of Association of State Dam Safety Official Annual Conference, pp. 809-820.

Hanson G J, Cook K R, Hunt S L. 2005. Physical modeling of overtopping erosion and breach formation of cohesive embankments. Transactions of the ASAE, 48 (5): 1783-1794.

Hanson G J, Robinson K M, Cook K R. 2001. Headcut migration using a deterministic approach. Transactions of the ASAE, 44 (2): 335-361.

Harden C. 2001. Sediment movement and catastrophic events: The 1993 rockslide at La Josefina, Ecuador. Physical Geography, 22 (4): 305-320.

Harris G W, Wagner D A. 1967. Outflow from breached earth Dams. Salt Lake City: Department of Civil Engineering, University of Utah.

Harten P D, Lax P D, Van Leer B. 1983. On upstream Differencing and Godunov-type Schemes for Hyperbolic Conservation Laws. SIAM Review, 25 (1): 35-61.

Hermanns R L, Niedermann S, Ivy-Ochs S, et al. 2004a. Rock avalanching into a landslide-dammed lake causing multiple dam failure in Las Conchas valley (NW Argentina) —evidence from surface exposure dating and stratigraphic analyses. Landslides, 1 (2): 113-122.

Hermanns R L, Naumann R, Folguera A, et al. 2004b. Sedimentologic analyses of deposits of a historic landslide dam failure in Barrancas valley causing the catastrophic 1714 Rio Colorado flood, northern Patagonia, Argentina. In: Landslides-Evaluation and Stabilization, pp. 1439-1445.

Hermanns R L, Folguera A, Penna I, et al. 2011a. Landslide dams in the Central Andes of Argentina (northern Patagonia and the Argentine northwest). In: Natural and artificial rockslide dams, Springer, Berlin, Heidelberg, pp. 147-176.

Hermanns R L, Hewitt K, Strom A, et al. 2011b. The classification of rockslide dams. In: Natural and artificial rockslide dams, Springer, Berlin, Heidelberg, pp. 581-593.

Hermanns R L, Dahle H, Bjerke P L, et al. 2013. Rockslide dams in møre og romsdal county, Norway. In: Landslide Science and Practice, Springer, Berlin, Heidelberg, pp. 3-12.

Hewitt K. 2011. Rock Avalanche Dams on the Trans Himalayan Upper Indus Streams: A Survey of late Quaternary Events and Hazard-Related Characteristics. Natural and Artificial Rockslide Dams, Springer, pp. 177-204.

Hirt C W, Nichols B D. 1981. Volume of fluid (VOF) method for the dynamics of free boundary. Journal of Computational Physics, 39 (1): 201-225.

Huang R Q. 2012. Mechanisms of large-scale landslides in China. Bulletin of Engineering Geology and the Environment, 71 (1): 161-170.

Huang R Q, Fan X M. 2013. The landside story. Nature Geoscience, 6 (5): 325-326.

Hungr O, Evans S G. 2004. Entrainment of debris in rock avalanches: an analysis of a long run-out mechanism. Geological Society of America Bulletin, 116 (9-10): 1240-1252.

Hutter K, Koch T, Plుüss C, et al. 1995. The dynamics of avalanches of granular materials from initiation to runout. Part II. Experiments. Acta Mechanica, 109 (1-4): 127-165.

Imaizumi F, Tsuchiya S, Ohsaka O. 2016. Field observations of debris-flow initiation processes on sediment deposits in a previous deep-seated landslide site. Journal of Mountain Science, 13 (2): 213-222.

Ischuk A R. 2006. Usoy natural dam: Problem of security; Lake Sarez, Pamir Mountains, Tadjikistan. Italian Journal of Engineering Geology and the Environment, special issue 1: 189-192.

Ishizuka T, Morita K, Kaji A, et al. 2014. Landslide dam outburst flood in Way Ela river, Ambon island, Indonesia. In: Proceeding of the Interpraevent, pp. 340-346.

Iverson R M. 2015. Scaling and design of landslide and debris-flow experiments. Geomorphology, 244: 9-20.

Iverson R M, Logan M, Denlinger R P. 2004. Granular avalanches across irregular three-dimensional terrain: 2. Experimental tests. Journal of Geophysical Research: Earth Surface, 109: F01015.

Jiang X G, Cui P, Chen H Y, et al. 2017. Formation conditions of outburst debris flow triggered by overtopped natural dam failure. Landslides, 14 (3): 821-831.

Jiang X G, Huang J H, Wei Y W, et al. 2018. The influence of materials on the breaching process of natural dams. Landslides, 15 (2): 243-255.

Jiang X G, Wei Y W. 2020. Erosion characteristics of outburst floods on channel beds under the conditions of different natural dam downstream slope angles. Landslides, 17 (8): 1823-1834.

Karagiorgos K, Thaler T, Heiser M, et al. 2016. Integrated flash flood vulnerability assessment: insights from East Attica, Greece. Journal of hydrology, 541: 553-562.

Katopodes N D, Wu C T. 1986. Explicit computation of discontinuous channel flow. Journal of the Hydraulic Division, 112 (6): 456-475.

Knapp S, Mamot P, Krautblatter M. 2015. The mobility of rock avalanches: disintegration, entrainment and deposition-a conceptual approach. EGU general assembly conference abstracts, 17.

Korup O. 2002. Recent research on landslide dams- a literature review with special attention to New Zealand. Progress in Physical Geography, 26 (2): 206-235.

Korup O. 2004. Geomorphometric characteristics of New Zealand landslide dams. Engineering Geology, 73 (1-2): 13-35.

Korup O. 2011. Rockslide and Rock Avalanche Dams in the Southern Alps, New Zealand, Natural and Artificial Rockslide Dams. Springer, pp. 123-145.

Korup O, Tweed F. 2007. Ice, moraine, and landslide dams in mountainous terrain. Quaternary Science Reviews, 26 (25-28): 3406-3422.

Korup O, Wang G H. 2015. Multiple Landslide-damming Episodes. In: Landslide Hazards, Risks and Disasters, Academic Press, pp. 241-261.

Kramer H. 1935. Sand mixtures and sand movement in fluvial model. Transactions of the American Society of Civil Engineers, 100 (1): 798-838.

Kritikos T, Davies T. 2015. Assessment of rainfall-generated shallow landslide/debris-flow susceptibility and runout using a GIS-based approach: application to western Southern Alps of New Zealand. Landslides, 12 (6): 1051-1075.

Kumar V, Gupta V, Jamir I, et al. 2019. Evaluation of potential landslide damming: Case study of Urni landslide, Kinnaur, Satluj valley, India. Geoscience Frontiers, 10 (2): 753-767.

Kundzewicz Z W, Su B D, Wang Y J, et al. 2019. Flood risk and its reduction in China. Advances in Water Resources, 130: 37-45.

Kuo Y S, Tsang Y C, Chen K T, et al. 2011. Analysis of landslide dam geometries. Journal of Mountain Science, 8 (4): 544-550.

Lacerda W A, Ehrlich M, Fontoura S A B, et al. 2004. Landslides: Evaluation and Stabilization/Glissement de

Terrain: Evaluation et Stabilisation: Proceedings of the Ninth International Symposium on Landslides, Rio de Janeiro, Brazil, vol. 2, pp. 1439-1445.

Lajczak A. 2003. Contemporary transport of suspended material and its deposition in the Vistula River, Poland. Hydrobiologia, 494 (1): 43-49.

Larsen I J, Montgomery D R, Korup O. 2010. Landslide erosion controlled by hillslope material. Nature Geoscience, 3 (4): 247.

Li B, Feng Z, Wang G Z, et al. 2016. Processes and behaviors of block topple avalanches resulting from carbonate slope failures due to underground mining. Environmental Earth Sciences, 75 (8): 694.

Li H B, Qi S C, Chen H, et al. 2019. Mass movement and formation process analysis of the two sequential landslide dam events in Jinsha River, Southwest China. Landslides, 16: 2247-2258.

Li H B, Qi S C, Yang X G. et al. 2020. Geological survey and unstable rock block movement monitoring of a post-earthquake high rock slope using terrestrial laser scanning. Rock Mechanics and Rock Engineering, 53 (10): 4523-4537.

Li M H, Sung R T, Dong J J, et al. 2011. The formation and breaching of a short-lived landslide dam at Hsiaolin Village, Taiwan—Part II: Simulation of debris flow with landslide dam breach. Engineering Geology, 123 (1-2): 60-71.

Li Y, Zhou X J, Su P C, et al. 2013. A scaling distribution for grain composition of debris flow. Geomorphology, 192: 30-42.

Liao H M, Yang X G, Tao J, et al. 2019. Experimental study on the river blockage and landslide dam formation induced by rock slides. Engineering Geology, 261: 105269.

Liao H M, Yang X G, Li H B, et al. 2020. Increase in hazard from successive landslide-dammed lakes along the Jinsha River, Southwest China. Geomatics, Natural Hazards and Risk, 11 (1): 1115-1128.

Liu N, Chen Z Y, Zhang J X, et al. 2010. Draining the Tangjiashan barrier lake. Journal of Hydraulic Engineering, 136 (11): 914-923.

Liu W, He S M. 2016. A two-layer model for simulating landslide dam over mobile river beds. Landslides, 13 (3): 565-576.

Liu W, He S M. 2018. Dynamic simulation of a mountain disaster chain: landslides, barrier lakes, and outburst floods. Natural Hazards, 90 (2): 757-775.

Liu W M, Carling P A, Hu K H, et al. 2019. Outburst floods in China: A review. Earth-Science Reviews, 197, 102895.

Lou W C. 1981. Mathematical modeling of earth dam breaches. Fort Collins: Colorado State University.

Ma G, Kirby J T, Hsu T J, et al. 2015. A two-layer granular landslide model for tsunami wave generation: Theory and computation. Ocean Modelling, 93: 40-55.

Mahmood K. 1975. Unsteady flow in open channels. Water Resources Publications.

Manzella I, Labiouse V. 2009. Flow experiments with gravel and blocks at small scale to investigate parameters and mechanisms involved in rock avalanches. Engineering Geology, 109 (1-2): 146-158.

Maricar F, Hashimoto H, Ikematsu S, et al. 2011. Effect of two successive check dams on debris flow deposition. In: 5th International Conference on Debris-Flow Hazard Mitigation: Mechanics, Prediction, and Assessment, pp. 1073-1082.

Marsh N A, Western A W, Grayson R B. 2004. Comparison of methods for predicting incipient motion for sand beds. Journal of Hydraulic Engineering, 130 (7): 616-621.

Marshall P. 1927. The origin of Lake Waikaremoana. Transactions and Proceedings of the New Zealand Institute,

57: 237-244.

McDowell G, Ford J, Jones J. 2016. Community-level climate change vulnerability research: trends, progress, and future directions. Environmental Research Letters, 11 (3): 033001.

Meyer W, Schuster R L, Sabol M A. 1994. Potential for seepage erosion of landslide dam. Journal of Geotechnical Engineering, 120 (7): 1211-1229.

Miller B, Dufresne A, Geertsema M, et al. 2018. Longevity of dams from landslides with sub-channel rupture surfaces, Peace River region, Canada. Geoenvironmental Disasters, 5 (1): 1-14.

Moreiras M S. 2006. Chronology of a probable neotectonic Pleistocene rock avanlance, Cordon del Plata (Central Andes), Mendoza, Argentina. Quaternary international, 148: 138-148.

Morris M, Hanson G, Hassan M. 2008. Improving the accuracy of breach modelling: why are we not progressing faster? Journal of Flood Risk Management, 1 (3): 150-161.

Ni H Y, Zheng W M, Liu X L, et al. 2011. Fractal-statistical analysis of grain-size distributions of debris-flow deposits and its geological implications. Landslides, 8 (2): 253-259.

Niazi F S, Habib-ur-Rehman, Akram T. 2010. Application of electrical resistivity for subsurface characterization of Hattian Bala landslide dam. In: GeoFlorida 2010- Advances in Analysis, Modeling and Design, pp. 480-489.

Nishiguchi Y, Uchida T, Takezawa N, et al. 2012. Runout characteristics and grain size distribution of large-scale debris flows triggered by deep catastrophic landslides. International Journal of Erosion Control Engineering, 5 (1): 16-26.

Nishiguchi Y, Uchida T, Tamura K, et al. 2011. Prediction of run-out process for a debris flow triggered by a deep rapid landslide. In: Proceedings of 5th debris flow hazard mitigation conference, pp. 477-485.

Nogueira V D P Q. 1984. A mathematical model of progressive earth dam failure. Colorado State University.

Núñez-González F, Rovira A, Ibàñez C. 2018. Bed load transport and incipient motion below a large gravel bed river bend. Advances in Water Resources, 120, 83-97.

O'Connor J E, Beebee R A. 2009. Floods from natural rock-material dams. In: Megaflooding on Earth and Mars, pp. 128-163.

O'Connor J E, Clague J J, Walder J S, et al. 2013. 9. 25 Outburst Floods. In: Treatise on Geomorphology, Academic Press, San Diego, pp. 475-510.

Opolot E. 2013. Application of remote sensing and geographical information systems in flood management: a review. Research Journal of Applied Sciences Engineering andTechnology, 6 (10): 1884-1894.

Oppikofer T, Hermanns R L, Jakobsen V U, et al. 2020. Semi-empirical prediction of dam height and stability of dams formed by rock slope failures in Norway. Natural Hazards and Earth System Sciences, 20 (11): 3179-3196.

Osbaeck B, Johansen V. 1989. Particle size distribution and rate of strength development of Portland cement. Journal of the American Ceramic Society, 72 (2): 197-201.

Osman A M, Thorne C R. 1988. Riverbank stability analysis, I: theory. Journal of Hydraulic Engineering, 114 (2): 134-150.

Peng M, Zhang L M. 2012a. Breaching parameters of landslide dams. Landslides, 9 (1): 13-31.

Peng M, Zhang L M. 2012b. Analysis of human risks due to dam-break floods—part 1: a new model based on Bayesian networks. Natural hazards, 64 (1): 903-933.

Peng M, Zhang L M, Chang, D S. 2014. Engineering risk mitigation measures for the landslide dams induced by the 2008 Wenchuan earthquake. Engineering Geology, 180: 68-84.

Peng M, Ma C Y, Chen H X, et al. 2021. Experimental study on breaching mechanisms of landslide dams composed of different materials under surge waves. Engineering Geology, 291: 106242.

Peruccacci S, Brunetti M T, Gariano S L, et al. 2017. Rainfall thresholds for possible landslide occurrence in Italy. Geomorphology, 290: 39-57.

Pickert G, Weitbrecht V, Bieberstein A. 2011. Breaching of overtopped river embankments controlled by apparent cohesion. Journal of Hydraulic Research, 49 (2): 143-156.

Pierson T C. 1980. Erosion and deposition by debris flows at Mt Thomas, north Canterbury, New Zealand. Earth Surface Processes, 5 (3): 227-247.

Plaza G, Zevallos O, Cadier' E. 2011. La Josefina landslide dam and its catastrophic breaching in the Andean region of Ecuador. In: Natural and artificial rockslide dams, pp. 389-406.

Rao X J, Tang X L. 2008. Engineering disposal for Tangjiawan, Hongyansunjiayuanzi, Guanzipu landslide dams. Water Resources and Hydropower Engineering, 39 (8): 33-35.

Regmi R K, Nakagawa H, Kawaike K, et al. 2011. Three Dimensuonal Study of Landslide Dam Failure due to Sudden Sliding. In: Proceedings of the Japanese Conference on Hydraulics. Japan Society of Civil Engineers, pp. 139-144.

Ren Z, Wang K, Yang K, et al. 2018. The grain size distribution and composition of the Touzhai rock avalanche deposit in Yunnan, China. Engineering Geology, 234: 97-111.

Rinaldi M, Mengoni B, Luppi L, Darby S E, Mosselman E. 2008. Numerical simulation of hydrodynamics and bank erosion in a river bend. Water Resources Research, 44 (9).

Ritter A. 1892. Die fortpflanzimg der Wasserwellen. Zeitschrift des Vereines Deutscher Ingenieure, 36 (33): 947-954.

Romeo S, DiMatteo L, Melelli L, et al. 2017. Seismic-induced rockfalls and landslide dam following the October 30, 2016 earthquake in Central Italy. Landslides, 14 (4): 1457-1465.

Ross T J. 2005. Fuzzy logic with engineering applications. John Wiley & Sons.

Saaty T L. 1990. How to make a decision: the analytic hierarchy process. European Journal of Operational Research, 48 (1): 9-26.

Sattar A, Konagai K. 2012. Recent landslide damming events and their hazard mitigation strategies. In: Advances in Geotechnical Earthquake Engineering-Soil Liquefaction and Seismic Safety of Dams and Monuments, Tech Press, pp. 219-232.

Schmocker L, Frank P J, Hager W H. 2014. Overtopping dike-breach: effect of grain size distribution. Journal of Hydraulic Research, 52 (4): 559-564.

Schuster R L. 1986. Landslide dams: processes, risk, and mitigation. American Society of Civil Engineers, pp. 172.

Schuster R L, Costa J. E. 1986. Effects of landslide damming on hydroelectric projects. In: Anon. Processding Fifth International Associat ion of Engineering Geology, pp. 1295-1307.

Schuster R L. 2006. Impacts of landslide dams on mountain valley morphology. In: Landslides from massive rock slope failure. Springer, Dordrecht, pp. 591-616.

Schuster R L, Alford D. 2004. Usoi landslide dam and lake sarez, Pamir mountains, Tajikistan. Environmental and Engineering Geoscience, 10 (2): 151-168.

Shan Y B, Chen S S, Zhong Q M. 2020. Rapid prediction of landslide dam stability using the logistic regression method. Landslides, 17: 2931-2956.

Shang Y J, Yang Z F, Li L H, et al. 2003. A super-large landslide in Tibet in 2000: background, occurrence, disaster, and origin. Geomorphology, 54 (3-4): 225-243.

Shen D Y, Shi Z M, Peng M, et al. 2020. Longevity analysis of landslide dams. Landslides 17 (8): 1797-1821.

Shen G Z, Sheng J B, Xiang Y, et al. 2020. Numerical modeling of overtopping- induced breach of landslide dams. Natural Hazards Review, 21 (2): 04020002.

Shi Z M, Wang Y Q, Peng M, et al. 2015a. Landslide dam deformation analysis under aftershocks using large-scale shaking table tests measured by videogrammetric technique. Engineering Geology, 186: 68-78.

Shi Z M, Guan S G, Peng M, et al. 2015b. Cascading breaching of the Tangjiashan landslide dam and two smaller downstream landslide dams. Engineering Geology, 193: 445-458.

Singh V P. 1996. Dam Breach Modeling Technology. Springer Science and Business Media.

Singh V P, Scarlatos P D. 1988. Analysis of gradual earth- dam failure. Journal of Hydraulic Engineering, 114 (1): 21-42.

Smart G M. 1984. Sediment transport formula for steep channels. Journal of Hydraulic Engineering, 110 (3): 267-276.

Smith M, Vericat D, Gibbins C. 2012. Through- water terrestrial laser scanning of gravel beds at the patch scale. Earth Surface Processes and Landforms, 37: 411-421.

Starek M J, Mitasova H, Wegmann K W, et al. 2013. Space- time cube representation of stream bank evolution mapped by terrestrial laser scanning. IEEE Geoscience and Remote Sensing Letters, 10: 1369-1373.

Stefanelli C, Catani F, Casagli N. 2015. Geomorphological investigations on landslide dams. Geoenvironmental Disasters, 2 (1): 1-15.

Stefanelli C, Segoni S, Casagli N, et al. 2016. Geomorphic indexing of landslide dams evolution. Engineering Geology, 208: 1-10.

StefanelliC, Vilímek V, Emmer A, et al. 2018. Morphological analysis and features of the landslide dams in the Cordillera Blanca, Peru. Landslides, 15 (3): 507-521.

Stoker J J. 1957. Water waves. Wiley. New York: Interscience Publishers.

Stoyan D. 2013. Weibull, RRSB or extreme- value theorists? Metrika, 76 (2): 153-159.

Strom A, Abdrakhmatov K. 2018. Rockslides and Rock Avalanches of Central Asia: Distribution, Morphology, and Internal Structure. Elsevier.

Su L J, Hu K H, Zhang W F, et al. 2017. Characteristics and triggering mechanism of Xinmo landslide on 24 June 2017 in Sichuan, China. Journal of Mountain Science, 14 (9): 1689-1700.

Su S T, Barnes A H. 1970. Geometric and Frictional Effects on Sudden Releases. Journal of the Hydraulics Division, 96 (11): 2185-2200.

Su Y Z, Zhao H L, Zhao W Z, et al. 2004. Fractal features of soil particle size distribution and the implication for indicating desertification. Geoderma, 122 (1): 43-49.

Sutherland D G, Ball M H, Hilton S J, et al. 2002. Evolution of a landslide- induced sediment wave in the Navarro River, California. Geological Society of America Bulletin, 114 (8): 1036-1048.

Swanson F J, Oyagi N, Tominaga M. 1986. Landslide dam in Japan. In: Landslide Dam: Processes Risk and Mitigation. pp. 131-145. American Society of Civil Engineers

Takahashi T, Inoue M, Nakagawa H, et al. 2001. Prediction of sedimentation process in a reservoir using a sediment runoff model. Proceedings of Hydraulic Engineering, 45: 841-846.

Takayama S, Miyata S, Fujimoto M, et al. 2021. Numerical simulation method for predicting a flood hydrograph due to progressive failure of a landslide dam. Landslides, 18 (11): 3655-3670.

Tang R, Fan X M, Scaringi G, et al. 2019. Distinctive controls on the distribution of river-damming and non-damming landslides induced by the 2008 Wenchuan earthquake. Bulletin of Engineering Geology and the Environment, 78 (6): 4075-4093.

Telling J, Lyda A, Hartzell P, et al. 2017. Review of Earth science research using terrestrial laser scanning. Earth-Science Reviews, 169: 35-68.

Toro E F. 1992. Riemann problems and the WAF method for solving the two-dimensional shallow water equations. Physical Sciences and Engineering, 338: 43-68.

Toro E F. 2001. Shock-capturing methods for free-surface shallow water flow. Wiley-Blackwell.

Trauth M H, Strecker M R. 1999. Formation of landslide-dammed lakes during a wet period between 40, 000 and 25, 000 yr B. P. in northwestern Argentina. Palaeogeography Palaeoclimatology Palaeoecology, 153 (s1-4): 277-287.

Tseng M H, Chu C R. 2000. The simulation of dam-break flows by an improved predictor-corrector TVD schemes. Advances in Water Resources, 23: 637-643.

Tuan T Q, Stive M J, Verhagen H J, et al. 2008. Process-based modeling of the overflow-induced growth of erosional channels. Coastal Engineering, 55 (6): 468-483.

Tyler S W, Wheatcraft S W. 1992. Fractal scaling of soil particle-size distributions: analysis and limitations. Soil Science Society of America Journal, 56 (2): 362-369.

Tuozzolo S, Langhorst T, de Moraes Frasson R P, Pavelsky T, Durand M, Schobelock J J. 2019. The impact of reach averaging Manning's equation for an in-situ dataset of water surface elevation, width, and slope. Journal of Hydrology, 578: 123866.

Valian A, Caleffi V, Zanni A. 2002. Case study: Malpasset dam-break simulation using a two-dimensional finite volume method. Journal of Hydraulic Engineering, 128 (5): 460-472.

Varnes D J. 1958. Landslide types and processes. Landslides and Engineering Practice, 24: 20-47.

Varnes D J. 1978. Slope movement types and processes. Special Report, 176: 11-33.

Visher G S. 1969. Grain size distributions and depositional processes. Journal of Sedimentary Research, 39 (3): 1074-1106.

Walder J S, Iverson R M, Godt J W, et al. 2015. Controls on the breach geometry and flood hydrograph during overtopping of noncohesive earthen dams. Water Resources Research, 51 (8): 6701-6724.

Wang G H, Huang R Q, Kamai T, et al. 2013. The internal structure of a rockslide dam induced by the 2008 Wenchuan (Mw7. 9) earthquake, China. Engineering Geology, 156: 28-36.

Wang F W, Wu Y H, Yang H F, et al. 2015. Preliminary investigation of the 20 August 2014 debris flows triggered by a severe rainstorm in Hiroshima City, Japan. Geoenvironmental Disasters, 2 (1): 17.

Wang F W, Dai Z L, Okeke CAU, et al. 2018. Experimental study to identify premonitory factors of landslide dam failures. Engineering Geology, 232: 123-134.

Wang G H, Furuya G, Zhang F Y, et al. 2016. Layered internal structure and breaching risk assessment of the Higashi-Takezawa landslide dam in Niigata, Japan. Geomorphology, 267: 48-58.

Wang J S, Ni H G, He Y S. 2000. Finite-difference TVD scheme for computation of dam-break problems. Journal of Hydraulic Engineering, 126 (4): 253-262.

Wang Y F, Xu Q, Cheng Q G, et al. 2016. Spreading and Deposit Characteristics of a Rapid Dry Granular Avalanche Across 3D Topography: Experimental Study. Rock Mechanics and Rock Engineering, 49 (11): 4349-4370.

Wang Z, Bowles D S. 2006. Three-dimensional non-cohesive earthen dam breach model. Part 1: Theory and tho dology. Advances in Water Resources, 29 (10): 1528-1545.

Wang Z Y, Melching C S, Duan X H, et al. 2009. Ecological and hydraulic studies of step-pool systems. Journal of Hydraulic Engineering, 135 (9): 705-717.

Wang Z Y, Cui P, Yu G A, et al. 2012. Stability of landslide dams and development of knickpoints. Environmental Earth Sciences, 65 (4): 1067-1080.

Wang Z Y, Lee JHW, Melching C S. 2014. River dynamics and integrated river management. Springer Science and Business Media.

Wassmer P, Schneider J L, Pollet N, et al. 2004. Effects of the internal structure of a rock-avalanche dam on the drainage mechanism of its impoundment, Flims sturzstrom and Ilanz paleo-lake, Swiss Alps. Geomorphology, 61 (1-2): 3-17.

Weidinger J T. 1998. Case history and hazard analysis of two lake-damming landslides in the Himalayas. Journal of Asian Earth Sciences, 16 (2): 323-331.

Weidinger J T. 2011. Stability and life span of landslide dams in the Himalayas (India, Nepal) and the Qin Ling Mountains (China). In Natural and artificial rockslide dams, pp. 243-277. Springer, Berlin, Heidelberg.

Weidinger J T, Korup O, Munack H, et al. 2014. Giant rockslides from the inside. Earth and Planetary Science Letters, 389: 62-73.

Wiberg P L, Smith J D. 1987. Calculations of the critical shear stress for motion of uniform and heterogeneous sediments. Water Resources Research, 23 (8): 1471-1480.

Wu F C, Chou Y J. 2003. Rolling and lifting probabilities for sediment entrainment. Journal of Hydraulic Engineering, 129 (2): 110-119.

Wu H, Nian T K, Chen G Q, et al. 2020. Laboratory-scale investigation of the 3-D geometry of landslide dams in a U-shaped valley. Engineering Geology, 265: 105428.

Wu Q L, Zhao Z J, Liu L, et al. 2016. Outburst flood at 1920 BCE supports historicity of China's Great Flood and the Xia dynasty. Science, 353: 579-582.

Wu W M. 2007. Computational river dynamics. Taylor & Francis, Leiden, pp. 69-70.

Wu W M. 2013. Simplified physically based model of earthen embankment breaching. Journal of Hydraulic Engineering, 139 (8): 837-851.

Xu F G, Zhou H W, Zhou J W, et al. 2012. A Mathematical Model for Forecasting the Dam-Break Flood Routing Process of a Landslide Dam. Mathematical Problems in Engineering, (2): 857-868.

Xu F G, Yang X G, Zhou J W, et al. 2013. Experimental research on the dam-break mechanisms of the Jiadanwan landslide dam triggered by the Wenchuan earthquake in China. The Scientific World Journal, 272363.

Xu F G, Yang X G, Zhou J W, et al. 2015. Statistical analysis for the relationship between motion parameters and topographic conditions of long runout landslides in China. Electronic Journal of Geotechnical Engineering, 20 (2): 413-426.

Xu F G, Yang X G, Zhou J W. 2015. A mathematical model for determining the maximum impact stress on a downstream structure induced by dam-break flow in mountain rivers. Arabian Journal of Geosciences, 8: 4541-4553.

Xu F G, Yang X G, Zhou J W. 2015. Experimental study of the impact factors of natural dam failure introduced by a landslide surge. Environmental Earth Sciences, 74: 4075-4087.

Xu Q, Fan X M, Huang R Q, et al. 2009. Landslide dams triggered by the Wenchuan earthquake, Sichuan Province, south west China. Bulletin of Engineering Geology and the Environment, 68 (3): 373-386.

Xu Q, Shang Y J, van Asch T, et al. 2012. Observations from the large, rapid Yigong rock slide- debris avalanche, southeast Tibet. Canadian Geotechnical Journal, 49 (5): 589-606.

Xu W J, Xu Q, Liu G Y, et al. 2021. A novel parameter inversion method for an improved DEM simulation of a river damming process by a large-scale landslide. Engineering Geology, 293: 106282.

Yang C. 1996. Sediment transport: Theory and practice, McGraw-Hill, New York.

Yang Q, Guan M, Peng Y, et al. 2020. Numerical investigation of flash flood dynamics due to cascading failures of natural landslide dams. Engineering Geology, 276: 105765.

Yang S H, Pan Y W, Dong J J, et al. 2013. A systematic approach for the assessment of flooding hazard and risk associated with a landslide dam. Natural Hazards, 65 (1): 41-62.

Yang X G, Yang Z H, Cao S Y, et al. 2010. Key techniques for the emergency disposal of Quake lakes. Natural hazards, 52 (1): 43.

Yin Y P, Xing A. 2012. Aerodynamic modeling of the Yigong gigantic rock slide- debris avalanche, Tibet, China. Bulletin of Engineering Geology and the Environment, 71 (1): 149-160.

Yin Y P, Wang F W, Sun P. 2009. Landslide hazards triggered by the 2008 Wenchuan earthquake, Sichuan, China. Landslides, 6 (2): 139-152.

Yin Y P, Huang B, Chen X, et al. 2015. Numerical analysis on wave generated by the Qianjiangping landslide in Three Gorges Reservoir, China. Landslides, 12 (2): 1-10.

Yu B, Ma Y, Wu Y. 2013. Case study of a giant debris flow in the Wenjia Gully, Sichuan Province, China. Natural Hazards, 65 (1): 835-849.

Zadeh L A. 1965. Fuzzy sets. Information and Control, 8 (3): 338-353.

Zhang J, Li Y, Xuan G, Wang X, Li J. 2009. Overtopping breaching of cohesive homogeneous earthdam with different cohesive strength. Science in China Series E: Technological Sciences, 52 (10): 3024-3029.

Zhang J Y, Fan G, Li H B, Zhou J W, Yang X G, 2021. Large-scale field model tests of landslide dam breaching. Engineering Geology, 293, 106322.

Zhang L M, Peng M, Chang D S, et al. 2016. Dam failure mechanisms and risk assessment. John Wiley and Sons.

Zhang L M, Xiao T, He J, et al. 2019. Erosion-based analysis of breaching of Baige landslide dams on the Jinsha River, China, in 2018. Landslides, 16 (10): 1965-1979.

Zhang M, Yin Y P. 2013. Dynamics, mobility- controlling factors and transport mechanisms of rapid long- runout rock avalanches in China. Engineering Geology, 167: 37-58.

Zhao D H, Shen H W, Tabios G Q, et al. 1994. Finite-Volume two-dimensional unsteady-flow model for river basins. Journal of Hydraulic Engineering, 120 (7): 863-883.

Zhao G W, Jiang Y J, Qiao J P, et al. 2019. Numerical and experimental study on the formation mode of a landslide dam and its influence on dam breaching. Bulletin of Engineering Geology and the Environment, 78 (4): 2519-2533.

Zhao T, Dai F, Xu N W. 2017. Coupled DEM- CFD investigation on the formation of landslide dams in narrow rivers. Landslides, 14 (1): 189-201.

Zheng H C, Shi Z M, Shen D Y, et al. 2021. Recent advances in stability and failure mechanisms of landslide dams. Frontiers in Earth Science, 9: 201.

Zhong Q M, Chen S S, Mei S A, et al. 2018. Numerical simulation of landslide dam breaching due to overtopping. Landslides, 15 (6): 1183-1192.

Zhong Q M, Chen S S, Wang L, et al. 2020a. Back analysis of breaching process of Baige landslide dam. Landslides, 17 (7): 1681-1692.

Zhong Q M, Chen S S, Shan Y B. 2020b. Prediction of the overtopping-induced breach process of the landslide dam. Engineering Geology, 274: 105709.

Zhong Q M, Wang L, Chen S S, et al. 2021. Breaches of embankment and landslide dams- State of the art review. Earth-Science Reviews, 216: 103597.

Zhou GGD, Cui P, Chen H Y, et al. 2013. Experimental study on cascading landslide dam failures by upstream flows. Landslides, 10 (5): 633-643.

Zhou GGD, Zhou M J, Shrestha M S, et al. 2019a. Experimental investigation on the longitudinal evolution of landslide dam breaching and outburst floods. Geomorphology, 334: 29-43.

Zhou J W, Cui P, Fang H. 2013. Dynamic process analysis for the formation of Yangjiagou landslide-dammed lake triggered by the Wenchuan earthquake, China. Landslides, 10 (3): 331-342.

Zhou J W, Cui P, Hao M H. 2016. Comprehensive analyses of the initiation and entrainment processes of the 2000 Yigong catastrophic landslide in Tibet, China. Landslides, 13 (1): 39-54.

Zhou J W, Li H B, Zhou Y, et al. 2021. Initiation mechanism and quantitative mass movement analysis of the 2019 Shuicheng catastrophic landslide. Quarterly Journal of Engineering Geology and Hydrogeology, 54 (2): qjegh2020-052.

Zhou J W, Yang X G, Hou T X. 2017. An analysis of the supply process of loose materials to mountainous rivers and gullies as a result of dry debris avalanches. Environmental Earth Sciences, 76 (13): 452.

Zhou Y Y, Shi Z M, Zhang Q Z, et al. 2019b. Damming process and characteristics of landslide-debris avalanches. Soil Dynamics and Earthquake Engineering, 121: 252-261.

Zhou Y Y, Shi Z M, Zhang Q Z, et al. 2019c. 3D DEM investigation on the morphology and structure of landslide dams formed by dry granular flows. Engineering Geology, 105151.

Zhu X H, Peng J B, Liu B X, et al. 2020. Influence of textural properties on the failure mode and process of landslide dams. Engineering Geology, 271: 105613.

Zhu X H, Liu B X, Peng J B, et al. 2021. Experimental study on the longitudinal evolution of the overtopping breaching of noncohesive landslide dams. Engineering Geology, 288: 106137.